国家自然科学基金重点项目资助

多尺度空间数据联动更新技术研究及其应用

张新长 孙 颖 黄健锋 何显锦 张志强 著

科学出版社

北 京

内 容 简 介

本书总结了作者近年来在多尺度空间数据联动更新领域的研究成果。全书共分 9 章,详细介绍了多尺度更新信息建模与检测,阐述了矢量数据的自适应更新方法与过程。对单要素以及多要素的多尺度地理实体匹配进行了系统的探讨,并针对地图实体匹配的时空级联关系进行了研究。在此基础上,介绍了多尺度地图实体的联动更新方法与应用。

本书可满足学习和研究模式识别与多尺度空间数据联动更新的不同层次的读者需要,可供从事地图学、测绘、智慧城市研究等相关专业的高校师生与科研人员参考。

图书在版编目(CIP)数据

多尺度空间数据联动更新技术研究及其应用 / 张新长等著. — 北京:科学出版社,2021.11
 ISBN 978-7-03-069741-7

Ⅰ. ①多… Ⅱ. ①张… Ⅲ. ①空间信息系统-数据处理-研究 Ⅳ. ①P208

中国版本图书馆 CIP 数据核字(2021)第 184019 号

责任编辑:王 哲 / 责任校对:胡小洁
责任印制:吴兆东 / 封面设计:迷底书装

科 学 出 版 社 出版
北京东黄城根北街 16 号
邮政编码:100717
http://www.sciencep.com

北京中石油彩色印刷有限责任公司 印刷
科学出版社发行 各地新华书店经销
*
2021 年 11 月第 一 版 开本:720×1 000 B5
2022 年 6 月第二次印刷 印张:17 1/4 插页:7
字数:340 000
定价:159.00 元
(如有印装质量问题,我社负责调换)

序

  数字孪生城市是智慧城市建设的新起点，城市全域空间信息智能化提取是赋予数字孪生城市鲜活生命的根本。现势性是空间数据的重要特征，也是保持空间数据活力的重要源泉。当前我国正处于快速城市化发展时期，城市变化日新月异，但快速发展的城市化对数据现势性提出了更高的要求和严峻的挑战。然而，空间数据的生产周期较长，其生产速度滞后于城市发展速度，而更新速度远远落后于其生产速度。多尺度空间数据联动更新能够实现空间数据的"一次采集、多尺度更新"，因此，逐步建立各级基础地理信息数据库级联更新机制，推进空间数据的持续、快速更新显得尤为重要。

  模式识别技术的自学习、自组织能力可以面向多源异构数据，挖掘空间数据隐含的特征与关系，在地理信息系统(Geographic Information System，GIS)领域得到了广泛的应用。多尺度空间数据的更新需要顾及空间数据特征和变化情况，调用更新处理的操作模块来实现制图综合及数据的编辑与处理。传统的处理手段需要依赖专家知识对数据特征进行判断，而模式识别技术具有自适应特征，可通过样本学习把握空间数据特征，适应于同名要素匹配及制图综合，从而提升多尺度空间数据更新的自动化水平，为多尺度联动更新提供了非常有效的手段。

  在这一领域的快速发展过程中，我们迫切需要相关书籍介绍最新的研究状况。国际欧亚科学院院士张新长教授团队在这一领域开展了大量创新性的系列研究工作，《多尺度空间数据联动更新技术研究及其应用》一书是在国家自然科学基金重点项目"基于模式识别的多尺度空间数据联动更新关键技术研究"(41431178)的支持下，从模式识别的角度对多尺度空间数据联动更新进行了阐述，对多尺度空间数据更新特征空间定义、多尺度同名要素模板匹配及增量式的制图综合方法等关键问题进行深入探讨，以提高多尺度空间数据联动更新的自动化程度和智能化水平。其内容包括更新信息建模、检测，多尺度地理实体匹配、时空级联关系构建和多尺度地理实体数据联动更新等，基本涵盖了多尺度空间数据联动更新的主要技术领域和理论方法，结构严谨，内容丰富。

  多尺度空间数据联动更新通过把大比例尺的变化信息依次传递到较小比例尺空间数据进行更新处理，避免了数据的重复采集和处理。多尺度空间数据的更新处理模式判读具有尺度效应和自适应特征，模式识别的理论与技术可用于对表征事物或现象的模式进行自动处理和判读；通过更新特征建模与自适应机器学习，探讨更新信息检测及多尺度传递机制；采用多尺度同名要素模板匹配及增量式制图综合方法，实现多尺度空间数据的联动更新；同时，构建空间数据联动更新的网络服务框架，实现空间数据的在线联动更新，提高更新工作的效率。

多尺度空间数据的联动更新关键是在顾及不同尺度数据表达规则的基础上，把更新信息进行尺度间的传递。模式识别技术可用于对更新信息的判读、同名对象的匹配、制图综合算子的选取，贯穿于整个技术流程。因此，该书的研究内容以更新信息的定义—检测—传递为主线，包括更新信息特征空间建模、更新信息检测与自适应动态更新、基于模式识别的更新信息多尺度传递等三方面，并以此搭建了多尺度联动更新网络服务，实现了在线多尺度空间数据联动更新。

该书的第一作者张新长教授是近年来国内比较活跃的制图综合与级联更新专家。该书凝聚了张新长教授团队多年的研究成果，是集体智慧的结晶，对于从事地图学与地理信息系统的青年学生和研究人员来讲是一本难得的教科书与工具书。该书的出版将推动地图学与计算机模式识别的交叉融合，可喜可贺！相信该书一定会发挥很好的作用！

王家耀

中国工程院院士

2021 年 9 月

前　　言

空间数据是 GIS 的"血液"，现势性强的空间数据更是保持 GIS 活力的源泉。当前我国正处于快速城市化发展时期，城市变化日新月异，建成区快速扩张，道路不断延伸。"数字城市地理空间框架"和"地理国情监测"需要现势性好、适用性强的空间数据作为支撑。然而，空间数据的生产周期较长、生产速度滞后于城市发展速度，更新速度远远落后于其生产速度。因而，空间数据的持续、快速更新就显得十分重要。

空间数据更新是一项长期、复杂的系统工程，包括数据模型演化与动态建模、基础地理要素变化的及时发现与自动提取、数据库关系协调与一致性维护等关键问题。为保证空间数据在更新中的尺度一致性、避免数据的重复采集与处理，多尺度空间数据联动更新成为国内外学者研究的重点。然而，研究内容过于松散，系统性不强，多尺度空间数据联动更新技术体系仍不完善。而且现有方法过于依赖专家知识与约束条件，在处理地理环境差异较大的区域时，需要重新设置匹配参数和制图综合算子，对多源数据的适应性较差。模式识别是指对表征事物或现象的模式进行自动处理和判读。基于模式识别的制图综合能够自适应地调整制图综合算子中的各项参数，有效克服传统处理方法过于依赖专家知识与约束条件的缺陷。本书系统阐述了基于模式识别的多尺度空间数据联动更新技术研究，构建了基于模式识别的多尺度空间数据联动更新技术体系框架，并针对多尺度空间数据联动更新中的"更新信息检测、自适应增量更新、更新信息多尺度匹配与传递"关键技术，研制了相应的模型和算法，为空间数据联动更新提供了重要的理论基础和技术支撑。

在国家自然科学基金重点项目"基于模式识别的多尺度空间数据联动更新关键技术研究"（41431178）的支持下，作者针对多尺度空间数据联动更新技术体系不完善的问题，开展了基于模式识别的多尺度空间数据联动更新关键技术研究，提出了一套系统完善的多尺度空间数据联动更新技术体系。本书是作者相关研究成果的总结，以模式识别理论为基础，以"更新信息检测—自适应增量更新—更新信息多尺度匹配与传递"为主线，实现了模式识别理论技术与多尺度空间数据联动更新应用的深度融合，为空间数据快速更新提供了重要的技术支撑和保障，以供相关领域的科研人员参考。

本书共 9 章。第 1 章主要阐述多尺度数据更新的研究现状。第 2 章主要介绍多尺度更新信息特征空间建模技术，包括地理空间数据多尺度表达、地理空间实体变化分析以及更新信息特征空间的构建。第 3 章基于机器学习算法详细探讨面向矢量数据和面向影像数据的更新信息检测方法。第 4 章从增量更新与数据完整性维护的角度出发，提出一种自适应的矢量数据增量更新方法，实现矢量数据变化检测与增量更新、自适应的数据接边及空间冲突的检测与处理。第 5 章以典型地物为例，介绍单要素多尺度地理实体匹配的方法。第 6 章阐述多要素匹配下的地理空间实体匹配。第 7 章介绍地图实体匹配技术在多尺度要素级联更新中的应用。第 8 章以典型地物为例，阐述空间数据多尺度表达的关键技术——多尺度变换。第 9 章介绍多尺度城市居民地数据联动更新技术。

本书各章主要执笔人：第 1 章为孙颖、郭泰胜；第 2、3 章为张志强；第 4、9 章为黄健锋；第 5、6 章为孙颖；第 7 章为罗国玮；第 8 章为何显锦。全书最后由张新长、孙颖定稿。

限于作者的知识水平，书中疏漏之处在所难免，恳请读者不吝批评指正。

作　者

2021 年 9 月

目　　录

彩图

第1章　绪　　论

纵观世界，目前正经历着一场快速的城市化过程。根据联合国报告，从 2009 年～2050 年，预计全球的城市化水平将会从 50%上升至 69%。中国的城市化率，如果以城市人口数作为衡量的话，在 1978 年～2012 年，已经从 17.92%上升至 53.73%(Deng et al.，2015)。城市化的进程从以工业化土地利用与城市开发度急剧增强为特征的传统城市化，进入以城乡统筹为特征、综合考虑生态环境要素的新型城市化过程。为实现城乡公共服务的匀质化，协调城乡之间的物质流、能量流、人口流，新型城市化通过物质代谢过程、能量传递过程、优化配置过程，培育区域的自组织、自学习与自适应能力(牛文元，2009)。其中，新型城市化的内在能量来源于科学与技术创新。通过信息流的快速反馈，达到城市信息的维护与城市建设同步。形成稳定的信息流，是实现数字城市与智慧城市的关键。其中，地理空间数据作为地表现象的抽象集合，其动态更新更是具有重要的实践意义。

《测绘地理信息发展"十二五"总体规划纲要》提出了：需要不断地扩充基础地理空间要素的类型，缩短我国地理空间数据的更新周期，逐步推进各省市级基础地理空间数据联动更新机制的构建。我国已建成了大量数字城市地理空间框架项目，为保证数据的现势性与系统的运行效率，建立数字城市的数据更新机制显得非常重要(黄素丽，2015)。目前，数据的更新周期如表 1.1 所示。

表 1.1　我国数字城市地理空间框架数据更新周期(黄素丽，2015)

数据类型	子类	经济发达地区	经济活跃地区	一般地区
地形图数据	1∶500	0.5～1 年	1～2 年	2～3 年
	1∶1000	1 年	2 年	3 年
	1∶2000	2 年	3 年	5 年
地理实体数据	大比例尺	0.5～1 年	1～2 年	2～3 年
	中小比例尺	1 年	2 年	3 年
影像	高分辨率	1 年	2 年	3 年
	中分辨率	1 年	1 年	2 年
电子地图	7～17 级(省级)	0.5～1 年	1～2 年	2～3 年
	18～20 级(市级)	0.5～1 年	1～2 年	2～3 年
	地名地址	0.5 年	1 年	2 年
	三维景观	1 年	1～2 年	2～3 年

　　此外，在地理国情监测工程中同样需要综合利用各种数据获取与处理技术，进行地理要素的量测及其动态变化的发现、识别、提取与更新(李德仁等，2012)。构建地理国情时空数据库，研究时空地理数据联动更新与数据质量维护技术，实现多源、多尺度的地理国情监测数据综合集成与管理，显得尤为关键(史文中等，2012)。

　　地理空间数据更新非常复杂，需要经历长期的实践，其中包括了涵盖多个方面的理论与方法，例如，数据模型演化与动态建模、基础地理要素变化的及时发现与自动提取、主数据库更新的方法、客户数据库更新的模式与方法、多比例尺数据的系统更新等。为实现空间数据的现势性与尺度一致性的统一，多尺度空间数据的联动更新是其中的研究难点与热点(毋河海，2012)。近年来，科研人员从数据模型构建(许俊奎等，2013a)、关键技术(应荷香，2012)以及实施机制(王艳军和李朝奎，2014)等不同层面展开工作，并在多尺度变化信息检测、多尺度要素匹配、增量自动制图综合(Bobzien et al.，2005；许俊奎等，2013b)以及更新信息传递等研究方向取得进展。然而，由于受到"从图像中自动提取变化信息"以及"大比例尺数据向小尺度数据"转换等瓶颈问题的制约，完全自动化、无需人工干预的多比例尺空间数据级联更新仍然面临着巨大的挑战。有许多科技攻关难题有待突破，特别是在增量更新中，关于更新信息从大比例尺向小比例尺传递的影响机制、作用机理、质量评价方法以及在不同的更新场景之下误差的分布特征等方面的研究比较少见。

　　鉴于以上原因，本书以城市居民地、道路的多尺度联动更新作为切入点，重点研究更新信息从大尺度数据向小尺度数据转换的过程。由于同一地物在不同比例尺下的表达具有层次性与相似性，更新信息具有结构性与类别差异。作为对表征事物或现象模式进行自动处理和判读的方法和理论，模式识别的自适应、自组织特征能够更好地适应不同更新场景，实现参数的自动调整，减少人工的干预。本书结合模式识别基本理论与技术手段，构建多尺度城市居民地更新信息的特征空间，以同尺度更新信息的检测为立足点，研究更新信息在多尺度传递的方法、影响机制以及质量评价的方法。研究成果将有助于提高多尺度联动更新的智能化与自动化水平，为数据更新的质量评价及可靠性综合分析提供理论与方法支持，并促进空间数据动态维护能力的提高。

1.1　空间数据更新

　　地理空间数据是 GIS 的"血液"，具有强现势性的空间数据更是保持 GIS 活力的源泉。数据的现势性直接关系到 GIS 的可持续应用和发展(李德仁，2002)。随着多尺度基础地理数据库的建成，地理信息系统数据管理的焦点已从数据的生产转为更新。

　　空间数据更新也是国际学术组织感兴趣的课题，国际地图协会(International Cartographic Association，ICA)和国际摄影测量与遥感学会(International Society for Photogrammetry and Remote Sensing，ISPRS)在 1999 年成立了"增量空间数据更新

与数据库版本研究"联合工作组,并组织了专题委员会。此外,ICA 中的
"Generalization and Multiple Representation"委员会中有不少报告是关于多尺度联
动更新进展研究的讨论(http://generalization.icaci.org)。

在数字城市地理空间框架、地理国情普查等重大工程建设需求的推动下,空间
数据动态更新研究成为了 GIS 的一个新热点,受到了越来越多研究人员的关注,
表 1.2 为国家自然科学基金资助的与空间数据更新研究相关的项目。

表 1.2　与空间数据更新相关的国家自然科学基金项目(http://npd.nsfc.gov.cn/granttype1!index.action)

年份	项目名称	项目类别	单位	主持人
2004~2007	GIS 空间数据库更新的模型与方法研究	重点项目	国家基础地理信息中心	陈军
2005~2007	人口空间数据更新方法研究	面上项目	中科院地理科学与资源研究所	杨小唤
2006~2008	顾及拓扑关系一致性的空间数据库增量更新方法研究	面上项目	中南大学	周晓光
2008~2010	基于小班对象的森林资源数据库多源遥感更新研究	面上项目	四川师范大学	杨存建
2009~2011	采用星载遥感数据的数字海图信息更新系统的研究	青年科学基金	上海海事大学	彭静
2009~2011	地图更新中多尺度空间目标匹配的层次理论与方法	面上项目	中南大学	邓敏
2009~2011	基于差分式更新的数字地图制图模型研究	面上项目	武汉大学	李霖
2010~2012	道路网模型层次化综合与传递式更新	面上项目	西南交通大学	徐柱
2010~2012	导航电子地图的变化检测与动态更新	青年科学基金	武汉大学	李连营
2011~2013	差分式多比例尺地图数据级联更新与融合	青年科学基金	武汉大学	应申
2012~2015	居民地增量级联更新关键技术研究	面上项目	中国人民解放军信息工程大学	武芳
2012~2015	基于众源 GPS 路线数据的城市道路网自动更新和重构	面上项目	武汉大学	单杰
2013~2015	基于动态邻域的空间实体自适应最优匹配方法研究	青年科学基金	江西师范大学	吴建华
2014~2016	面向云计算的海量时空数据建模及土地资源时空数据高效管理示范应用研究	青年科学基金	香港理工大学深圳研究院	方雷
2014~2016	地下矿山多尺度无缝集成建模原理及模型动态更新机制研究	青年科学基金	北京矿冶研究总院	张元生
2014~2017	地表覆盖变化的众源数据处理模型与算法研究	面上项目	中南大学	周晓光
2014~2016	多尺度道路数据监督学习的匹配与选取更新方法	青年科学基金	中国地质大学(武汉)	周琪
2015~2019	基于模式识别的多尺度空间数据联动更新关键技术研究	重点项目	中山大学	张新长
2015~2018	基于频繁更新的大图数据查询和管理技术研究	面上项目	中国人民大学	陆家恒

　　与此同时，研究者在空间数据更新的理论模型、关键技术与方法、实施机制等方面进行了研究。在中国期刊网上进行论文搜索，从 2001 年~2014 年，已发表与空间数据更新的论文数超过 280 篇。其中专门讨论空间数据多尺度联动更新的论文在 2011 年后出现，并逐渐增多。中国知网上关于空间数据更新相关的论文数量统计如图 1.1 所示。

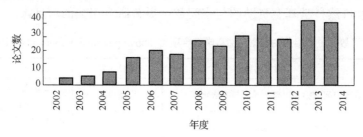

图 1.1　2002 年~2014 年国内与空间数据更新有关的论文数统计
(http://www.cnki.net/)

1.1.1　更新信息的建模

　　在信息化环境下实现空间数据的自动更新，首先必须界定可能存在的更新类型，明确各更新类型的区别与特征，并在此基础上确定更新信息的表达方式与存储结构。

　　其中，从数据专题内容的角度进行考虑，更新信息的建模包括：从地理空间数据本身的特征出发，构建具有普适性的概念模型。Cooper 和 Peled(2001)提出了以唯一的标识符记录新增、删除的更新信息，并以此为基础进行更新版本管理及并发处理，也有以(D, R, M, C)四元组的方式从语法和语义两个层面描述更新信息的表达方式。基态修正模型是常用的增量更新模型，通过设置版本空间数据库与增量信息的存储方式，实现存储空间的节省以及增量信息的动态集成(林艳等，2012)。从地理时空数据存储与实践的角度，提出复合型的基态修正时空模型(杨海兰等，2013)、逆基态修正模型(刘校妍等，2014)等改进模型，以提高数据更新及历史数据检索的效率。时空变化分类作为地理信息建模与更新的关键，对于增量信息采集、变化信息发布产生重要的影响(陈军等，2012b)，需要进行明确的定义，并进行形式化描述。朱华吉等(2013)提出了增量时空变化信息的计算模型，通过进行基本增量时空变化信息的组合，分别描述单个或多个空间目标的时空变化情况。此外，对于多尺度空间数据，变化分类模型还需要考虑由制图综合处理而产生的"伪变化"(简灿良等，2014)。

　　从专题应用的角度出发，结合变更事件特征(安晓亚等，2012)、专题数据特殊的拓扑关系与几何约束，构建专题数据更新信息模型。地籍数据具有持续增量更新的需要，结合地籍管理业务的特点，地籍时空数据更新模型需要突出地籍要素、土地利用要素与房屋的关联性(张丰等，2010)。因此，在确定变化类型方面，要综合考虑空间对象的匹配关系、拓扑关系以及属性特征(Fan et al.，2010)。对于居民地数据更新，姬存伟等(2013)提出了基于空间变化类型、动态更新操作和图形数据差的居民地增量信息表达模型，并以此为基础进行增量信息的提取。从多尺度联动更新的角度，居民地的更新建模还需要考虑相邻比例尺同名居民地的关联关系(许俊奎等，2013a)。在道路更新方面，则可以通过具体地分析道路更新的空间事件与属性事件，定义道路的增量变化信息(张求喜等，2009)。此外，研究人员还探讨了土地利用、森林资源(高心丹和谭跃，2013)、地下管线等专题数据的时空更新信息模型的构建方法。

此外，从计算机实现的角度，学者还探讨了更新信息的数据存储结构与传输方式。Badard 和 Richard(2001)以 XML 为基础设计更新信息的描述方式，并实现了基于 C/S 架构下各数据库更新信息的传输与交换。朱华吉(2007)提出了以资源描述框架为基础的空间变化信息记录方法，以统一的方式实现了地形数据库增量信息的建模与描述。考虑多源矢量空间数据的特征，何榕健等(2013)采用 GML 数据作为载体，应用 Socket 编程技术，实现增量更新信息的传递。

由此可见，更新信息建模研究已从基于多版本管理的增量更新策略的角度，发展到顾及拓扑特征与事件驱动的时空数据表达模型的构建(张新长等，2012)，并逐步考虑多尺度要素之间的关联。然而，在多尺度空间数据更新模型方面，主要从单个对象的角度进行考虑，较少顾及要素组合以及图层间的关系。此外，由于更新场景的多样化，制图综合方法应用的灵活性，多尺度更新信息模型需要具有更大的普适性，以满足不同的更新场景与更新事件。

1.1.2 变化信息的检测

变化信息的检测是空间数据更新的基础。由于目前采取的主要是增量更新的方法，找到局部变化的要素，进行新增、删除或者替换的处理，以达到保证数据现势性的目的。由于地理空间数据采集与共享的方式不同，变化信息检测方法也是多样化的，主要可以从遥感影像数据、外业测量数据、业务专题数据、自发地理信息等数据源中获取变化信息，具体如图 1.2 所示。

在变化信息的检测中，研究人员综合应用了几何指标评价、拓扑关系检测以及概率统计、动态规划等多种数学计算方法。以下分别从矢量数据、遥感影像、自发地理信息等三个方面论述变化信息检测方面的研究进展。

(1)从矢量数据中检测与提取变化信息。通过比较不同时期采集的矢量数据，综合考虑其几何特征、属性特征与拓扑特征，识别出具体的变化对象与变化类型是其中的关键(郭泰圣等，2013)。中心点距离、节点 Hausdorff 距离、紧凑度等几何指标常用于实现同名要素匹配与变化检测(Huang et al.，2010；Revell and Antoine，2009)。

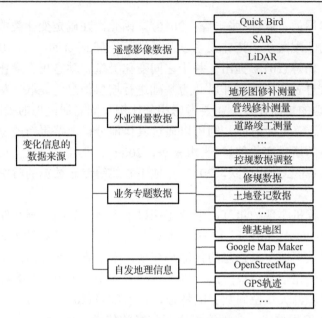

图 1.2 变化信息的数据来源

结合概率理论，融合多种匹配指标进行实体匹配概率的计算（童小华等，2007），从而识别同名实体是一种可行的变化检测方法。为适应不同的更新场景，提高变化检测的智能化水平，人工神经网络等（许俊奎等，2013b）智能算法在变化信息检测中也得到了应用。对于小比例尺空间数据的更新，为节省外业测量的成本，常使用同一地区较新的大比例尺地图数据进行变化信息的检测。在这种情况下，变化信息的检测需要区分是由实际地物的变化还是受到制图综合处理的影响。

（2）从遥感影像中检测与提取变化信息。遥感影像采集的周期短、更新速度快。利用遥感影像进行变化信息的检测与地物提取（Holland et al.，2006），并以此为基础，实现空间数据库的更新对于提高数据库的现势性具有重要的作用。因此，研究人员结合各种数学模型（万幼川等，2008；张剑清等，2010），例如，整体优化计算、概率统计、动态规划、最小二乘模板匹配法、Meanshift 算法等，针对不同地物提出要素变化检测的方法，以提高地物提取以及变化检测的精度，满足数据更新的需求。Zarrinpanjeh 等（2013）利用高分辨率遥感影像，提出了一种基于蚁群算法的城市道路数据变化检测与更新的方法。Qin（2014）则使用超高分辨率影像，综合使用马尔可夫随机场分析等方法检测建筑物数据的变化。SAR 影像（Cetinkaya and Basaraner，2014）、LiDAR 影像（Tooke et al.，2014；彭代锋等，2015）由于几何信息较精确，同时具有高程信息，在变化检测与要素更新中也发挥了重要的作用。

（3）从自发地理信息中检测与提取变化信息。Goodchild 在 2007 年，最早提出了关于自发地理信息（Volunteered Geographic Information，VGI）的基本理念与展望

(Goodchild，2007)。以在线协作的方式，使用者可以实现对空间信息的新建、修改与管理，使得地理信息的获取方式从"按规范测量"开始转变为"按需求测量"。OpenStreetMap、Google Map Maker、维基地图等都是 VGI 成功的范例，为地理信息数据的创新性应用研究提供了重要的支持。Kunze 和 Hecht(2015)利用 VGI 丰富建筑物图层的语义信息，制作内容更完善的居民地与人口地图。Upton 等(2015)把传统数据与 VGI 信息结合起来，进行森林可再生资源的识别与建模。

利用VGI进行地理空间数据库的更新与维护，需要充分考虑到数据的质量问题。Goodchild 和 Li(2012)提出了通过不同来源比对、社会评价及地理分析的方法对 VGI 进行评价。此外，学者还提出了基于语言学的决策分析(Bordogna et al.，2014)、基于控制数据等的方法(Comber et al.，2013)，用于分析 VGI 的质量。在利用 VGI 进行数据库更新方面，学者们分别从概念上的操作流程(Ostermann and Spinsanti，2011)、可行性(Mooney and Corcoran，2011)等角度进行讨论。田文文等(2014)针对 VGI 中变化信息的检测与采集、一致性检测以及多个数据库联动等的问题，研究以 VGI 为基础的变化信息检测与更新技术。

1.1.3 空间冲突的检测与处理

在地理空间数据的更新过程中，难以避免地会引入空间冲突。空间冲突具体表现为空间对象的拓扑结构冲突、属性冲突和不符合规则的错误空间关系(陈明辉和张新长，2013)。对建筑物图层进行更新，更新后发现新增建筑物与原建筑物相交，或者建筑物与道路出现了相交；在管线数据更新的时候，管线没有与管点实现闭合。这些情况都属于产生空间冲突的情况，如图 1.3 所示。

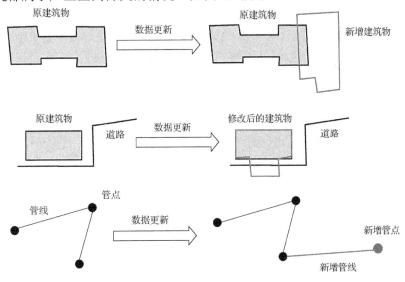

图 1.3 数据更新中引入的空间冲突的情况

　　空间冲突的检测与处理需要综合考虑到地物的空间分布特征、多图层的拓扑关系以及地物的重要性，是一个充满挑战性的课题。Liu 等(2005)提出了基于拓扑链的线-线空间关系模型建模方法，综合考虑拓扑关系、顺序关系以及线段的几何特征，实现线-线空间冲突的自动检测。吴小芳等(2010)考虑房屋间的宏观分布形态，并参照人为的空间冲突处理方法，制定了多层次的移位原则。同时应用于要素冲突外力的计算，分别实现了道路线与房屋面或房屋面与房屋面的空间冲突处理操作。周启等(2013)为保证目标群分布模式形态，构建了在多因素影响下的移位场，实现了居民地面目标组合的移位处理，并且不会产生新的空间冲突。在制图综合的过程当中，同样也会产生空间冲突。研究人员使用改进的退火线算法(Ware et al.，2003)、遗传算法(Wilson et al.，2003)等优化算法，自动消除制图综合产生的图形冲突。

1.1.4　多尺度空间数据的联动更新

　　早在 1999 年，ISPRS 与 ICA 就成立了"增量空间数据更新与数据库版本研究"联合工作组。国内外学者积极参与空间数据更新领域的研究工作，通过长期不懈的努力，同一比例尺下的空间数据更新自动化程度得到了较大的提高(陈军等，2012a)。

　　针对同一比例尺的地理信息数据更新，学者们提出了有效的解决方案。面向基础地理数据库，提出版本数据库中基于目标匹配的变化信息提取与数据更新方法(应申等，2009)。基于变化信息检测—更新信息处理—冲突检测与处理的一体化更新流程具有良好的效果(张新长等，2012)。基于影像的一体化判调更新方法，在国家1：50000 地形图全面更新工作中得到了创新实践(陈军等，2010)。

　　面向专题应用更新方式，针对不同的地理要素，提出了基于地理事件的时空数据增量更新方法(周晓光等，2006)。以地籍数据为研究对象，构建了面向对象的时空地籍过程表达与更新模型(张丰等，2010)，提出了拓扑联动的增量更新方法(陈军等，2008)；面向土地利用(纪亚洲等，2015)、地下管线(杨伯钢和张保钢，2009)等领域的更新模型与方法也相继被提出。

　　近年来，同一尺度下的地理空间数据更新研究由更新精度的提高向数据来源的获取、增量时空变化信息的管理发展。遥感影像数据的获取具有周期短、更新快的特点，从遥感数据中提取变化信息来更新矢量数据是空间数据更新与维护的重要手段。学者们采用智能算法从高分辨率遥感影像、LiDAR 点云中自动提取变化信息用于重要要素类型数据的更新(Tooke et al.，2014)。上面提及的众源地理信息(Goodchild and Li，2012)，作为随 Web2.0 技术发展而产生的一种新的地理信息数据模式，也已经成为 GIS 技术研究的一个重要组成部分(Mooney et al.，2016)。众源地理信息相比专业的测绘地理信息数据，具有现势性强、内容丰富、语义详实等特点，从众源地理信息中提取增量信息辅助专业测绘地理信息的更新是目前空间数据研究工作中的一个重要方向(Liu et al.，2015；田文文等，2014)。在增量时空信息管理方面，为实现数据的方便存储及快速索引，基态修正模型(林艳等，2012)、逆基态修正模型(刘校妍等，2014)、增量时空变化计算模型(朱华吉等，2013)等被学者们提出。

多尺度空间数据更新是实现多个比例尺空间数据快速更新的有效手段。多尺度空间数据更新采用大比例尺数据更新小比例尺数据,避免了多个比例尺数据的采集。目前学界研究的多尺度空间数据更新方法主要有地图缩编更新、增量制图综合、要素级联更新，如图 1.4 所示。

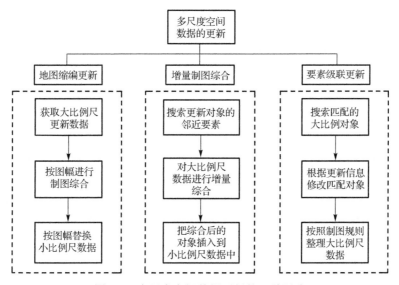

图 1.4 多尺度空间数据更新的三种思路

(1)地图缩编更新。结合制图综合的基本方法，使用新采集的大比例尺地理数据对时间较早的小比例尺地理数据实现更新处理。在更新模式方面，陈军等(2007)归纳了缩编更新的四种模式，并认为新旧数据叠加缩编的更新模式最为实用。目前，世界各国的国家基础地理数据库是典型的多尺度数据库，地图缩编方法在维护该类数据的尺度一致性方面发挥了重要的作用(Lecordix and Lemarié，2007)。此外，这种方法还在地形图更新、土地利用现状更新、导航电子地图更新等方面都有较广泛的应用(陈军等，2012b；李香莉等，2012)，并逐步朝着自动化与智能化的方向发展(张必胜等，2013)。

(2)增量制图综合。所谓的增量制图综合方法，是为了把变化信息融入至目标比例尺数据库中，而对局部对象进行尺度变换。这种方式只是针对变化信息，而无需对所有要素进行制图综合处理，能够提高制图综合的效率，并有助于保证不同比例尺数据之间的一致性。也有学者认为结合制图综合方法，进行增量更新主要有两种方案：一是对更新后的大比例尺地图重新执行制图综合操作，称为"re-generalization"(重综合)处理。二是把更新的要素直接引进小比例尺地图,然后根据制图规则进行调整,称为"construction"(创建)处理方法。如何确定邻近要素是增量制图综合的前提,许俊奎和武芳(2013)研究不同种类更新对象的作用范围,设计了以影响域渐进扩展为基础的增量制图综合算法,确保制图综合后不会引入新的空间冲突。刘一宁等(2011)把道路的单位影响范围作为选取标准对新增数据进行取舍,这种以独立影响区域为基础的道路线自动制图综合方法,有助于减少地图综合的工作量。也有学者把制图综合的操作划分成独立的功能单元,提出记录制图综合操作的日志模型,为地图增量更新与变化信息传递提供支持。受到环境的约束,网络环境下的制图综合或移动设备地图显示都会应用增量制图综合技术。

(3)要素级联更新。多尺度要素级联更新的基础是不同尺度要素之间的匹配关系,并根据这些匹配关系实现更新信息从大比例数据向小比例尺数据传递。具体的解决思路主要为:首先,通过变化检测的方法获取大比例尺的变化信息。然后,根据要素之间的匹配关系找到需要进行更新的小比例尺要素执行更新操作。最后,结合制图综合规则,对更新后的小比例尺数据进行调整。

要素级联更新的关键是把增量的大比例尺更新信息传递到小比例尺数据中。多尺度更新信息的传递需要综合考虑要素的匹配关系、制图综合的规则以及要素之间的拓扑关系,是一个复杂的处理过程,如图 1.5 所示。区域锁(region locking)与自定义空间关系绑定锁(spatial-relationship-bound write locking),可以通过设计传输协议,实现分布式环境下空间数据更新信息的传递。在面向对象数据库的环境下,设

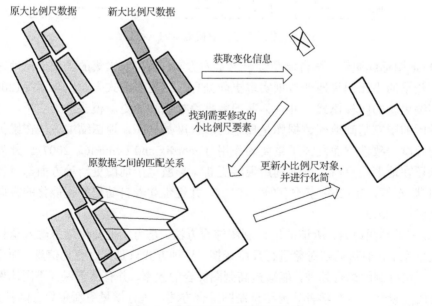

图 1.5　要素级联更新的基本思路

计一系列更新信息传递中可能存在的情况（如 1∶n 关系，m∶n 关系等），有助于减少更新信息传递中的数据冲突。通过要素的空间相似性，建立统一的地理实体编码，并以此为纽带，实现更新信息的多尺度传递。要素级联更新的方法已在多尺度基础地理数据库维护中得到应用（傅仲良和吴建华，2007），并朝着网络化、智能化的方向发展（王艳军和李朝奎，2014）。

综上所述，地图缩编更新的方法将新采集的整个图幅进行缩编，然后再进行局部的替换。由于缩编工作面向图幅中的所有要素，工作量比较大。增量制图综合的方法以发生变化的要素为中心，搜索邻近要素并进行局部的制图综合，能有效地提高数据更新的效率。然而，由于没有充分考虑多尺度要素的匹配信息，在更新过程中有可能会造成尺度不一致的问题，即不能明确同名要素的匹配关系。要素级联更新，通过把大比例尺变化要素映射到对应的小比例地图上，再进行级联更新与制图综合，能够有效地实现增量更新，并保持要素中的映射关系。然而，由于更新信息传递过程中涉及多类信息（大比例尺更新信息、要素匹配关系、制图综合规则）的整合与相互作用，而且受到不同更新场景的影响，更新类型与处理方式较为复杂。因此，需要应用优化算法加以统筹。

1.2　空间数据匹配

地理空间实体的匹配作为空间数据更新、多源空间数据融合的关键技术问题，学者们对其进行了大量的研究工作。1988 年，第一个地理空间实体匹配处理方法被提出，并应用于美国地质测量局的地图数据与人口调查局的地图数据之间的合并。经过三十多年的发展，地理空间实体的匹配在理论方法与技术应用上取得了长足的进步。目前，地理空间实体的匹配研究成果可分为匹配策略的研究及几何、位置、属性等特征相似性测度方法的研究。

1.2.1　匹配策略研究

利用距离、连通度及蜘蛛网编码来寻找可能匹配的点，适合处理一对一的匹配关系情况。也有利用待匹配对象的顶点或节点之间的距离及待匹配线段之间的距离来进行线要素的匹配。缓冲区增长法则是将实体逐步增长缓冲区来获取候选匹配对象，通过区域统计来确定匹配阈值，通过优势函数来确定匹配对象，但该方法的匹配精度受到缓冲区半径与匹配阈值的影响较大。

张桥平等（2004）从实体的特征隶属度入手，提出了一种基于模糊集拓扑分类的面状实体匹配方法。该方法通过对象之间的重叠面积来确定候选匹配实体，通过隶属度函数计算候选匹配对象之间的形态距离，并确定模糊拓扑关系，再由模型拓扑关系来确定最终的匹配结果，能够在一定程度上避免阈值的选取。叶亚琴等（2010）

对该方法进行了优化，基于模糊集理论，将成分关联区域的相似度度量因子引入空间目标匹配。基于概率理论的空间实体匹配模型，融合了距离、形状、方向等多个匹配指标，通过计算实体之间的匹配概率来确定最终的匹配对象，能够避免匹配阈值的精确选取。但该方法计算量较大，且对各匹配指标权重较为敏感。

缓冲区重叠面积是反映两个空间实体之间的重要特征，由于简单易用，被广泛应用于地理实体的匹配，该类方法是通过计算候选匹配对象之间的缓冲区面积重叠度，选取重叠度最大的对象作为匹配对象，被广泛应用于线状实体及面状实体的匹配(简灿良等，2013；应申等，2009；张丰等，2010)。为解决人工设置重叠度阈值困难的问题，有学者根据数理统计原理分析了道路目标匹配数据的分布特点及规律，提出了采用大津法计算目标匹配阈值来实现匹配阈值的动态确定(尹川和王艳慧，2014)。缓冲区的半径设置也是影响匹配结果的因素之一，针对道路网匹配，"非对称缓冲区增长"法通过自学习获取空间实体的位置偏差规律来确定缓冲区的半径。Liu 等(2015)提出了一种根据不同缓冲区中的数据分布情况来确定最优半径的改进缓冲区生成法，用以实现道路网增量信息的探测。这两种改进的缓冲区生成方法在一定程度上降低了缓冲区设置对匹配结果的影响。

为进行匹配对象的判别，基于规则的匹配方法被提出。学者们根据实体的位置、几何、拓扑与属性特征，制定相应的匹配规则，利用规则对待匹配对象进行识别(Cobb et al.，1998)。但该类策略存在的困难是，规则中定量化指标的设定问题。

通过实体的整体空间相似性来识别匹配对象符合人类的空间认知习惯。郝燕玲等(2008)将面状空间实体看成一个整体，采用加权平均法来综合实体的位置、形状、大小等特征的相似度，进而根据获得的总相似度大小确定匹配对象。王骁等(2016)借鉴人类对陌生环境的空间认知特征，提出一种顾及邻近居民地组群相似性的道路网匹配方法，该方法利用与道路相邻的居民地组群的空间关系和几何特征来辅助道路网的匹配，能够有效利用于存在一定位置或旋转偏差的道路数据匹配。尽管通过空间实体的整体相似性有利于提升匹配的精度，但是仍存在特征权值与阈值设定的问题。

融合地物多特征相似性的匹配策略在多尺度空间数据匹配上也被广泛应用(付仲良等，2016a)。例如，通过比较几何、属性、拓扑特征来对多尺度网状数据进行匹配的多尺度网络节点及弧段的匹配方法，可以实现区域网络的优化匹配。安晓亚等(2012)在此基础上进行了改进，针对网络节点及弧段的相似性，提出了人机交互式的综合匹配阈值确定方法，有效提升了匹配的精度，但需要人工参与的工作较多。

一些研究人员提出采用实体分层的形式进行匹配。将道路匹配定义为分解、基本、抽象三个层次，分别采用线段、路段、路径结合缓冲区、拓扑关系、属性特征进行层级匹配。该方法在多尺度道路数据的匹配中取得了较高的精度，能够识别一对多、多对多的匹配关系(胡云岗等，2010)。邓敏等(2010)提出一种基于层次化空间关系的道路节点匹配方法,在对节点拓扑类型进行细分的基础上,依靠距离、连通度、弧段方向,层次递进地进行匹配关系识别,能有效用于多尺度道路网的匹配。

空间实体匹配中的特征权值确定较为困难。采用层次分析法对相似性指标进行定性与定量的分析来确定指标权重,并将该方法应用于道路网匹配,在一定程度上避免了因随意设置权值而导致匹配精度降低的情况,但该方法仍然对专家知识有一定的依赖性。

为识别空间实体匹配中的多对多复杂关系,研究人员利用针对面状实体提出的"增量式凸壳法"、"空间聚类法"来获取候选匹配要素群组(许俊奎等,2013a),再通过对候选匹配对象的综合评估确定最佳的匹配对象(罗国玮等,2014),实现了对多对多复杂匹配关系的有效识别。

近年来,为避免局部最优选择造成的错误匹配,学者们针对空间实体的全局优化开展了研究。翟仁健(2011)构建了空间实体一致性匹配评价模型,赵东保等(2011)提出了基于概率松弛法的道路最优匹配模型,其他学者在此基础上进行了完善(Song et al.,2011),该类方法通过估计候选路段或节点的特征相似性来构建初始概率矩阵,计算邻近路段或节点的兼容系数来不断更新矩阵,直到矩阵收敛到一极小值,概率最大的对象即为匹配实体。此方法能够对位置与几何特征差异较大的道路数据进行匹配,但其计算量较大,且只适用于比例尺相同或相近的数据之间的匹配。除此之外,研究人员针对具体的研究对象,提出了基于动态规划(Tong et al.,2014)、整数规划(Huh,2015)等全局优化模型来提升空间实体匹配的准确度。还有一些研究人员采用仿生智能算法来寻找近视全局最优的匹配方案(巩现勇等,2014)。

为减少人工干预,提高空间实体的自动化水平,近年来,学者们发展了各种基于机器学习的匹配方法,各种分类算法如支持向量机、神经元网络、逻辑回归、决策树等先后引入研究工作(付仲良等,2016b;龚敏霞等,2015;Tong et al.,2014;Kim et al.,2017)。该类方法的基本思想是依靠机器学习从分类样本中获取决策知识,从而对候选匹配对象进行判别。基于机器学习避免了特征指标权值及匹配阈值的人工设定,有效提升了匹配工作的智能化水平。但是,这类方法面临着样本选取与标记工作量较大等问题。

空间表达的误差因素可以作为评价实体匹配关系的依据。基于误差理论,Safra等(2010)提出将采用两个线状要素折点及端点之间的位置匹配来代替整个线要素的匹配,依据点位误差来识别匹配关系。刘坡等(2014)利用空间数据的中误差范围信息和数据邻近关系来进行多尺度空间面实体的匹配,该方法基于地图制图误差理论,误差值由制图规范标准确定,不需要进行指标阈值的设定,适用于严格遵循地图制图规范的多尺度空间数据之间的匹配。面向多尺度空间实体的匹配,研究人员提出利用动态化简的方式来辅助实体的匹配,应用制图综合的形状化简技术,提取空间实体的主要形态,降低局部细节形态差异对匹配结果的影响来提高匹配的精度,是对已有匹配方法的一个有益补充(陈竞男等,2016)。

空间实体的自动匹配面临着计算量大、耗时长的问题，学者们对此提出了一些改进方法。实体匹配过程需要进行大量的空间检索，有学者基于城市形态学原理，在通过道路网、水系形成的闭合区间将城市空间进行划分的基础上，发展了一种新的空间数据层次索引方法来提升检索速度；也有依据拓扑关系对道路实体进行分类的基础上，将其划分为匹配层与非匹配层，通过迭代的方式对非匹配层进行重新分类后，只对少量没有确定匹配关系的道路进行全局遍历匹配，有效提高了匹配的效率(王骁等，2016)。

利用标记信息辅助空间对象的匹配是实体匹配研究中的另一种思路。Kim 等(2010)提出利用已标记的地物作为参考地标，依靠环境相似度来识别面状实体的匹配关系。田文文等(2014)提出了一种多层次蔓延匹配算法，该方法通过语义信息确定初始匹配道路单元并将其标记，利用已标记的对象构建多层次的蔓延单元来实现道路增量信息的提取。

针对多源数据中同名实体几何位置偏差较大的问题，一些研究人员将待匹配实体转换为其他类型的要素来进行匹配。例如，将居民地之间的匹配转换为空白区域骨架线网眼之间的匹配(王骁等，2016)，将道路网之间的匹配转换为面状街区之间的匹配(Fan et al.，2016)。这些方法能够在一定程度上克服位置偏差对匹配精度造成的影响。

1.2.2　特征测度研究

特征的描述是空间实体匹配过程中的重要部分，研究人员从几何、语义、空间关系等方面对空间实体的特征描述进行研究，描述的方法又可以分为定性描述与定量描述。

在空间距离描述方面，经典的欧几里得距离、Hausdorff 距离、Fréchet 距离被广泛应用于空间实体的特征描述。研究人员对这些经典距离描述方法进行了改进，为降低实体形状对距离测度的敏感度，提出中值 Hausdorff 距离用于度量实体主要部分的位置关系，避免了实体次要部分或异常值对距离描述的影响；也有针对道路匹配提出了定向 Hausdorff 来度量一对多的匹配关系。Tong 等(2014)在此基础上进行了改进，提出短线中值 Hausdorff 距离来提升道路距离描述的稳定性。Mascret 等(2006)提出一种平均 Fréchet 距离，并应用于海岸线的距离测度。

空间实体几何形状的定量化描述是 GIS 面临的难题之一(Li et al.，2013)。研究人员从实体的范围、边界、结构入手发展了多种形状描述方法。有学者以建筑物为研究对象，提出基于傅里叶变换的形状描述方法，利用周期函数来近似表达多边形的边界，通过系数向量的距离来比较待匹配要素与给定模板间的相似度(Ai et al.，2013；艾廷华等，2009)。也有学者用一种基于弯曲度半径复函数的傅里叶形状描述子来度量面状实体的形状相似度。针对带空洞的复杂面状实体，Xu 等(2017)构建了基于位置图与傅里叶描述子的形状相似性度量模型。几何矩、转向角函数也被用于描述面状居民地的形状相似度(晏雄锋等，2016；赵东保等，2011)。对于线要素的形状相似性度量，学者们提出夹角链码、角度差值积分等方法，也有学者提出将线实体的首尾连接做镜面对偶生成面实体，以生成的面实体的傅里叶形状描述子为其形状向量(赵宇和陈雁秋，2004)。

语义信息是空间实体信息的一部分，也是度量空间实体相似度的重要特征。Cobb 等(1998)提出了空间实体属性信息的综合相似度计算模型。Schwering(2008)提出一种语义相似度分类方法，通过构建特征模型来描述离散化的特征，并采用集合论来计算相似度。地名地址是空间实体的重要属性信息，Hastings(2008)提出了一种数字地名相似性的度量方法；针对汉语地名地址的匹配，国内学者也提出了相应的度量方法(宋子辉，2013；王俊超等，2012)。近年来，领域本体被用于 GIS 领域的语义相似度研究。谭永滨等(2013)面向基础地理信息领域，提出了基于本体属性的语义相似度计算模型。为满足志愿者地理信息集成的需要，地理空间语义相似度由面向实例化的研究向面向概念的、抽象化的研究发展。

在空间方向关系相似性测度方面，研究人员提出了基于对象圆锥模型、投影模型、方向矩阵模型、Voronoi 方向模型、统计模型、方向距离模型等定量与定性的描述模型(Yan et al.，2006)。为适应复杂方向关系评价，Yan 等(2013)提出了一种面向对象群的方向关系度量方法；Du 等(2008)提出了描述重叠与包含区域的方向关系模型，并对线-线、面-面、线-面等不同维度实体之间的方向关系进行了探讨；这些方法有效扩展了方向关系测度方法的应用场景。研究人员提出了一些新方法来对多个特征进行综合测度。Mohammadi 和 Malek(2015)提出一种基于位置-方向旋转描述方法来对线要素的位置及方向信息进行测度。考虑实体周围信息的环境相似度测度方法也被应用于空间实体的匹配研究中(吴建华，2010)，这些新特征的引入对空间实体匹配精度的提高起到了促进作用。

随着多尺度空间关系理论的发展，相似关系已经成为空间基本关系之一(Chehreghan and Abbaspour，2017)，但其研究还属于初级阶段。空间相似关系的定义为在某一个特定的空间比例尺及专题内容下被认为相似的两个区域。Yan(2010)面向多尺度地图表达，基于集合论提出了空间相似关系的定义，空间相似关系理论的发展将有助于空间实体匹配中相似性测度方法的改进。

综上所述，实体匹配是地理空间数据更新与融合的关键技术。在计算待匹配实体特征相似度的基础上，采用相应的匹配策略来进行匹配是空间实体匹配技术中常用的方法，但现有的匹配方法存在以下不足。

(1)尺度差异问题。现有的空间实体测度方法大多面向比例尺相同或相近的实体，当比例尺差异较大时，空间实体的空间信息与语义信息的表达存在较大的差异，会增加特征相似性测度的难度，尤其困难的是多尺度面状空间实体中一对多、多对多情况下的特征测度。现有的空间实体相似性测度方法大多没有考虑尺度变化效应的影响。

(2)匹配策略中的权值与阈值问题。在实体匹配中需对多项特征指标进行综合评价，需根据特征的重要性设置相应的权值。不同比例尺、数据类型及空间场景下实体各特征的重要性如何客观地进行定量化描述，判断阈值如何合理地设定，目前尚未有很好的方案。尽管一些智能算法被引入了研究工作，但仍存在很多缺陷，需要进一步统筹优化。

(3)全局优化匹配问题。目前，大多数的空间实体匹配方法根据判断阈值确定最佳匹配关系，这种局部最佳的匹配关系未必是全局范围内的最佳匹配关系，针对多尺度下的全局寻优匹配研究并不多见。

1.3　制　图　综　合

利用大比例尺数据更新小比例尺数据的过程中，由于大比例尺数据能够具体地表达地物的细节，不一定符合小比例尺数据载负量的要求。为适应不同尺度空间数据的表达及地图信息量的要求(刘慧敏等，2012)，需要对更新信息进行选择、化简、合并、增强等制图综合的操作。

地图自动综合是在计算机环境下，综合考虑地图的主题和应用、制图区域的地理特点以及制图要求，通过设置数据模型、规则与算法，对地图数据进行制图综合操作。其本质是计算机模拟人脑的制图综合思维，对地图信息进行处理(武芳和王家耀，2002)。地图制图综合操作是基于人类特有的模糊逻辑推断，因此计算机难以完全模仿。作为一个国际难题，制图综合需要综合多个领域的科学理论与技术方法来解决。

ICA 专门成立了制图综合与多尺度表达委员会(Commission on Generalization and Multiple Representation)对地理信息多层次表达的问题进行研究。从几何类型、约束对象数目、专题性等方面对制图综合的约束规则进行分类，并探讨其规范化问题。Taillandier 和 Taillandier(2012)提出了基于启发式决策树搜索策略的制图综合控制知识质量评价方法，使用多准则的分析方法评价全局知识的质量，有助于提高自动制图综合的效率。Kulik 等(2005)把本体论的思想引入地图综合中，综合后的详细程度由要素的语义特征决定。人工智能算法在自动制图综合中的应用也非常广泛，如使用退火线算法设计基于网络服务的制图综合自动化处理流程；使用蚁群算法、退火线等算法处理道路网简化；把多智能体技术与地图制图综合过程的控制、制图综合质量的监控进行结合(钱海忠等，2006)。

多年来，基于地图综合的尺度变换模式作为实现空间数据多尺度表达的重要手段，一直是地理信息科学领域研究的热点之一，经过长期的研究沉淀，该模式在理论研究、模型算法设计、综合知识表达等方面积累了丰富的研究成果。下面从综合过程概念模式、综合操作、综合的智能化、协同综合等方面系统分析其研究现状。

1.3.1 地图综合过程概念模式

地图综合是一个复杂的系统工程,涉及综合的运行环境、模型方法、约束条件、知识规则、质量评价等内容,在实施综合之前需要对它们之间的逻辑关系有清晰的认识,即需要定义其概念模型。综合概念模式是对整个综合过程涉及的相关解决方案、策略之间逻辑关系的概念化描述,属于地图综合问题顶层设计研究。地图综合作为一个国际性难题,从目前已有的国内外研究成果看,仍然没有一个比较全面有效的解决方案,以致在不同的发展阶段,有关专家学者从不同的角度对综合过程的逻辑步骤归纳出不同的综合模式。总体上可以将其划分为两种类型模式,即面向过程模式和面向对象层次模式(Steiniger and Weibel,2005)。面向过程模式如 Brassel 和 Weibel(1988)在总结分析前人模式基础上,提出了 Brassel & Weibel 面向过程模型。该模型将综合分为五个步骤:结构识别、过程识别、过程建模、过程实施和数据输出(如图 1.6 所示)。该模式在地图综合研究领域产生了深远影响,目前大多关于自动综合的研究沿用此模式。另外一个重要的面向过程模式是 McMaster 和 Shea(1992)提出的 McMaster & Shea 模式。该模式将综合问题分解三个哲学问题:为什么(why)、什么时候(when)、怎么进行(how),通过解决这三个问题完成综合过程。与此类似,我国著名制图学专家毋河海(2000)提出了三级结构化综合实现模型,同样将综合问题分为三个问题:何时(when)、何地(where)、怎么做(how),对每个问题采用相应的模型,分别为总体选取模型、结构实现模型和实体综合模型。

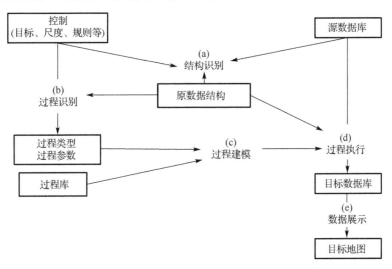

图 1.6 Brassel 和 Weibel(1988)的综合过程概念模型

面向对象层次模式则将待处理的地图对象分成宏观、中观和微观层次对象，并对每一层次对象实施不同综合策略。宏观层次对象指的是将整个地图，或地图的一部分，或地图的某一类要素(如居民地、道路等)作为一个对象；中观层次对象主要指群组对象，如一个建筑物排列；微观层次对象则指单个地图对象，如一个建筑物一条道路。面向对象层次模式最具代表性的是 Ruas 和 Plazanet(1996)提出的综合模式以及通过 AGENT 项目实施的改进版本(Barrault et al.，2001；Lamy et al.，1999)。进入21世纪，有学者针对居民的综合，通过模仿人工综合，将综合分为两个连续过程：建筑物聚类和综合操作执行，并针对这两个过程进行了大量的研究。该模式比较符合人类的认知习惯，操作性强。

1.3.2　地图综合操作

综合操作即对综合对象实施某种处理过程的概念化描述，如合并、删除，又称为综合算子，主要用于解决地图对象随尺度变换而产生违背综合约束条件的问题，如视觉拥挤、要素压盖。一个综合操作常由相应的综合算法及参数构成。在数字环境下，空间数据的尺度转换可以通过多个综合操作完成(McMaster and Shea，1992)，比如降维、化简、合并、移位、典型化等。但是对于大比例建筑物的尺度转换，涉及的综合操作主要包括删除、合并、典型化、夸张、化简和移位。表 1.3 对这些综合操作作了图解描述。

表 1.3　有关建筑物尺度转换的综合操作

操作名称	原始对象	综合后对象
删除		
合并		
典型化		
夸张		
化简		

1.　删除

该操作也可以称为选择操作，通过该操作确定哪些建筑物应该保留，哪些建筑物应该删除。判断建筑物保留与否的条件包括建筑物面积大小、是否远离道路、拥挤情况及其重要性。选取主要是考虑到地图的负载量问题，在相关的研究中最著名的是德国制图学家 Töpfer 提出的开方根规律，即采用原始地图与目标地图的比例尺分母之比的开方根指数，来确定目标地图上物体选取的数量，表示为

$$N_b = N_a \cdot \sqrt{\frac{M_a}{M_b}} \qquad (1\text{-}1)$$

式中，N_a 为原地图上物体的数量，N_b 为目标地图物体数量，M_a 为原地图比例尺分母，M_b 为目标比例尺分母。

2. 合并

随着比例尺缩小，距离较近的建筑物在有限的制图空间内会出现视觉上的拥挤现象，这时候需要将距离较近且属性类似的对象融合为一个大的对象。在合并前首先需要进行群组划分，即首先根据尺度转换目的、制图约束条件等将离散对象划分为不同群组，这是建筑物综合的首要步骤。在城市环境中，建筑物分布复杂性导致其合并具有较高的挑战性。具体而言，其挑战性不但来自于合并前的建筑物群组识别，还来自于合并后需要保证合并对象符合尺度要求，例如，保持位置精度、保持面积平衡、避免出现合并对象间的过小缝隙等。另外，在日常的空间数据处理中，合并操作的应用也非常广泛。因此，其研究与应用得到了国内外制图领域专家学者们的广泛关注，并取得了丰硕的研究成果。

目前，根据处理的数据结构可以将建筑物合并方法分为两大类，即基于栅格数据和基于矢量数据的合并方法。基于栅格数据的合并方法(如果原数据为矢量格式，则先将其转换为栅格类型)，包括使用数学形态学操作(如扩张和侵蚀)的合并方法(Cámara and López, 2000; Schylberg, 1993; 王光霞和杨培, 2000; 王辉连等, 2005)和通过纵横扫描填充空隙的方法(Cheng et al., 2015; 郭仁忠和艾廷华, 2000)。这些方法对于所有场景采用相同参数而缺少局部分析，导致很难适应多种类型的群组合并(Regnauld, 2003)，并且不适合于其他操作的执行，如化简、直角化。除此之外，由于需要进行栅矢转换，这些方法还容易导致位置精度损失。基于矢量数据的合并方法包括基于缓冲区的合并方法和基于 Delaunnay 三角网的合并方法。前者先根据一定距离生成缓冲区，然后将缓冲区相交的对象进行合并(郭建忠等, 2011)。该方法仅根据距离判断合并对象，容易造成错误对象的合并。后者则首先对合并对象生成 Delaunay 三角网，然后设置一定条件对三角形进行筛选，将剩余的三角形与群组对象进行融合完成合并过程(郭沛沛等, 2016; 钱海忠和武芳, 2001; 童小华和熊国锋, 2007)。另外，由于 Delaunay 具有强大的空间邻近关系探测与分析能力，受到学者们广泛关注，并逐渐成为合并方法研究与应用的主流。

3. 典型化

建筑物的典型化指的是采用数量少的代表性建筑物代替原来数量多的建筑物，目标是尽可能地保持群组模式以及群组内建筑物的密度、大小、方向的相似性和差异性。典型化在国外的研究比较广泛(Bildirici and Aslan，2010；Regnauld，2001；Sester，2004)，因其建筑物分布较为稀疏而又存在一定的模式(如图 1.7 所示)。与合并操作类似，在执行典型化之前需要进行建筑物群组识别，即获取可以进行典型化的群组，这些群组一般是线性模式、格网模式。在获取格网模式后需要对其进行仿射变换，即将其转换为较为规则的格网模式。随后对格网模式中的顶点进行抽稀。在这个过程中不能简单地删除格网中的某些顶点，因为容易造成格网模式的改变。为了保存原有模式特征，可以减少格网的纵横列。

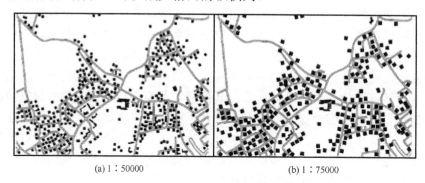

(a) 1 : 50000　　　　　　　　　　　　(b) 1 : 75000

图 1.7　单个建筑物的典型化(Sester，2004)

4. 化简

化简是指在保持图形主要特征的情况下尽量去掉其冗余信息。随着比例尺缩小，综合目标图形上的很多细节，比如较小的凹凸，在视觉上很难进行分辨，这时候就需要采取化简操作将其去掉。化简可以说是地图综合过程中使用得最多的综合操作。建筑物的图形简化作为地图自动化综合中一个重要问题，得到了制图领域专家学者们的广泛关注，并取得了丰硕的研究成果。由于化简操作常与合并操作一起结合使用(先合并后化简)，其采用策略也有所相似。化简方法也可以分为两大类，即基于栅格数据结构并运用形态学操作实现化简的方法和基于矢量数据的化简方法。有学者先采用模式识别方法进行化简类型匹配，然后采用形态分析方法对街区轮廓进行化简；郭仁忠和艾廷华(2000)提出了将建筑物多边形进行分解建立多层次的差分组合，不同组合得到不同尺度的化简对象；根据上述思想进行栅格化分组，然后采用多次扫描的方法对视觉邻近建筑物组合进行化简；另外，由于数学形态学中的开操作具有平滑物体轮廓、消除细小突出细节的作用，和闭操作一起可以弥补较窄的间隔或沟壑，它们常用于几何图形的化简。

基于矢量数据的化简方法成为研究与应用的主流。如早期，有学者根据多边形邻近边长度不断移除或替代大于阈值的边，并采用了一个增量方法首先对最微小的细节进行移除。随后我国学者在此基础上根据人类视觉规律发展出一套渐进式图形化简方法(郭庆胜，1999；郭庆胜等，2007；郭庆胜等，2012)，即通过图形的逐渐改变而达到满足目标尺度图形要求的抽象程度；多年来，以 Delaunay 三角网作为辅助条件进行化简的研究一直受到学者们的广泛关注。童小华和熊国锋(2007)根据邻近对象间 Delaunay 三角形的最短边与固定值对比，改进了基于 SDS(Simplicial Data Structure)模型的化简方法(Ruas，1995)。其他方法还有依据视觉的"自然法则"，以不同尺度下多边形凹凸长度将其边的点划分组合，然后采用最小二乘平差模型以线性拟合方式对组合内的点进行优化。

5. 直角化

直角化即将多边形近似直角的内角转换为直角。建筑物作为城市最重要的人造地物，通常具有边正交特征。然而在大比例尺向小比例尺进行地图综合过程中，建筑物的合并与化简操产生的多边形并非直角多边形，这时候就需要对其进行直角化操作。在进行建筑物直角化过程中需要考虑三个目标：一要避免点位变化而产生与其他地物的位置冲突，二要使得近似直角的内角直角化，三是使得所有点位变化和最小。目前，国内外对于建筑物的直角化研究与应用提出了很多方法，包括最小二乘法、边线中点固定算法、移动节点法等(刘鹏程等，2008；Zhang et al.，2016)。

1.3.3 基于智能化方法的自动综合

随着人工智能的发展，其越来越多的研究成果被应用于地图自动综合的研究与应用中，地图自动综合的智能化也逐渐成为地图综合发展最具前景的方向(武芳，2008)。下面从以下四个方面阐述基于智能化方法的自动综合研究现状。

1. 基于知识的自动综合方法

地图综合是一项极具创造性、人工干预较强的工作，以至于学者们常将制图专家的经验知识转化为规则等形式化知识以便计算机识别，实现综合的自动化处理。其中地图综合约束条件作为一种重要的制图知识，20 世纪末开始受到专家与学者们的重视。最早对地图综合约束进行比较系统的研究，是将地图综合约束划分为五个方面，即几何图形、拓扑、语义、结构和过程等方面的约束；随后，我国学者也对地图综合知识进行了系统的分类，研究了对应的形式化方法，并介绍了如何将制图知识运用于地图综合专家系统的设计。随着制图综合知识的不断积累，学者们开始将其大量用于地图的自动化综合，有人在分析与提取河流规则性知识基础上，提出了河流选取模型；也有人根据居民的面积、重要性、标志性等特征对其进行了形式化表示，设计了基于知识的居民地选取模型(钱海忠等，2005)。

2. 基于 Agent 的自动综合方法

Agent 即"智能体",是驻留在一定环境中的实体,它能够感知周围的环境,并对其做出反应。相对于专家系统,Agent 技术具有明显的优势,如 Agent 具有主动性、自学习性、通信性、协同工作能力和移动性,因此有不少学者将其运用到自动综合制图中来。如早期由欧盟委员会资助的 Agent 项目,在 Laser-Scan 公司的面向对象 GIS 系统和 LAMPS2 系统的基础上开发了一个基于多智能体(Multi-Agent System,MAS)的自动综合系统。地图学家利用多智能体对面状要素的自动综合进行了研究(Barrault et al.,2001;Lamy et al.,1999);我国学者将 Agent 技术与 Delauany 三角网结合提出了 ABTM 模型(Agent Based TIN Model,ABTM)(钱海忠等,2005)。该模型将 Agent 分为三种类型,即由单个 Delauany 三角形确定的 Agent 单元、由多个 Agent 单元(多个 Delauany 三角形)组成的 Agent 个体和由一群对象组成的 Agent 群;在协同综合研究中,舒方国(2012)采用多 Agent 技术实现了等高线与河流的协同综合。

3. 基于智能优化算法的自动综合方法

在地图综合过程中常需要进行寻优处理,有学者将智能优化算法用于自动综合研究。其中,遗传算法(Genetic Algorithm,GA)的运用最为广泛。如有学者针对地图标记、结构综合和线的化简问题提出了基于遗传算法的局部搜索方法;Wilson 团队针对随尺度变换需要进行夸张放大操作而产生要素压盖的问题,提出了基于遗传算法的解决方案(Wilson et al.,2003)。我国学者武芳团队也采用遗传算法对地图标记配置、要素选取、线的化简等内容进行了研究(武芳和邓红艳,2003);其他智能优化算法也得到了运用,如采用模拟退火算法对地图对象多种状态进行优化(如位移、夸大、删除、面积缩小等),以获取产生冲突最小的状态组合(Ware et al.,2003)。

4. 基于机器学习的自动综合方法

地图自动综合发展的一个重要瓶颈是制图者经验知识很难形式化。随着机器学习技术的发展,逐步有学者将其用于地图自动综合的知识获取、形式化等方面的研究(武芳等,2017)。如在综合考虑路网几何、拓扑和语义特征的情况下,利用自组织映射人工神经网络进行训练,建立道路网与自组织映射网络之间的连接关系,为交互式的街道聚类提供了可视化工具;有学者将机器学习方法用于城市建筑物分类为其自动化综合提供知识条件,利用 C4.5 决策树算法对建筑物排列质量进行评价以提高综合质量(Steiniger et al.,2008;Steiniger et al.,2010;Cetinkaya and Basaraner,2014);也有学者采用元胞自动机(Cellular Automata,CA)进行渐进式专题地图自动综合。

1.3.4　协同综合

地图综合过程中不但要解决同类要素随尺度变换产生的冲突问题，还需要解决不同要素之间的冲突问题（如居民地压盖道路），即综合前后需要保持不同要素间的关联特征（龙毅等，2011）。针对这种问题，有学者提出了地图的多要素协同综合，即首先通过空间分析方法识别要素间的空间关联特征，然后对每一类要素进行综合并保持综合前后空间关系的一致性，进而在保证综合结果正确的情况下，避免了单要素综合后期繁琐的空间冲突检测等工作（周侗等，2013）。目前，对于多要素的协同综合研究较多是道路与居民地的协同综合、水系与等高线的协同综合。如针对道路与居民地的协同综合研制了基于 Agent 的协同综合模型（陈文瀚，2011；李国辉等，2014；周侗等，2013）。对于河流与等高线的协同综合，有学者采用 Agent 模型与 Delaunay 约束三角网相结合进行协同化简（龙毅等，2011；舒方国，2012）；地图协同综合不仅限于多要素的协同综合，还可以进行不同综合处理过程的协同和多源数据的协同综合。如 Touya 和 Duchêne（2011）将制图空间划分为不同的综合区域，每个区域采用不同的综合处理模型；张滇（2007）采用影像数据对矢量居民地进行了协同综合，取得了不错的综合效果。

空间数据尺度转换（尺度上推）是一个复杂的过程，高层次上涉及过程策略的安排，低层次则需要进行空间关系分析、群组模式分析、数据模型、模型算法设计、数据来源选择等。作为国际性难题之一，一直受到领域内的高度关注，并取得了一批突出的研究成果。通过以上文献综述分析，现就近年来国内外相关研究现状仍存在的问题作如下总结。

(1)现有尺度转换模式的局限性。现有尺度转换模式面向特定尺度和应用目的，对连续表达应用效果差。如前文所述，针对建筑物的尺度转换模式以地图综合分析方法为主，即根据目标尺度、用途、区域特点及视觉约束等，先进行群组探测，然后采用一定的变换操作（合并、化简、直角化等）将其转为尺度目标。当转换尺度发生变化时，大多参数需要重新率定，这极大地降低了自动转换的效率。数字环境下地图可以自由缩放而进行连续尺度浏览。对于大多数用户来说，更关心的是每种尺度下地图要素的详尽程度，而不会过多地关注所选的比例尺，传统的尺度转换模式很难适应这种需求。另外，现有尺度转换模式针对具体应用尺度，缺乏邻近尺度转换结果的比较，很难确定所选结果为尺度最优。

(2)空间关系模型对邻近对象间的综合关系(邻近度)描述明显不足。现有的空间关系模型仅对邻近对象间某一方面的关系进行描述，如距离、方向、大小等，很难精确表达其邻近度(组合的可能性)。在进行群组分析过程中，常需要综合判断邻近对象间的关系而不仅仅是某一方面关系。现有研究虽有将几种关系进行整合，但这种整合往往容易导致指标的指向性偏差，如偏向相似性，这就意味着不相似的对象不能够组合在一起。这个指向与格式塔中的整体性原则相矛盾。另外，现有研究缺乏对群组间关系的考虑，虽然其表达与单个对象相似，但是在群组分析中常需要先对群组间的关系进行分析，然后才是单个对象间的关系分析。最后，现有空间关系计算过于复杂，不利用于其推广应用。

（3）尺度变换缺乏有效的质量控制机制。即使能够正确探测建筑物群组，但由于尺度变换过程缺乏有效的质量控制，由基于传统地图综合的尺度转换操作生成的综合结果仍存在很大的不确定性。这导致了人们对自动尺度转换结果质量的不可预知性，降低了人们对空间数据自动尺度变换的信心。要对变换结果质量进行有效的控制需要对每一步综合操作的精确控制，但现有方法过多关注操作本身，而忽略了对综合对象的分析。对于建筑物群组通常存在一定的层次结构，即存在子群组，如果能够逐层确保综合结果质量，最终的综合结果就"有根可循"，其可信度就会提高。因此，空间数据的转换需要考虑转换对象本身的结构，即采用渐进式变换策略控制变换结果质量。

1.4　机　器　学　习

1.4.1　机器学习的理论与方法

1.　机器学习的理论

机器学习（Machine Learning，ML）是一门涉及多领域的交叉学科。机器学习用于专门研究模拟或实现人类的学习行为，以获取新的知识或者技能，重新组织已有的知识结构使之不断改善自身的性能。机器学习的关键是学习。那么到底什么是学习呢？学习作为人类特有的智能，怎么使计算机具有学习的能力，研究人员具有不同的看法。有研究人员认为，需要在对经验的学习过程中不断改善算法的实现效果。

机器学习的过程在开始时是面对一个未知解，最终是得到一个最优解。对于计算来说，在这个从未知到已知的过程中，随着计算经验的积累，即尝试的方案越多，机器在处理和解决问题的能力得到增强，并最终取得最优解的过程，就可以认为机器拥有了学习的能力。

那么，应该如何判断计算机在训练的过程中解决问题能力得到提高呢？可以假设在计算机第一次处理某问题 A 时，得到的结果是 R。对于结果 R 如果不满足要求，计算机需要不断地调整方案，通过不断地训练、优化本身的阈值与参数后，再对问题 A 进行处理，得到的答案 R1 与 R 相比，效果更好，更符合实际的需求，就可以认为计算机具有了学习能力，在解决问题方面的能力得到了提高。

2. 机器学习的基本算法

机器学习在数据挖掘、模式识别等领域具有广泛的应用，产生了各种优秀的算法，对机器学习的理论与方法体系不断完善。在不同的时期，人们对机器学习算法有着不同的理解。1989 年 Carbonell 指出机器学习的四个研究方向分别为连接机器学习、基于符号的归纳机器学习、遗传机器学习与分析机器学习(Carbonell，1989)，后来又提出了另外四个新的研究方向，即分类器的集成、海量数据的监督学习算法、增强机器学习与学习复杂统计模型。在此，参考已有的机器学习理论研究(郭亚宁和冯莎莎，2010)，把机器学习的算法整体划分为基于符号学习和基于非符号学习两个类别，如图 1.8 所示。

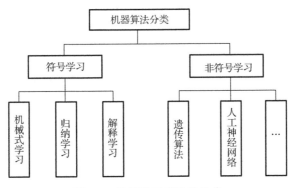

图 1.8 机器学习算法的分类

(1)机械式学习。它是一种最原始的学习方法，可以理解为死记硬背式的学习。它的基本思路是在学习的过程中，把输入的信息与问题的解决方案统一地存储在知识库之中。计算机在识别输入的信息时，如果发现信息与某类问题相对应，则直接输出指定的结果。例如，在测绘应急处理方案，研究人员根据各种应急事件的类型与程度，在知识库里面搜索，获得与当前事件性质最为契合的方案，输出结果。

(2)归纳学习。其本质是获取输入信息，使用归纳推理的方法，并结合知识库里面的知识进行分析，最终获得结论。归纳学习可以理解为由实例向规则空间的映射，由特例推导一般情况。在实际应用的过程中，则可以按照同类方法进行求解。例如，结合具体的地形图数据，通过演绎与归纳构建城市居民地分类的本体模型，在此基础上，对其他地形图数据判断对象分类的差异性。

(3)基于解释的学习。其前提是具有一个实际的案例以及完整的领域知识。在训练的过程中，结合已知知识进行分析，并完成对目标概念的学习。在不断的学习过程中，得到关于目标概念的普遍的一般化描述，如图 1.9 所示。

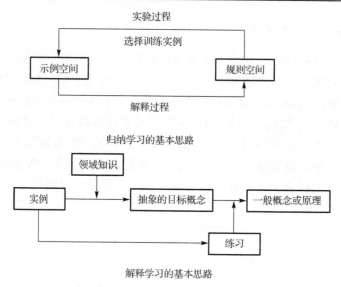

图 1.9　归纳学习与解释学习解决思路的区别

(4)基于人工神经网络的学习。神经网络属于复杂的网络结构，由很多节点(被称为神经元)以及节点之间的带有权重的连接矩阵构成。人工神经网络是模仿人类大脑的神经结构。在这种拓扑结构的支持下，计算机在实现面向数据分析、存储和使用的过程中模仿人脑的思维方式。从机器学习的角度来说，对于神经元之间连接权的不断修正可以看成人工神经网络的学习过程。使用人工神经网络进行判断或分类，就是对输入参数利用网络节点连接权进行运算，得到输出信号，并通过比较与分析得到特定的解，具有较好的容错和抗噪能力。

(5)基于遗传算法的学习。遗传算法是基于自然进化中的遗传理论，不断地模拟自然界中生物的繁殖和进化过程，不断优化训练结果。遗传算法的基本思路是：在训练的过程中，选择最好地结果，构成组合并产生下一代，从而使"优秀的遗传因子"逐代积累，生成最优解。

在机器学习的过程中，对于实际问题样本的采集不可能是无限的。因此，学习方法得到的结果受制于样本。而统计学习理论正是研究小样本的统计估计和预测的理论。其关键是在学习的过程中，通过对学习机器的容量实施控制，从而实现对泛化能力的控制。

3. 机器学习与模式识别

更新信息检测与分类的核心是模式识别的问题。而机器学习正是解决模式识别问题的关键技术。模式为"与混沌相对立的，可以进行命名并且使用模糊的方法确定其含义的实体"。对象能够通过空间、时间与属性信息进行定义，而这些信息则可以被认为表示这个对象的模式。将观察目标与已有模式进行比较、对比，并判断其所属类别的过程就是模式识别。一般来说，模式识别的处理方法由采集信息、信息的格式转换与归一化处理、特征提取、模式分类与决策等四部分构成，其中分类决策的结果受到了分类器较大的影响，如图1.10所示。

　　数据获取：利用各种输入设备把模式识别研究对象的各种相关信息转换为计算机可以处理的信号。例如，对纸质地图进行屏幕数字化，通过传感器获得遥感影像，或者通过外业测量得到电子地图数据。

　　数据预处理：数据预处理是为了得到与模式识别的方法相关以及与被研究对象有密切联系的特征（如地理空间数据的面积、周长、紧凑度等几何信息）。同时，排除异常数据，消除输入数据中的噪声。

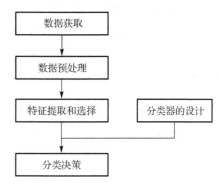

图1.10　模式识别的组成部分

　　特征提取：一般情况下，模式识别的过程中有较多的候选特征，如果把所有的候选特征都放置于分类器中进行运算，则线性相关的特征将导致模型预测能力的下降。因此，应根据不同的应用场景，采用特征提取算法，找到最具有代表性或者能够有效处理的特征信息。

　　分类决策或模型匹配：模式识别的关键是得到地物或者现象的分类信息，输出结果是实体或现象所属类别的编码。分类决策或模型匹配的过程就是利用各种计算模型（贝叶斯算法、人工神经网络算法、粒子群算法等）对模式特征空间进行处理，以确定数据的模式信息。

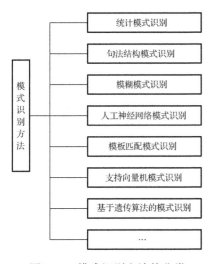

图1.11　模式识别方法的分类

　　在进行基于模式识别理论系统设计时，模式类的定义、特征的提取与选择、分类器的设计和学习受到不同应用场合的影响，具有较大的差异。在数据预处理和模式分类部分，还需要设计规则对可能存在的错误进行修正。模式识别的方法包括统计模式识别、句法结构模式识别等，具体如图1.11所示。

　　统计模式识别是设计一个包含所有特征向量的特征空间，利用统计决策的原理对特征空间进行划分，以达到识别不同要素的目的。句法结构模式识别是采用分层描述的方式，以符号来描述图像特征。模糊模式识别以模糊数据为基础，以隶属度来表示被识别对象归属于某一类别的程度。人工神经网络模式识别方法通过模仿人神经系统的动作过程，以达到识别分类的目的。模板匹配的方法通过设计匹配模板遍历图像，以识别目标。支持向量机的原理是在样本空间或者特征空间中构造出与不同类样本集之间距离最大的最优超平面。遗传算法是通过对生物自然进化进行模拟，从而搜索确定最佳分类的算法。

综上所述，机器学习的方法与模式识别方法存在着不少的交集，通过监督或非监督的学习过程，计算机能够以数据与场景为驱动，调整内部模型的结构，从而提高模式识别的效果。

1.4.2　机器学习方法在地理空间数据更新中的应用

机器学习的自学习、自组织能力面能够向多源异构数据，可用于挖掘空间数据隐藏的特征与关系，在 GIS 领域中得到广泛的应用。

Pathak 和 Hiratsuka（2011）综合利用 GIS 空间分析模型进行大范围地下水水质指标的计算，为资源管理与保护提供支撑依据。Mena（2003）在设计道路更新信息的提取方法时，使用了空间句法、人工神经网络等机器学习方法。人工神经网络等机器学习算法更广泛地用于遥感图像分类、图像解译及变化检测等研究方向（Ghosh et al.，2009；Pacifici and Frate，2009）。

1. 机器学习与更新信息检测

在地理空间数据更新方面，人工神经网络等机器学习技术在变化信息检测、多尺度要素匹配等方面已有了初步的尝试（郭泰圣等 2013；许俊奎等，2013b）。那么，为什么要把机器学习的方法应用到城市居民地空间数据更新中呢？城市居民地更新过程属于增量更新，首先需要确定发生变化的信息，根据"新增、删除、几何修改、属性修改"等更新信息对数据库进行修改。在对新、旧数据进行对比，根据变化指标，确定更新信息分类的过程中，需要综合考虑不同时间段、不同尺度下要素的几何特征、语义特征与拓扑特征。在不同的更新场景中（如建筑密度差异、地图载负量差异、路网密度差异等），判断参数的阈值需要进行不断地修改，才能更好地达到自动判断更新信息的效果。如果人工针对不同的更新场景，手动地进行测试与调整，或者在完成更新后手动进行编辑和修正，工作量会比较大。因此，考虑利用人工神经网络的方法，通过采集样本与训练，在不同的更新场景中获得更新类型判断的参数，在保证判断结果有效的基础上，减少人工的参与，以提高数据库更新的自动化程度。

2. 机器学习与更新信息传递

更新信息的传递是一个增量信息传递的过程，把大比例尺地图中检测出来的更新信息传递到小比例尺地图中，从而对小比例尺地图进行增量的修改。更新信息的传递需要除了考虑要素的变化信息、多尺度数据的匹配关系外，还需要估计制图规则的影响。计算机自动制图综合是地图学的一大难题，因为人类在制图综合处理时除了需要综合考虑多个硬性指标，还要从艺术性、美观性等角度进行考虑，计算机难以模拟。应用机器学习的方法，可以在学习的过程不断地调整与完善，以达到较好地表达效果，并满足多个制图规则的约束。

参 考 文 献

艾廷华, 帅赟, 李精忠. 2009. 基于形状相似性识别的空间查询. 测绘学报, 38(4): 356-362.

安晓亚, 孙群, 尉伯虎. 2012. 利用相似性度量的不同比例尺地图数据网状要素匹配算法. 武汉大学学报(信息科学版), 37(2): 224-228.

陈竞男, 钱海忠, 王骁, 等. 2016. 提高线要素匹配率的动态化简方法. 测绘学报, 45(4): 486-493.

陈军, 胡云岗, 赵仁亮, 等. 2007. 道路数据缩编更新的自动综合方法研究. 武汉大学学报(信息科学版), 32(11): 1022-1027.

陈军, 林艳, 刘万增, 等. 2012a. 面向更新的空间目标快照差分类与形式化描述. 测绘学报, 41(1): 108.

陈军, 刘万增, 张剑清, 等. 2008. GIS 数据库更新模型与方法研究进展. 地理信息世界, 6(3): 12-16.

陈军, 王东华, 商瑶琳, 等. 2010. 国家 1:5 万数据库更新工程总体设计研究与技术创新. 测绘学报, 39(1): 7-10.

陈军, 王东华, 商瑶玲, 等. 2012b. 国家 1:50000 基础地理信息数据库更新工程及实施. 地理信息世界, 10(1): 8-12.

陈明辉, 张新长. 2013. 空间数据动态更新的冲突自动检测处理方法. 地理空间信息, 3: 37-39.

陈文瀚. 2011. 地图道路与居民地协同综合方法研究. 南京: 南京师范大学.

邓敏, 徐凯, 赵彬彬, 等. 2010. 基于结构化空间关系信息的结点层次匹配方法. 武汉大学学报(信息科学版), 35(8): 913-916.

付仲良, 杨元维, 高贤君, 等. 2016a. 道路网多特征匹配优化算法. 测绘学报, 45(5): 608-615.

付仲良, 杨元维, 高贤君, 等. 2016b. 利用多元 Logistic 回归进行道路网匹配. 武汉大学学报(信息科学版), 41(2): 171-177.

傅仲良, 吴建华. 2007. 多比例尺空间数据库更新技术研究. 武汉大学学报(信息科学版), 32(12): 1115-1118.

高心丹, 谭跃. 2013. 森林资源空间数据更新模型. 地球信息科学学报, 15(4): 518-526.

龚敏霞, 袁赛, 储征伟, 等. 2015. 顾及多空间相似性的地下管线数据匹配. 测绘学报, 44(12): 1392-1400.

巩现勇, 武芳, 姬存伟, 等. 2014. 道路网匹配的蚁群算法求解模型. 武汉大学学报(信息科学版),

39(2): 191-195.

郭建忠, 谢明霞, 李柱林. 2011. 基于线缓冲区分析的街区合并方法. 地理与地理信息科学, 27(6): 111-112.

郭沛沛, 李成名, 殷勇. 2016. 建筑物合并的 Delaunay 三角网分类过滤法. 测绘学报, 45(8): 1001.

郭庆胜. 1999. 以直角方式转折的面状要素图形简化方法. 武汉测绘科技大学学报, 24(3): 255-258.

郭庆胜, 吕秀琴, 张雪峰. 2007. 建筑物的渐进式图形简化方法. 测绘信息与工程, 32(5): 13-16.

郭庆胜, 王晓妍, 刘纪平. 2012. 图斑群合并的渐进式方法研究. 武汉大学学报(信息科学版), 37(2): 220-232.

郭仁忠, 艾廷华. 2000. 制图综合中建筑物多边形的合并与化简. 武汉大学学报(信息科学版), 25(1): 25-30.

郭泰圣, 张新长, 梁志宇. 2013. 神经网络决策树的矢量数据变化信息快速识别方法. 测绘学报, 42(6): 937-944.

郭亚宁, 冯莎莎. 2010. 机器学习理论研究. 中国科技信息, 14: 208-209.

郝燕玲, 唐文静, 赵玉新, 等. 2008. 基于空间相似性的面实体匹配算法研究. 测绘学报, 37(4): 501-506.

何榕健, 戴韫卓, 杜震洪, 等. 2013. 一种多源矢量空间数据的联动增量更新模型. 浙江大学学报(理学版), 40(5): 580-587.

胡云岗, 陈军, 赵仁亮, 等. 2010. 地图数据缩编更新中道路数据匹配方法. 武汉大学学报(信息科学版), 35(4): 451-456.

黄素丽. 2015. 数字城市地理空间框架数据更新机制探讨. 测绘与空间地理信息, 38(1): 172-174.

姬存伟, 武芳, 巩现勇, 等. 2013. 居民地要素增量信息表达模型研究. 武汉大学学报(信息科学版), 38(7): 857-861.

纪亚洲, 顾和和, 李保杰. 2015. 基于多层感知器神经网络的土地利用数据库更新模型及应用. 农业工程学报, 31(7): 227-237.

简灿良, 赵彬彬, 邓敏, 等. 2013. 多尺度地图面/面目标匹配模式及变化探测方法研究. 地理与地理信息科学, 29: 1-6.

简灿良, 赵彬彬, 王晓密, 等. 2014. 多尺度地图面目标变化分类、描述及判别. 武汉大学学报(信息科学版), 39(8): 968-973.

李德仁. 2002. 数字省市在国土规划与城镇建设中的作用. 测绘学报, 1: 16-21.

李德仁, 眭海刚, 单杰. 2012. 论地理国情监测的技术支撑. 武汉大学学报(信息科学版), 37(5): 506-512.

李国辉, 龙毅, 周侗, 等. 2014. 面向地图多要素协同综合的多 Agent 交互机制. 南京师范大学学报(工程技术版), 14(2): 61-67.

李香莉, 李恒利, 蔡冬梅. 2012. 土地利用现状图中数据缩编的质量控制分析. 测绘与空间地理信息, 35(4): 175-177.

林艳, 刘万增, 韩刚. 2012. 基态修正的 GIS 数据库增量更新建模. 测绘科学, 37(4): 199-201.

刘慧敏, 邓敏, 樊子德, 等. 2012. 地图信息度量方法及其应用分析. 地理与地理信息科学, 28(6): 1-6.

刘鹏程, 艾廷华, 邓吉芳. 2008. 基于最小二乘的建筑物多边形的化简与直角化. 中国矿业大学学报, 37(5): 699-704.

刘坡, 张宇, 龚建华. 2014. 中误差和邻近关系的多尺度面实体匹配算法研究. 测绘学报, 43(4): 419-425.

刘校妍, 蒋晓敏, 楼燕敏, 等. 2014. 基于事件和版本管理的逆基态修正模型. 浙江大学学报(理学版), 4(4): 481-488.

刘一宁, 蓝秋萍, 费立凡. 2011. 基于单位影响域的道路增量式综合方法. 武汉大学学报(信息科学版), 36(7): 867-870.

龙毅, 曹阳, 沈婕, 等. 2011. 基于约束 D-TIN 的等高线簇与河网协同综合方法. 测绘学报, 40(3): 379.

罗国玮, 张新长, 齐立新, 等. 2014. 矢量数据变化对象的快速定位与最优组合匹配方法. 测绘学报, 43(12): 1285-1292.

牛文元. 2009. 中国新型城市化战略的设计要点. 中国科学院院刊, 24(2): 130-137.

钱海忠, 武芳. 2001. 基于 Delaunay 三角关系的面状要素合并方法. 测绘学院学报, 18(3): 207-209.

钱海忠, 武芳, 谭笑, 等. 2005. 基于 ABTM 的城市建筑物合并算法. 中国图象图形学报, 10(10): 1224-1233.

钱海忠, 武芳, 王家耀. 2006. 自动制图综合链理论与技术模型. 测绘学报, 35(4): 400-407.

史文中, 秦昆, 陈江平, 等. 2012. 可靠性地理国情动态监测的理论与关键技术探讨. 科学通报, 57(24): 2239-2248.

舒方国. 2012. 基于多 Agent 的等高线与河流协同综合方法研究. 南京: 南京师范大学.

宋子辉. 2013. 自然语言理解的中文地址匹配算法. 遥感学报, 17(4): 788-801.

谭永滨, 李霖, 王伟, 等. 2013. 本体属性的基础地理信息概念语义相似性计算模型. 测绘学报, 42(5): 782-789.

田文文, 朱欣焰, 呙维. 2014. 一种 VGI 矢量数据增量变化发现的多层次蔓延匹配算法. 武汉大学学报(信息科学版), 39(8): 963-967.

童小华, 邓愫愫, 史文中. 2007. 基于概率的地图实体匹配方法. 测绘学报, 36(2): 210-217.

童小华, 熊国锋. 2007. 建筑物多边形的多尺度合并化简与平差处理. 同济大学学报(自然科学版), 35(6): 824-829.

万幼川, 申邵洪, 张景雄. 2008. 基于概率统计模型的遥感影像变化检测. 武汉大学学报(信息科学版), 33(7): 669-672.

王光霞, 杨培. 2000. 数学形态学在居民地街区合并中的应用. 测绘科学技术学报, 17(3): 201-203.

王辉连, 武芳, 张琳琳, 等. 2005. 数学形态学和模式识别在建筑物多边形化简中的应用. 测绘学报, 34(3): 269-276.

王俊超, 刘晨帆, 徐明世, 等. 2012. 语义相似性度量技术在地名匹配研究中的应用. 辽宁工程技术大学学报(自然科学版), 31(6): 871-874.

王骁, 钱海忠, 何海威, 等. 2016. 顾及邻域居民地群组相似性的道路网匹配方法. 测绘学报, 45(1): 103-111.

王艳军, 李朝奎. 2014. 多尺度城市地理数据在线联动更新研究. 测绘科学, 39(10): 48-52.

毋河海. 2000. 地图信息自动综合基本问题研究. 武汉测绘科技大学学报, 25(5): 377-86.

毋河海. 2012. GIS 与地图信息综合基本模型与算法. 武汉: 武汉大学出版社.

吴建华. 2010. 顾及环境相似的多特征组合实体匹配方法. 地理与地理信息科学, 26(4): 1-6.

吴小芳, 杜清运, 徐智勇. 2010. 多层次移位原则的道路与建筑物空间冲突处理. 测绘学报, 39(6): 649-654.

武芳. 2008. 面向地图自动综合的空间信息智能处理. 北京: 科学出版社.

武芳, 邓红艳. 2003. 基于遗传算法的线要素自动化简模型. 测绘学报, 32(4): 69-75.

武芳, 巩现勇, 杜佳威. 2017. 地图制图综合回顾与前望. 测绘学报, 46(10): 1645-1664.

武芳, 王家耀. 2002. 地图自动综合概念框架分析与研究. 测绘工程, 11(2): 18-20, 48.

彭代锋, 张永军, 熊小东. 2015. 结合 LiDAR 点云和航空影像的建筑物三维变化检测. 武汉大学学报(信息科学版), 40(4): 462-468.

许俊奎, 武芳. 2013. 影响域渐进扩展的居民地增量综合. 中国图象图形学报, 18(6): 687-691.

许俊奎, 武芳, 钱海忠. 2013a. 多比例尺地图中居民地要素之间的关联关系及其在空间数据更新中的应用. 测绘学报, 42(6): 898-905.

许俊奎, 武芳, 魏慧峰. 2013b. 人工神经网络在居民地面状匹配中的应用. 测绘科学技术学报, 30(3): 293-298.

晏雄锋, 艾廷华, 杨敏. 2016. 居民地要素化简的形状识别与模板匹配方法. 测绘学报, 45(7): 874-882.

杨伯钢, 张保钢. 2009. 城市地下管线时空数据的组织与操作. 测绘通报, (4): 56-57.

杨海兰, 李景文, 张利恒, 等. 2013. 基于改进的基态修正模型时空数据组织方法. 城市勘测, (4): 9-10.

叶亚琴, 万波, 陈波. 2010. 基于成分关联区域相似度的面实体模糊匹配算法. 地球科学(中国地质大学学报), 35(4): 385-390.

尹川, 王艳慧. 2014. 路网增量更新中基于 OSTU 的目标几何匹配阈值计算. 武汉大学学报(信息科学版), 39(9): 1061-1067.

应荷香. 2012. 基于地理实体编码的多尺度表达空间数据联动更新技术. 测绘与空间地理信息, 35(7): 41-43.

应申, 李霖, 刘万增, 等. 2009. 版本数据库中基于目标匹配的变化信息提取与数据更新. 武汉大学学报(信息科学版), 34(6): 752-755.

翟仁健. 2011. 基于全局一致性评价的多尺度矢量空间数据匹配方法研究. 郑州: 中国人民解放军信息工程大学.

张必胜, 李朝奎, 周启. 2013. 空间信息源的多尺度地形图智能化缩编方法与应用. 地球信息科学学报, 15(2): 217-224.

张滇. 2007. 基于影像和矢量的空间目标协同综合研究. 太原: 太原理工大学.

张丰, 刘南, 刘仁义, 等. 2010. 面向对象的地籍时空过程表达与数据更新模型研究. 测绘学报, 39(3): 303-309.

张剑清, 刘朋飞, 王华, 等. 2010. 利用 Meanshift 进行道路提取. 武汉大学学报(信息科学版), 35(6): 719-722.

张桥平, 李德仁, 龚健雅. 2004. 城市地图数据库面实体匹配技术. 遥感学报, 8(2): 107-112.

张求喜, 胡克新, 王振兴. 2009. 基于 Oracle Spatial 道路线状要素增量信息更新方法研究. 测绘科学, 34(2): 145-147.

张新长, 郭泰圣, 唐铁. 2012. 一种自适应的矢量数据增量更新方法研究. 测绘学报, 41(4): 613-619.

赵东保, 盛业华, 张卡. 2011. 利用几何矩和叠置分析进行多尺度面要素自动匹配. 武汉大学学报(信息科学版), 36(11): 1371-1375.

赵宇, 陈雁秋. 2004. 曲线描述的一种方法: 夹角链码. 软件学报, 15(2): 300-307.

周侗, 龙毅, 舒方国, 等. 2013. 一种多 Agent 的地图要素协同综合模型及其应用分析. 地理与地理信息科学, 29(6): 30-34.

周启, 艾廷华, 张翔. 2013. 面向多重空间冲突解决的移位场模型. 测绘学报, 42(4): 615-620.

周晓光, 陈军, 朱建军, 等. 2006. 基于事件的时空数据库增量更新. 中国图象图形学报, 11(10): 1431-1438.

朱华吉. 2007. 地形数据库增量信息数据建模及其 RDF 描述. 吉林大学学报(地球科学版), 37(1): 195-199.

朱华吉, 吴华瑞, 马少娟. 2013. 空间目标增量时空变化分类模型. 武汉大学学报(信息科学版), 38(3): 339-343.

Ai T, Cheng, X, Liu P, et al. 2013. A shape analysis and template matching of building features by the Fourier transform method. Computers Environment and Urban Systems, 41: 219-233.

Badard T, Richard D. 2001. Using XML for the exchange of updating information between geographical information systems. Computers Environment and Urban Systems, 25: 17-31.

Barrault M, Regnauld N, Duchene C, et al. 2001. Integrating multi agent, object oriented and algorithmic techniques for improved automated map generalisation//Proceedings of the 20th International Cartographic Conference, Beijing.

Bildirici I O, Aslan S. 2010. Building typification at medium scales//Proceedings of the 3rd International Conference on Cartography and GIS, Nesebar.

Bobzien M, Burghardt D, Petzold I. 2005. Re-generalisation and construction: two alternative approaches to automated incremental updating in MRDB//Proceedings of the 22nd International Cartographic Conference, LA Coruña.

Bordogna G, Carrara P, Criscuolo L, et al. 2014. A linguistic decision making approach to assess the quality of volunteer geographic information for citizen science. Information Sciences, 258: 312-327.

Brassel K E, Weibel R. 1988. A review and conceptual framework of automated map generalization. International Journal of Geographical Information System, 2(3): 229-244.

Cámara M, López F. 2000. Mathematical morphology applied to raster generalization of urban city block maps. Cartographica: The International Journal for Geographic Information and Geovisualization, 37(1): 33-48.

Cetinkaya S, Basaraner M. 2014. Characterisation of building alignments with new measures using C4.5 decision tree algorithm. Geodetski Vestnik, 58(3): 552-567.

Chehreghan A, Abbaspour R. 2017. An assessment of spatial similarity degree between polylines on multi-scale, multi-source maps. Geocarto International, 32(5): 471-487.

Cheng B, Liu Q, Li X. 2015. Local perception-based intelligent building outline aggregation approach with back propagation neural network. Neural Processing Letters, 41(2): 273-292.

Cobb M A, Chung M J, Foley III H, et al. 1998. A rule-based approach for the conflation of attributed vector data. GeoInformatica, 2(1): 7-35.

Comber A, See L, Fritz S, et al. 2013. Using control data to determine the reliability of volunteered geographic information about land cover. International Journal of Applied Earth Observation and Geoinformation, 23: 37-48.

Cooper A K, Peled A. 2001. Incremental updating and versioning//The 20th International Cartographic Conference, Beijing.

Deng X, Huang J, Rozelle S, et al. 2015. Impact of urbanization on cultivated land changes in China. Land Use Policy, 45: 1-7.

Du S, Guo L, Wang Q. 2008. A model for describing and composing direction relations between overlapping and contained regions. Information Sciences, 178(14): 2928-2949.

Fan H, Yang B, Zipf A, et al. 2016. A polygon-based approach for matching OpenStreetMap road networks with regional transit authority data. International Journal of Geographical Information Science, 30(4): 748-764.

Fan Y T, Yang J Y, Zhang C, et al. 2010. A event-based change detection method of cadastral database incremental updating. Mathematical and Computer Modelling, 51 (11-12): 1343-1350.

Ghosh S, Patra S, Ghosh A. 2009. An unsupervised context-sensitive change detection technique based on modified self-organizing feature map neural network. International Journal of Approximate Reasoning, 50 (1): 37-50.

Goodchild M F. 2007. Citizens as sensors: the world of volunteered geography. GeoJournal, 69 (4): 211-221.

Goodchild M F, Li L. 2012. Assuring the quality of volunteered geographic information. Spatial Statistics, 1: 110-120.

Hastings J T. 2008. Automated conflation of digital gazetteer data. International Journal of Geographical Information Science, 22 (10): 1109-1127.

Holland D A, Boyd D S, Marshall P. 2006. Updating topographic mapping in Great Britain using imagery from high-resolution satellite sensors. ISPRS Journal of Photogrammetry and Remote Sensing, 60 (3): 212-223.

Huang L, Wang S, Ye Y, et al. 2010. Feature matching in cadastral map integration with a case study of Beijing//The 18th International Conference on Geo Informatics, Beijing.

Huh Y. 2015. Local edge matching for seamless adjacent spatial datasets with sequence alignment. ISPRS International Journal of Geo-Information, 4 (4): 2061-2077.

Kim I H, Feng C C, Wang Y C. 2017. A simplified linear feature matching method using decision tree analysis, weighted linear directional mean, and topological relationships. International Journal of Geographical Information Science, 31 (5): 1042-1060.

Kim J O, Yu K, Heo J, et al. 2010. A new method for matching objects in two different geospatial datasets based on the geographic context. Computers and Geosciences, 36 (9): 1115-1122.

Kulik L, Duckham M, Egenhofer M. 2005. Ontology-driven map generalization. Journal of Visual Languages and Computing, 16 (3): 245-267.

Kunze C, Hecht R. 2015. Semantic enrichment of building data with volunteered geographic information to improve mappings of dwelling units and population. Computers, Environment and Urban Systems, 53: 4-18.

Lamy S, Ruas A, Demazeau Y, et al. 1999. The application of agents in automated map generalisation//The 19th ICA Meeting, Ottawa.

Lecordix F, Lemarié C. 2007. Managing generalisation updates in IGN map production. Generalisation of Geographic Information, 285-300.

Li W, Goodchild M F, Church R. 2013. An efficient measure of compactness for two-dimensional shapes and its application in regionalization problems. International Journal of Geographical Information Science, 27 (6): 1227-1250.

Liu C, Xiong L, Hu X, et al. 2015. A progressive buffering method for road map update using

OpenStreetMap data. ISPRS International Journal of Geo-Information, 4(3): 1246-1264.

Liu W, Chen J, Zhao R, et al. 2005. A refined line-line spatial relationship model for spatial conflict detection//International Conference on Conceptual Modeling, Berlin.

Mascret A, Devogele T, Le Berre I, et al. 2006. Coastline matching process based on the discrete Fréchet distance//Progress in Spatial Data Handling, Berlin.

McMaster R B, Shea K S. 1992. Generalization in digital cartography//Association of American Geographers, Washington DC.

Mena J B. 2003. State of the art on automatic road extraction for GIS update: a novel classification. Pattern recognition letters, 24(16): 3037-3058.

Mohammadi N, Malek M. 2015. VGI and reference data correspondence based on location - orientation rotary descriptor and segment matching. Transactions in GIS, 19(4): 619-639.

Mooney P, Corcoran P. 2011. Can volunteered geographic information be a participant in eenvironment and SDI?//International Symposium on Environmental Software Systems, Berlin.

Mooney P, Minghini M, Laakso M, et al. 2016. Towards a protocol for the collection of VGI vector data. ISPRS International Journal of Geo-Information, 5(11): 217.

Ostermann F O, Spinsanti L. 2011. A conceptual workflow for automatically assessing the quality of volunteered geographic information for crisis management//Proceedings of AGILE, Utrecht.

Pacifici F, Frate F. 2009. Automatic change detection in very high resolution images with pulse-coupled neural networks. IEEE Geoscience and Remote Sensing Letters, 7(1): 58-62.

Pathak D R, Hiratsuka A. 2011. An integrated GIS based fuzzy pattern recognition model to compute groundwater vulnerability index for decision making. Journal of Hydro-environment Research, 5(1): 63-77.

Qin R. 2014. Change detection on LOD 2 building models with very high resolution spaceborne stereo imagery. ISPRS Journal of Photogrammetry and Remote Sensing, 96: 179-192.

Regnauld N. 2001. Contextual building typification in automated map generalization. Algorithmica, 30(2): 312-333.

Regnauld N. 2003. Algorithms for the amalgamation of topographic data//Proceedings of the 21st International Cartographic Conference, Durban.

Revell P, Antoine B. 2009. Automated matching of building features of differing levels of detail: a case study//Proceedings of the 24th International Cartographic Conference, Santiago de Chile.

Ruas A. 1995. Multiple paradigms for automating map generalization: geometry, topology, hierarchical partitioning and local triangulation//ACSM/ASPRS Annual Convention and Exposition, Charlotte.

Ruas A, Plazanet C. 1996. Strategies for automated generalization//Proceedings of 7th International Symposium on Spatial Data Handling, Delft.

Safra E, Kanza Y, Sagiv Y, et al. 2010. Location - based algorithms for finding sets of corresponding objects over several geo‑spatial data sets. International Journal of Geographical Information Science, 24(1): 69-106.

Schwering A. 2008. Approaches to semantic similarity measurement for geo‑spatial data: a survey. Transactions in GIS, 12(1): 5-29.

Schylberg L. 1993. Cartographic amalgamation of area objects. International Archives of Photogrammetry and Remote Sensing, 29: 135.

Sester M. 2004. Two demos: 1) automatic generalization of buildings for small scales using typification 2) streaming generalization//ICA Workshop on Generalisation and Multiple Representation, Leicester.

Song W, Keller J M, Haithcoat T L, et al. 2011. Relaxation‑based point feature matching for vector map conflation. Transactions in GIS, 15(1): 43-60.

Steiniger S, Lange T, Burghardt D, et al. 2008. An approach for the classification of urban building structures based on discriminant analysis techniques. Transactions in GIS, 12(1): 31-59.

Steiniger S, Taillandier P, Weibel R. 2010. Utilising urban context recognition and machine learning to improve the generalisation of buildings. International Journal of Geographical Information Science, 24(2): 253-282.

Steiniger S, Weibel R. 2005. A conceptual framework for automated generalization and its application to geologic and soil maps//Proceedings of Cartographic Conference, A Coruña.

Taillandier P, Taillandier F. 2012. Multi-criteria diagnosis of control knowledge for cartographic generalisation. European Journal of Operational Research, 217(3): 633-642.

Tong X, Liang D, Jin Y. 2014. A linear road object matching method for conflation based on optimization and logistic regression. International Journal of Geographical Information Science, 28(4): 824-846.

Tooke T R, van der Laan M, Coops N C. 2014. Mapping demand for residential building thermal energy services using airborne LiDAR. Applied Energy, 127: 125-134.

Touya G, Duchêne C. 2011. CollaGen: Collaboration between automatic cartographic generalisation processes//Advances in Cartography and GIScience, Berlin.

Upton V, Ryan M, O'Donoghue C, et al. 2015. Combining conventional and volunteered geographic information to identify and model forest recreational resources. Applied Geography, 60: 69-76.

Wilson I D, Ware J M, Ware J A. 2003. Reducing graphic conflict in scale reduced maps using a genetic algorithm//Workshop on Progress in Automated Map Generalisation, Commission on Map Generalisation, Paris.

Xu Y, Xie Z, Chen Z, et al. 2017. Shape similarity measurement model for holed polygons based on position graphs and Fourier descriptors. International Journal of Geographical Information Science, 31(2): 253-279.

Yan H. 2010. Fundamental theories of spatial similarity relations in multi-scale map spaces. Chinese Geographical Science, 20(1): 18-22.

Yan H, Chu Y, Li Z, et al. 2006. A quantitative description model for direction relations based on direction groups. Geo Informatica, 10(2): 177-196.

Yan H, Wang Z, Li J. 2013. An approach to computing direction relations between separated object groups. Geoscientific Model Development, 6(5): 1591-1599.

Zarrinpanjeh N, Samadzadegan F, Schenk T. 2013. A new ant based distributed framework for urban road map updating from high resolution satellite imagery. Computers and Geosciences, 54: 337-350.

Zhang X, Guo T, Huang J, et al. 2016. Propagating updates of residential areas in multi-representation databases using constrained Delaunay triangulations. ISPRS International Journal of Geo-Information, 5(6): 80.

第2章 多尺度更新信息特征空间建模

更新信息的自动检测与传递是多尺度空间数据联动更新的基础和关键，而更新信息的自动检测与传递需要以客观的评价指标(即多尺度更新信息特征)为基础。城市居民地是一种典型的城市地物，更新速度快、数据量大，一直是城市地理信息更新的关键要素。本章以城市居民地为例，探索多尺度更新信息特征空间建模的理论和方法。

为了便于读者阅读理解，同时确保内容的系统性和完整性。本章首先介绍居民地的概念与分类、计算机存储与表达方式，分别从符号样式、几何细节与表达内容三方面描述城市居民地对象在地图中表达的尺度差异性。然后分析城市居民地的全生命周期，以及随之发生的几何特征变化和语义特征变化。最后通过综合几何图形差与地理事件地驱动作用分析城市居民地的几何变化特征，提出了地形图领域的城市居民地分类本体模型，以之为基础探讨居民地实体在分类层面的语义差异性判断方法。

2.1 地理空间数据的多尺度表达

2.1.1 居民地的概念与分类

居民地是指为了满足人的群居生活、生产需求，形成的具有集聚分布特征的定居地，包括街区、独立房屋、特殊建筑等不同的类型。居民地作为人类生产生活的中心，在政治、经济、文化、军事等方面均具有重要作用，是重要的基础地理信息要素。

根据居民地类型、行政等级、内部设施等因素的不同，居民地可以划分为城市居民地和农村居民地。城市居民地的主要特点是建筑物所占比例较大。根据内部建筑物的密度，城市居民地又可以分为稀疏街区与密集街区。

农村居民地建筑物密度相对较小(通常小于 10%～15%)，包括蒙古包、窑洞等零散分布的居住区。农村居民地的分布特征与自然条件、交通设施联系紧密，多为不规则分布。根据分布特征，农村居民地可分为街区式、散列式、分散式和特殊式四种类型。街区式的农村居民地建筑物比较整齐且分布密集，由街道分割，能够组成完整的街区。散列式的农村居民地主要由独立的建筑物组成，各建筑物之间间隔较大，排列不整齐，在一定范围内散布，不能够组成完整的街区。分散式农村居民地是在较大的范围内，独立房屋无规律地但大体均匀地分布。特殊式农村居民地则是针对特殊的独立地物(如窑洞等)，稀疏地分布。图 2.1 显示了居民地的分类与分布特征。

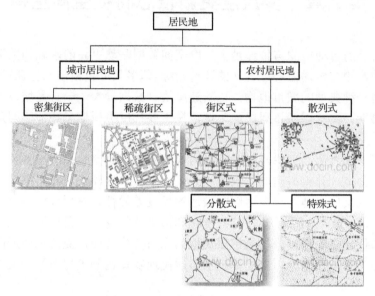

图 2.1　居民地分类与分布特征

2.1.2　城市居民地的计算机表达与形态特征

根据计算机中城市居民地表达方式的不同，城市居民地数据包括数字线划图(Digital Line Graphic，DLG)数据和地理实体数据两种类型。表 2.1 显示了数字线划图数据与地理实体数据的异同点。DLG 数据采用矢量格式进行居民地信息存储，不仅保存了几何位置信息，还记录了要素的属性与空间关系。该数据类型的主要特点是在数据缩放过程中不会发生变形，便于分层，能够快速地生成专题地图。但值得注意的是，由于 DLG 数据缺乏与现实地物的一一对应关系，在数据查询和空间分析方面存在一些局限。例如，对于京广铁路线，用户点击查询时只是获取了某一段京广线的信息，而不是京广线的整体信息。因此，需要设计更为实用的数据模型。

根据《国家地理信息公共服务平台公共地理框架数据：地理实体数据规范》，地理实体数据用于描述独立存在于客观世界的"地理实体"，是通过面向实体的方法构建数据。地理实体数据将几何图元作为表达的基本单元。图元除了具有独立的、唯一的标记外，还具有分类和生命周期的标记，有助于管理与更新。一个或多个图元组成了一个地理实体，每一个地理实体都有唯一的标识，基于该唯一标识地理实体能够与社会经济、自然资源等各类信息进行连接。

表 2.1　数字线划图数据与地理实体数据的异同点

	数字线划图数据	地理实体数据
几何表达方式	点、线、面	
保存的信息	几何位置、属性、拓扑关系	
主要用途	地图的显示、输出	地理信息统一存储、查询与分析
存储格式	dwg、shapfefile、gdb 等文件	地理空间数据库
存储结构	分层存储，每层具有统一的几何类型	地理实体由一个或多个图元构成
与实际地物的对应关系	同一地物分解为多个要素，缺乏相互关联	具有唯一独立的标识，与实际地物一一对应
时间性特征	无记录	记录每个图元的生命周期

　　需要强调的是，在本章中城市居民地更新的对象为地理实体数据，并以图元数据作为更新的主体。在更新图元数据的基础上，还注重对地理实体信息的维护，同步调整地理实体与图元之间的关联，维护其属性表结构。

　　交通、地形等因素是影响城市居民地空间分布的重要特征。大量研究表明，城市居民地的空间分布存在四种基本形态(如图 2.2 所示)：矩形状、辐射状、不规则状和混合状。

矩形状居民地　　　　　　　　　　　　辐射状居民地

不规则状居民地　　　　　　　　　　　混合状居民地

图 2.2　城市居民地形态特征分类

　　矩形状居民地：正方形或矩形的街区，两组街道之间基本保持正交。
　　辐射状居民地：具有一个点或者近似圆的中心，向四周发散。
　　不规则状居民地：街道的结构呈不规则状。
　　混合状居民地：由上面描述的两种或多种类型混合而形成的分布格局。
　　在城市居民地更新过程中，对于单体建筑的更新通常需要考虑其周边的环境。例如，考虑是否与周边要素存在重叠关系。对于多尺度联动更新，更需要考虑邻近的要素是否需要进行制图综合处理。因此,居民地不同的分布特征构成了不同的更新场景。为适应不同的更新场景,应对更新参数(如几何相似度阈值、重叠度)进行灵活调整。然而,通过人工多次实验设置参数的方式效率较低。因此,可设计基于人工神经网络的自适应变化检测与更新方法。

2.1.3 城市居民地表达的尺度差异性

地理空间的现象和实体在不同尺度具有不同的空间形态、几何细节以及属性特征。为了满足不同观察层次(宏观、中观和微观)的空间数据管理、建模以及分析应用需要,通常对地理空间的各种现象与实体进行不同程度的抽象表达,形成同一区域不同比例尺的地理空间数据。城市居民地作为基础地理数据的重要组成部分,具有广阔的应用空间。无论宏观上研究城市总体规划、发布公众版的电子地图,中观上进行控制性详细规划与修建性详细规划,微观上实现地籍与房产的管理,都需要城市居民地的数据支持。然而,不同尺度居民地数据在表达内容、几何细节与符号样式等方面具有明显的差异性。

1. 表达内容的差异性

受信息承载量、地图保密性以及应用导向的制约,不同比例尺地图表达内容具有明显区别。2006 年 10 月 1 日实施的《基础地理信息要素分类与代码(GB/T 13923-2006)》对不同比例尺地图中基础地理信息要素的分类差异进行了详细说明。在 1∶500、1∶1000 以及 1∶2000 的大比例地图中,对单幢房屋、普通房屋、架空房、廊房等需要进行单独表达,并进行详细的注记。在 1∶5000∼1∶10000 的地图中,需要把部分面积较小的单幢房屋、普通房屋进行合并,以街区的方式进行表达。而对于具有专属特征的突出房屋、高层房屋、破坏房屋等需要独立表达。在 1∶250000∼1∶1000000 的地图中,受地图信息载负量的制约,需要以点符号或简单的面符号标识首都、特别行政区、省级城市、地级城市、县级城市等不同行政单位下的城市居民地,如表 2.2 所示。

表 2.2 不同比例尺居民地分类的差异性

要素分类	1∶500、1∶1000、1∶2000	1∶5000∼1∶100000	1∶250000∼1∶1000000
1. 城镇村庄			√
1.1 首都			√
1.2 特别行政区			√
1.3 省级城市			√
1.4 地级城市			√
1.5 县级城镇			√
1.6 乡、镇			√

续表

要素分类	1∶500、1∶1000、1∶2000	1∶5000～1∶100000	1∶250000～1∶1000000
1.7　行政村			√
1.8　自然村			√
1.9　农林牧渔单位			√
2.　街区		√	
3.　单幢房屋、普通房屋	√	√	
3.1　建成房屋	√		
3.2　建筑中房屋	√		
4.　突出房屋	√	√	
5.　高层房屋	√	√	
6.　棚房	√	√	
7.　破坏房屋	√	√	
8.　架空房	√		
9.　廊房	√		
10.　其他房屋	√	√	√
10.1　地面窑洞	√	√	
10.2　地下窑洞	√	√	
10.3　蒙古包、放牧点	√	√	√
11.　行政机构位置标识	√		
11.1　国务院	√	√	
11.2　省级政府	√	√	
11.3　地级政府	√	√	
11.4　县级政府	√	√	
11.5　乡级政府	√	√	
11.6　村委会	√	√	
12.　居民地注记	√	√	√

2. 几何细节的差异性

不同比例尺的城市居民地数据，由于面向用途的不一致，在表达形式方面也具有显著差异(如图 2.3 所示)，在大比例尺地图中城市居民地要素的边界需要详细表示，而在中小比例尺基础地理数据中边界需要进行化简。

为提高地图质量评估的准确性，许多学者将定量的信息量度方法引入基础地理信息数据的几何细节差异性分析中，拟通过定量方法分析不同比例尺数据的信息容量，为地理信息的采集、更新与应用提供基础(王红等，2009)。

信息熵方法已广泛应用于地图信息量测，该方法认为信息量等于收到信息后解除的不确定度，计算方法为

1：500地理空间数据　　　　　　　　1：10000地理空间数据

图 2.3　不同比例尺城市居民地数据的几何细节表达差异性

$$H(X) = -\sum p_i \times \log p_i, \quad i = 1, 2, \cdots, n, \quad \sum p_i = 1 \tag{2-1}$$

式中，p_i 为事件 i 的先验概率，$H(X)$ 表示信息熵（entropy）。

Li 等（2002）总结了从统计信息量、几何信息量、拓扑信息量和专题信息量四个方面计算地图信息熵的方法。

(1)统计信息量。根据 Sukhov 的定义，将地图中每类符号的数量作为统计信息量考虑的因素。N 表示地图中所有符号的总数，M 表示符号的类型数量，K_i 表示第 i 种类型符号的数量。因此，$N = K_1 + K_2 + K_3 + K_4 + \cdots + K_M$，每种类型符号在地图中出现的概率可采用式（2-2）计算

$$\begin{cases} P_i = \dfrac{K_i}{N} \\ H(X) = H(P_1, P_2, \cdots, P_M) = -\displaystyle\sum_{i=1}^{M} P_i \times \ln P_i \end{cases} \tag{2-2}$$

式中，P_i 表示第 i 类符号在地图上出现的概率；$i = 1, 2, 3, \cdots, M$；$H(X)$ 表示地图的信息熵。

(2)几何信息量。几何信息量反映了地图符号在图面中所占的区域。如果每类符号所占的区域基本相等，则地图的信息量大。反之，如果差异明显，则信息量小。使用 Voronoi 图可以对地图区域进行分割。假如地图全域被分割为 N 个区域，每个区域以 S_i 表示，其中 $i = 1, 2, \cdots, N$。概率的计算方法为

$$P_i = \frac{S_i}{S} \tag{2-3}$$

几何信息量的熵用 $H(M)$ 表示，计算方法为

$$H(M) = H(P_1, P_2, \cdots, P_n) = -\sum_{i=1}^{n} \frac{S_i}{S} (\ln S_i - \ln S) \tag{2-4}$$

(3)拓扑信息量。拓扑信息量用于反映各地物之间拓扑连接关系所包含的信息量。由于难以用多叉树结构直接表达要素之间的关系，在评价电子地图拓扑信息量时，可以利用原数据生成 Voronoi 图，并转化成 Delaunay 三角网，然后统计三角网

中每个节点的邻近节点数。N 表示节点总数，N_i 表示具有 i 个邻接点的节点数，K 表示最大邻接点数，N_S 表示所用节点的邻接点总数，N_T 表示 Delaynay 三角网中的节点数。每个节点的平均邻近度 (N_a) 计算方法为

$$N_a = \frac{N_S}{N_T} \tag{2-5}$$

除了把平均邻近度作为拓扑信息量的表达方法，学者根据节点统计数，计算拓扑信息熵

$$\begin{cases} P_i = \dfrac{N_i}{N}, \quad N = N_1 + N_2 + N_3 + \cdots + N_K \\ T(X) = H(P_1, P_2, \cdots, P_K) = -\sum P_i \times \log P_i \end{cases} \tag{2-6}$$

(4) 专题信息量。评价地图要素专题信息的重要性需要与邻近符号进行比较，假如地图要素与邻近要素具有相同的专题类型，则该地图要素的专题信息量较低，反之较高。以要素的类别差异为例，计算地图要素的专题信息量。例如，第 i 类要素具有 N_i 个邻近要素，且分别归属于 M_i 个不同的类型。第 j 个类型有 n_j 个要素。则第 j 类邻近专题要素的概率 (P_j) 可表示为

$$P_j = \frac{n_j}{N_j}, \quad j = 1, 2, 3, \cdots, n \tag{2-7}$$

对于某一类要素的专题信息熵，需要对各个邻近的不同类别进行汇总，计算方法为

$$H_i(\text{TM}) = H(P_1, P_2, \cdots, P_m) = -\sum_{j=1}^{m} \frac{n_j}{N_j} \ln\left(\frac{n_j}{N_j}\right) \tag{2-8}$$

汇总整个图层各类专题要素的信息熵，则形成整个图层的专题信息量分析结果，计算方法为

$$H(\text{TM}) = \sum_{i=1}^{n} H_i(\text{TM}) \tag{2-9}$$

为保证地图的清晰易读，各图幅内的信息量应尽量保持平衡。由于大比例尺地理空间数据对地物的描述较为详细、具体，在转化成小比例尺地理空间时，为保持小比例尺数据信息量的合理适当，需要对细节信息进行选取和概括，即制图综合。制图综合包括选取、合并、化简、夸张等一系列处理。例如，面积小于阈值的居民地面要素，在转化为小比例尺时需要删除或与邻近要素合并，对于边界复杂的要素需要进行化简。《广州市部分地区 1∶2000 地形图数字化缩编技术设计书》列出了常见的居民地制图综合规则，以下列出了合并、选取和化简处理的部分规则。

合并规则：相同结构、共边的房屋应合并。不同结构不同楼层的房屋，如果所包含的区域不能放入一个结构注记，需要与较大面积的房屋进行合并，合并后的房屋注记选择综合前所占面积较大的房屋的注记。

选取：放不下一个结构注记的独立房屋可适当取舍，删除后连贯的围墙、栏杆等应该连通。悬空建筑、建筑物地下通道可适当选取。

化简：房屋边界出现的凸起或凹陷小于图上距离 0.4 mm。对于简单房屋，该距离小于 0.6 mm 时，可以进行综合，形成直线。

3. 符号样式的差异性

符号化处理能够增强地理空间数据的表达力，方便地图读者直观地理解地物的空间分布特征。符号化的样式将直接影响最终的符号化效果及地图的表现能力。地图符号可以分为三种类型：依比例尺符号，能够保持物体平面轮廓图形的符号；半依比例尺符号，符号长度按照依地图比例尺的方法表示，而宽度则使用不依地图比例尺符号进行表达，一般表示狭长地物；不依比例尺符号，用于表示地图进行缩小之后不能按照比例尺进行表达的地物符号，如居民区域表达为居民点。

城市居民地及其附着物的符号样式受到比例尺本身的限制。大比例尺地理空间数据能够详细表达地物特征，建筑物以依比例尺符号进行表达，记录其平面轮廓图形。而在中比例尺或小比例尺的 GIS 矢量数据中，对于一些重要的地物，由于难以表达其形状和大小，只能通过点符号进行精确的定位。图 2.4 展示了不同比例尺居民地符号样式的差异性。

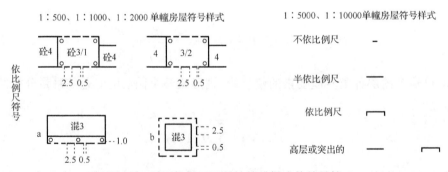

图 2.4　不同比例尺居民地符号样式的差异性

综上所述，在不同的尺度地图中，用于存储和表示城市居民地的地理空间数据在表达内容、几何细节以及符号样式方面都具有较明显的差异性。然而，同一地区的不同地物之间并不是相互孤立的，它们之间具有固定的 $1:1$、$1:n$、$m:n$ 等多种不同的匹配关系，可以视为统一的整体。在城市居民地联动更新的算法中，需要利用要素之间的这种匹配关系，进行更新信息的传递。此外，为适应不同尺度地理空间数据的质量要求，还需要结合制图综合规则进行数据的增量缩编处理。

2.2　地理空间实体变化分析

2.2.1　城市居民地生命周期分析

1. 生命周期分析概述

城市居民地更新的主体是建筑物，建筑物作为独立的地物并不是一成不变的，其本身的形态与性质处在间断性的变化中。现有研究侧重于从几何形态、拓扑关系的角度进行目标变化分类(Fan et al.，2010a；简灿良等，2014；朱华吉等，2013)。对于更新事件的关联探讨研究不充分，容易影响变化类型判断的准确性。本章结合生命周期管理的理论与方法，以普通房屋为例研究城市居民地的变化过程。

学者把生命周期管理界定为：一种以生命周期为基础的管理方法，需要构建包括概念、技术规程在内的综合型框架，促使产品或组织在环境、经济、技术和社会等方面得到多方面的改进(Sonnemann et al.，2001)。生命周期评价贯穿于产品或服务的全过程，结合定量、系统的评价方法，主要包括目的和范围的确定、清单分析、影响评价和结果解释四个步骤。生命周期评价作为一个开放的评价体系，具有广泛的应用领域。Erlandsson 等(2003)利用生命周期的分析方法，研究建筑物在构建、维护与服务方面的环境影响。温宗勇等(2014)对房屋数据与建设管理业务数据进行关联，通过"以图管房"的方式建立房屋全生命周期管理平台，实现房屋的精细化管理。

2. 城市居民地生命周期的各个阶段

例如城市居民地中的房屋实体，房屋实体的生命周期以规划中—建设中—建成—破坏—拆除为主线，如图 2.5 所示，在各个阶段规划与建设部门都有相关的档案进行备份。

规划中的房屋：首先，房屋的建设需要提前进行详细规划与建筑设计，形成修建性详细规划(暂不考虑申请办理用地、规划许可等环节)。

建设中的房屋：在房屋的建设工程中，施工前进行放线测量，施工后进行验线测量，最终把建成房屋的形态与大小等确认下来。

建成的房屋：反映了房屋建成后交付使用的状态。一般情况上，这是房屋生命周期中所占时间最长的阶段。

破坏的房屋：随着时间的推移，日晒雨淋，房屋受到了损坏。通过修补测量或者普查，能够获取破败房屋的数据。当然，对于建成的房屋或者破坏的房屋需要进行修缮，改变房屋结构、附着物、层数等，可以再向规划部门申请。

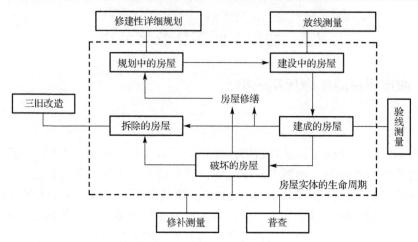

图 2.5   房屋实体生命周期分析

拆除的房屋：最终由于旧城改造等各种原因，房屋就需要进行拆除，完成了整个生命周期。

3. 生命周期各阶段的关联性描述

房屋实体的生命周期是一个连续的过程。然而，从计算机存储的角度，必须把它进行离散化处理，记录不同时间点的房屋情况。因此，需要以统一的实体编码EntityID，把不同时间段的房屋数据进行关联，并通过设置变化过程描述参数，记录当前时间点以及房屋所处的生命阶段。概念模型如下

$$BE = \{EID, UEID, D, LS\} \qquad (2\text{-}10)$$

$$BL = \{UEID \mid EID1, EID2, EID3, EID4, \cdots, EIDn\} \qquad (2\text{-}11)$$

式中，BE 表示某时间段的房屋实体，除了对本图层的标识 EID 外，该要素还具有统一的实体 ID 值 UEID。D 表示数据采集时间，LS 表示要素所处的生命阶段，该字段的取值常常与图层本身的属性相关。例如，规划中的房屋存储在修改数据中，被破坏的房屋、建设中的房屋和建成的房屋都是存储在基础地理空间数据，可通过LS（生命阶段）字段进行区分。BL 反映了不同时间段房屋实体的关联性。按时间的先后形成链状结构，表达了房屋实体的全生命周期。由于房屋改建或拆除的情况复杂，同一房屋实体，在不同的生命阶段，图元之间可能存在 $1:1$、$m:1$、$1:n$、$m:n$ 等多种不同的匹配关系。如果以图元的 ID 作为生命周期关联的桥梁，则增量了数据存储的难度。因此，本章提出以房屋面的实体 ID 作为关联的纽带，建立生命周期中的双层链状结构，如图 2.6 所示。如果房屋面实体从单一实体分解成多个独立的实体或多个独立的房屋实体进行合并，则认为原来实体的生命周期已结束，形成新的房屋实体生命周期。

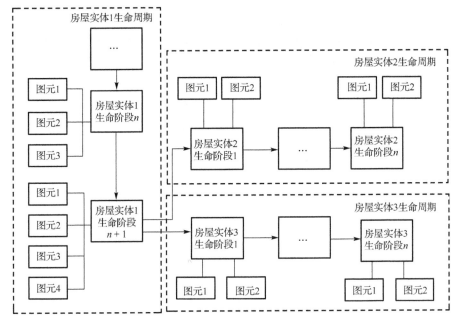

图 2.6　房屋实体生命周期阶段链

从数据存储的角度分析，为了实现便捷的管理，房屋面数据通过历史数据库与现势数据库进行分库存储。在执行搜索操作时，需要以 UEID 为关键字遍历数据库，获取不同生命周期的房屋面信息，构建生命阶段链。在进行数据管理与维护时，对于不同时间段采集的数据，如果通过比较分析，判断某房屋面处于同一生命周期阶段中，则只需保留一个版本，并在该版本要素的属性表中记录不同的采集时间，从而达到降低历史数据冗余的目标。

2.2.2　城市居民地实体的几何特征变化分析

城市居民地生命周期的不同阶段，居民地图元的几何特征（形状、大小、位置）可能存在明显差异。因此，在城市居民地数据更新过程中，需要分析数据的变化情况，将其作为增量信息进行多尺度传递。确定居民地的几何变化特征关键在于对变化信息进行分类，即定义居民地实体的变化类型。现有研究主要从图形数据差（姬存伟等，2013）和事件驱动（刘校妍等，2014；张丰等，2010b）两个角度定义几何变化类型。

1.　基于图形数据差的居民地实体变化分类

图形数据差是指由于地理实体几何数据发生改变，实体在图形表达之间存在的差异（刘校妍等，2014）。图形差是研究与判断目标变化的一种重要方法。设 G_1、G_2 分别为目标 O 在时刻 t_1、t_2 的几何图形。G_1/G_2 反映了目标之间的图形差，即属

于 G_1 而不属于 G_2 的区域。$G_1 \cap G_2$ 表示目标之间的交集。$D(G_1)$ 表示图形 G_1 的维数。在计算图形差和交集时,不考虑维数发生的变化。从划分维数和形态差异两个层面,对六种不同的图形差的描述如下。

正整体差($+\Delta w$)

$$
+\Delta w = \begin{cases} G_1 / G_2 = \varnothing \\ G_1 \cap G_2 = \varnothing \\ G_2 / G_1 \neq \varnothing \end{cases}
\tag{2-12}
$$

式中,G_1、G_2 不具有交集;G_1 和 G_2 的图形差为空;G_2 和 G_1 的图形差不为空,表示图形在时间 t_1 不存在,而在时间 t_2 存在,G_2 是新增的图形。因此,定义为正整体差。

负整体差($-\Delta w$)

$$
-\Delta w = \begin{cases} \dfrac{G_1}{G_2} \neq \varnothing \\ G_1 \cap G_2 = \varnothing \\ \dfrac{G_2}{G_1} = \varnothing \end{cases}
\tag{2-13}
$$

式中,G_1、G_2 不具有交集;G_1 和 G_2 的图形差不为空;G_2 和 G_1 的图形差为空,表示了图形在时间 t_1 存在,而在时间 t_2 不存在,G_1 是消失的图形。因此,定义为负整体差。

正部分差($+\Delta p$)

$$
+\Delta p = \begin{cases} \dfrac{G_1}{G_2} = \varnothing \\ G_1 \cap G_2 \neq \varnothing \\ \dfrac{G_2}{G_1} \neq \varnothing \end{cases}
\tag{2-14}
$$

式中,G_1、G_2 具有交集;G_1 和 G_2 的图形差为空;G_2 和 G_1 的图形差不为空,表示 G_2 是 G_1 的扩张。因此,定义为正部分差。

负部分差($-\Delta p$)

$$
-\Delta p = \begin{cases} \dfrac{G_1}{G_2} \neq \varnothing \\ G_1 \cap G_2 \neq \varnothing \\ \dfrac{G_2}{G_1} = \varnothing \end{cases}
\tag{2-15}
$$

式中,G_1、G_2 具有交集;G_1 和 G_2 的图形差为空;G_2 和 G_1 的图形差不为空,表示

了 G_2 是 G_1 的缩小。因此,定义为负部分差。

正维数差($+\Delta D$)

$$+\Delta D = \{G_1, G_2 | D(G_1) < D(G_2)\} \tag{2-16}$$

式中,表示图形在时间 t_2 的维数比时间 t_1 的高,为正维数差。例如,时间 t_1 以点要素表示居民地位置,而在时间 t_2 则以面要素表示居民地的位置和形状。

负维数差($-\Delta D$)

$$-\Delta D = \{G_1, G_2 | D(G_1) > D(G_2)\} \tag{2-17}$$

式中,表示图形在时间 t_2 的维数比时间 t_1 的低,为负维数差。例如,时间 t_1 以面要素表示居民地的形状与位置,而在时间 t_2 则以面要素表示居民地的位置。

图形数据差驱动的城市居民地变化分类定义:图形差的组合构成了复杂的城市居民地变化类型。例如,($+\Delta D$,$-\Delta D$)代表城市居民地的形状发生了变化,与原图形对比,既有扩张的区域,也有缩小的区域。通过对图形差进行匹配组合,并剔除现实中不可能存在的情况,形成城市居民地的实体变化分类,如表 2.3 所示。

表 2.3 基于图形数据差的城市居民地实体变化分类

城市居民地变化类型	图形数据差描述	图形描述
出现	$+\Delta w$	
消失	$-\Delta w$	
平移	$+\Delta w$,$-\Delta w$	
扩张	$+\Delta p$	
收缩	$-\Delta p$	
形状变化	$+\Delta p$,$-\Delta p$	
居民点转换为居民面	$+\Delta D$	
居民面转换为居民点	$-\Delta D$	

表 2.3 所列的只是基本的变化类型,根据图形数据差的不同组合能够组建更复

杂的变化类型。例如,平移-扩张($+\Delta w,-\Delta w,+\Delta p$)、平移-形状变化($+\Delta w,-\Delta w,+\Delta p$,$-\Delta p$)。由此可见,图形数据差作为居民地几何变化特征的计算单元,具有派生不同变化分类的能力。

以上分析仅针对独立房屋。对于非独立房屋的城市居民地的几何特征变化分析需要考虑居民地内部要素间的关系。因此在时间段 $t_1\sim t_2$,可能同时存在城市居民地之间 $1:n$、$m:1$、$m:n$ 等多种实体匹配关系。这些匹配关系同样需要在城市居民地几何变化特征分类中加以考虑。图 2.7 显示了顾及不同时间段内城市居民地匹配关系的变化类型分类。

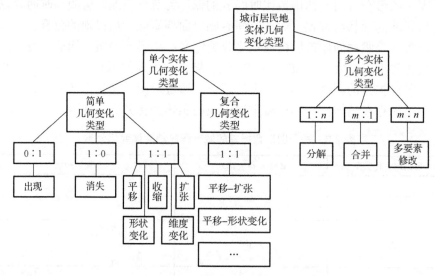

图 2.7　城市居民地几何变化类型分类

顾及实体间的匹配关系,城市居民地实体变化类型可以分为单个实体的几何变化类型与多个实体的几何变化类型。在单个实体的变化中,$0:1$ 的匹配关系对应"出现"的变化类型,$1:0$ 的匹配关系对应"消失"类型,$1:1$ 的匹配关系对应"平移"、"扩张"和"收缩"类型。"形状变化"和"维度变化"属于简单的几何变化类型。在此基础上,形成的"平移-扩张"、"平移-形状变化"等复合的几何变化类型同样属于 $1:1$ 的匹配关系,属于"单个实体几何变化类型"的范畴。

多个实体的几何变化类型包括:分解($1:n$ 匹配关系)、合并($m:1$ 匹配关系)和多要素修改($m:n$ 匹配关系)。

分解:$(-\Delta w(G_1),+\Delta w(G_{21}),+\Delta w(G_{22}),\cdots,+\Delta w(G_{2n}))$。

对于"分解"变化类型,t_1 时间段中存在的图形 G_1 消失,属于负整体差。在 t_2 时间段中则出现了 G_{21},G_{22},$\cdots$,G_{2n} 等 n 个图形,属于正整体差。

合并:$(-\Delta w(G_{11}),-\Delta w(G_{12}),\cdots,-\Delta w(G_{1m}),+\Delta w(G_{21}))$。

对于"合并"变化类型，t_1 时间段中存在的图形 G_{11}，G_{12}，…，G_{1m} 等 m 个图形消失，属于负整体差。在 t_2 时间段中则出现了唯一图形 G_{21}，为正整体差。

多要素修改：$(-\Delta w(G_{11}),\cdots,-\Delta w(G_{1m}),+\Delta w(G_{21}),\cdots,+\Delta w(G_{2n}))$。

对于"多要素修改"变化类型，t_1 时间段中存在的 G_{11}，G_{12}，…，G_{1m} 等 m 个图形消失，属于负整体差。在 t_2 时间段中则出现了 G_{21}，G_{22}，…，G_{2n} 等 n 个对象，属于正整体差。例如，在某区域原来的两个城市居民地实体经过拆迁、改造，在原地区新建了三个城市居民地实体，这种 $m:n$ 的多要素匹配关系，可以归类为"多要素修改"的城市居民地变化类型。

2. 基于事件的居民地实体变化分类

基于数据图形差的实体变化分类方法注重不同实体间的空间关系描述。但是，忽略了时空对象之间的动态因果联系(Eberle et al.，2015)。城市居民地实体变化的建模既需要表达不同时间段实体间的空间关系，也需要表达实体之间的事件关联特征，即与现实中的居民地变化事件相对接。结合房产测绘业务，本章将城市居民地实体的变化事件分为自然因素驱动和人为因素驱动两大类，如图 2.8 所示。

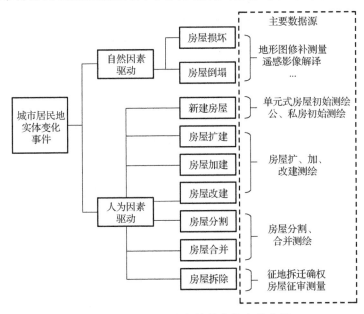

图 2.8　城市居民地实体的变化事件分类

自然因素驱动的城市居民地实体变化事件主要包括：房屋损坏，随着时间的推移，建筑物产生了外墙剥落等问题，成为破坏的房屋。房屋倒塌，例如，自然灾害(地震、泥石流、洪水)造成房屋倒塌。研究人员可以从地形图修补测量数据、遥感影像数据的解译中获取相关的变化信息。

人为因素驱动的城市居民地实体变化事件主要包括：房屋新建、房屋扩建、房屋加建、房屋改造、房屋分割、房屋合并以及房屋拆除等。人为因素驱动的城市居民地实体变化通常需要向城乡规划部门进行申报，通过审批后才能进行施工。房屋竣工测量、房屋扩、加、改建测绘、房屋分割与合并测绘以及征地拆迁确权房屋征审测量等测量成果都是其数据源，可以从中提取实体变化信息。

3. 顾及事件特征的城市居民地实体变化信息描述

地理空间数据库中的信息是对客观现实世界的抽象和表达。城市居民地实体变化信息的识别与描述不能仅仅从不同时间段数据的几何差异性或"图形差"进行判断。因为在不同的时间段，由于测量标准的差异或人为操作的不一致也会出现"同一地物不同表达"的现象，从而产生"误变化"信息。本章提出通过构建城市居民地变化事件库描述不同时间段要素的几何现象差异性与地理事件的匹配关系，并以此为基础实现大尺度数据的更新，设计思路如图 2.9 所示。

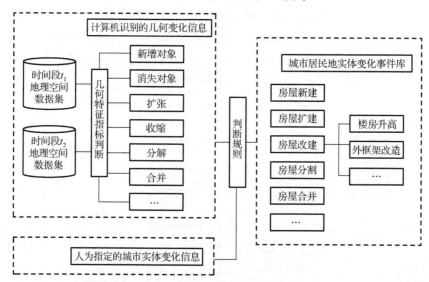

图 2.9　城市居民地实体变化事件的判断

城市居民地变化事件库是一个动态的知识库，记录了自然因素或人为因素驱动的实体变化事件，与国土、规划审批的业务联系密切，使用者可以通过对事件的描述构建符合计算机存储要求的知识。居民地实体变化事件可以按照表 2.4 所示的结构进行存储。

城市居民地实体变化事件的识别主要有两条途径：一是对不同时间段数据进行匹配和计算，获取其中的特征指标。然后与事件判断的规划信息进行比较，如果满足某类条件要求(如新房屋面积等于多个旧房屋面积之和,则判断为"房屋改建"事件），并结合该实体的几何变化类型，对其所属的事件进行归属。二是对人为指定的城市实体变化事件进行条件指标的检查，如符合要求则指定为该"事件类型"。

表 2.4　城市居民地实体变化事件库存储视图

字段	字段类型	描述
EventID	整型	事件标识
EventType	字符型	事件类型
EventDescription	字符型	事件描述
ObjectType	字符型	实体几何类型
MatchingRelationship	字符型	描述新旧要素的匹配关系
ConditionExpression	字符型	条件表达式，描述新旧图形的特征（如面积变化、位移、形状相似度）
Value	数值型	条件变化值（如形状相似度>0.95）

本章通过设计四元组模型对单一居民地实体的变化信息进行描述和区分，模型的数学表示为

$$C_e = \begin{bmatrix} C_g & C_a \\ M_o & T_p \end{bmatrix} \tag{2-18}$$

式中，C_e 表示居民地实体的变化事件类型，通过四个层面进行描述；C_g 表示居民地几何变化特征，可通过几何图形差确定；C_a 表示居民地实体对象的属性变化特征，在后面章节中进行详细的说明；M_o 表示新旧居民地实体的匹配关系；T_p 表示新旧居民地实体之间的拓扑关系。房屋新建和房屋扩建的变化事件可以描述为

$$房屋新建事件 = \begin{bmatrix} 图形新增 & 属性新增 \\ 0:1 & \varnothing \end{bmatrix} \tag{2-19}$$

$$房屋扩建事件 = \begin{bmatrix} 图形扩张 & 属性不变 \\ 1:1 & E_n包含E_o \end{bmatrix} \tag{2-20}$$

式中，E_n 代表新实体，E_o 代表旧实体，新实体包含旧实体。

2.2.3　城市居民地实体的语义特征变化分析

城市居民地变化类型的确定和实体的语义信息联系密切。对于居民地类型改变而几何图形的位置、形状和面积没有变化的实体变化事件，不同要素的差别主要体现在属性层面，即语义差异。居民地类型变化是典型的居民地实体语义特征变化。不同尺度下居民地分类信息具有差异性。如果仅从"字符匹配"的角度判断属性的变化情况，在处理不同标准的多源数据时，容易产生"误变化"信息。即表达的实质内涵一致，但由于表达方式的不同，误认为语义发生了变化。

　　基于本体论的方法进行地理概念语义研究是地理信息集成和共享的重要课题。城市居民地数据联动更新面向不同的数据来源，如修补测量数据、竣工测量数据、国土或房管业务产生的数据，数据更新的过程也包含了地理信息融合的过程。

　　结合本体论的方法，开展城市居民地类型的语义特征变化分析，包括三个关键步骤：一是城市居民地本体的构建，二是空间要素实体向本体的映射，三是通过比较不同本体的相似度，分析城市居民地的语义变化特征。

1. 城市居民地类型本体的构建

　　多源异构城市居民地数据集成和更新需要分析不同领域共享概念的语义异构，考虑不同领域本体的概念相似度(刘纪平等，2013)。本章主要研究地形图领域的城市居民地本体，构建域本体并建立概念树。地理概念的语义可以通过式(2-21)表达(李霖和王红，2006)

$$G_c = (c, \{A\}) \tag{2-21}$$

式中，G_c 表示地理概念，c 表示概念的分类标识，A 表示概念的属性。

　　在居民地本体构建中，概念由居民地分类名称进行标识，概念的共同属性为分类的编码。对于不同的概念，属性表达具有差异性。城市居民地本体的概念化表达与适用范围同样受到尺度特征的表达。结合《基础地理信息要素分类与代码(GB/T 13923-2006)》等标准规范，表 2.5 展示了城市居民地的本体。

表 2.5　城市居民地本体的概念化表达

地理概念	地形图要素编码	概念描述	制图表示
城市居民地	310100	在城市区域内由人类社会生产和生活需要而形成的集聚定居地	
街区	310200	房屋毗连成片,按街道(通道)分割形式排列的房屋建筑区	
单幢房屋	310300	在建筑结构上自成一体的各种类型的独立房屋	
建成房屋	310301	已建成的在外形结构上自成一体的各种类型的独立房屋	混3-2
建筑中房屋	310302	建设中的外形结构上自成一体的各种类型的独立房屋	建
破坏房屋	310700	受损坏无法正常使用的房屋	破
普通房屋	310300	结构上自成一体的普通房屋	混1

地理概念	地形图要素编码	概念描述	制图表示
突出房屋	310400	高度或形态与周围房屋有明显区别并具有方位意义的房屋	28
高层房屋	310500	10 层及 10 层以上的房屋	钢28
棚房	310600	有顶棚，四周无墙或仅有简陋墙壁的建筑物	
架空房	310800	两楼间架空的楼层及下面有支柱的架空房屋	砼4　砼3/1　砼4
廊房	310900	下面可通行的走廊式楼房	混3

图 2.10 显示了地形图领域的城市居民地本体语义树。

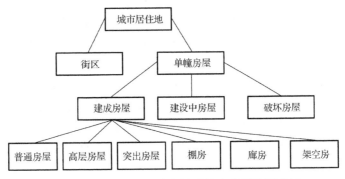

图 2.10　地形图领域城市居民地本体层次语义树

在《基础地理信息要素分类与代码（GB/T 13923-2006）》标准中，单幢房屋与棚房、高层房屋、突出房屋、廊坊、架空房和破坏房屋作为同一层次，而建成房屋与建设中房屋则作为单幢房屋（普通房屋）的子项。本章认为概念"建成房屋"、"建设中房屋"和"破坏房屋"同属于描述房屋的状态，因此在语义上应归为同一层次。此外，与地形图标准相比较，本研究所构建的层次语义树把"单幢房屋，普通房屋（310300）"拆分为"单幢房屋"概念和"普通房屋"概念。其中，单幢房屋是父概念，与"街区"相对应。"普通房屋"则指不具备高层、突出房屋、廊房、架空房特征的单幢房屋。

本章的城市居民地层次语义树以"城市居民地"为根节点，从建筑物的形态特征角度划分为"街区"和"单幢房屋"；从建筑物的修建状态角度划分为"建成房屋"、"建成中房屋"和"破坏房屋"。对于单幢的建成房屋，从房屋本身的建筑特征角度划分为"普通房屋"、"高层房屋"、"突出房屋"、"棚房"、"廊房"和"架空房"。

2. 空间要素实体向本体的映射

在进行城市居民地实体变化特征分析时，面向的对象是空间要素对象的实体。如果该对象的属性信息经过了特定的规整处理，形成标准化了的更新数据，则可以根据要素的分类名称或编码直接进行空间要素实体向本体概念的映射。然而，由于城市居民地数据的增量更新面向多源异构数据，空间对象难以直接向本体映射。考虑到源数据属性的多样性，本章结合字符串编辑距离，从语法量测的角度，提出空间要素实体向城市居民地本体的映射模型

$$\mathrm{Sim}(C_n, C_o) = 1 - \frac{\left|\mathrm{Edit}(C_i, C_o)\right|}{\max(\mathrm{len}(C_i), \mathrm{len}(C_o))} \qquad (2\text{-}22)$$

$$C_i = \max(\mathrm{Sim}(C_n, C_1), \mathrm{Sim}(C_n, C_2), \cdots, \mathrm{Sim}(C_n, C_m)) \qquad (2\text{-}23)$$

式中，函数 $\mathrm{Sim}(C_n, C_o)$ 用于评价空间要素实体的名称和概念名称的语法相似度。本章使用编辑距离进行量度，$\mathrm{Edit}(C_i, C_o)$ 表示空间要素实体的分类名称与本体概念名称的编辑距离，即由字符串 C_i 编辑为字符串 C_o 所需要的最小编辑操作次数。$\max(\mathrm{len}(C_i), \mathrm{len}(C_o))$ 指在字符串 C_i 和 C_o 中取最大值。$\max(\mathrm{Sim}(C_n, C_1), \mathrm{Sim}(C_n, C_2), \cdots, \mathrm{Sim}(C_n, C_m))$ 指待映射的空间要素实体与各代表不同类别的字符串进行语义相似度对比，其中相似度最大值对应的概念为该要素实体所映射的概念。在实际运算中，C_i 与某类本体的概念名称进行比较，如果超过阈值（如字符完全匹配），则将该实体直接映射到对应的概念，而无需进行与其他概念的匹配比较，若与任何一个概念都不具有相似性，则作为特殊类型处理。

3. 不同概念的语义相似度比较

实现城市居民地要素向本体概念的映射后，城市居民地要素的语义变化特征判断问题则转变为对概念相似度的量度问题。概念的相似度可以通过计算两个概念在概念树中的语义距离进行量度

$$\mathrm{SimSem}(A, B) = -\log \frac{\mathrm{comdis}(C_a, C_b)}{2 \times \mathrm{maxdepth}} \qquad (2\text{-}24)$$

$$\mathrm{comdis}(C_a, C_b) = \mathrm{dis}(C_a, \mathrm{com}(C_a, C_b)) + \mathrm{dis}(C_b, \mathrm{com}(C_a, C_b)) \qquad (2\text{-}25)$$

式中，$\mathrm{maxdepth}$ 表示城市居民语义树的最大深度，$\mathrm{com}(C_a, C_b)$ 表示概念 C_a 和概念 C_b 的最近共同祖先节点。例如，"高层房屋"和"建设中房屋"的共同父节点为"单幢房屋"。$\mathrm{dis}(C_a, \mathrm{com}(C_a, C_b))$、$\mathrm{dis}(C_b, \mathrm{com}(C_a, C_b))$ 分别表示概念 C_a、概念 C_b 到最近公共祖先节点的有向边距离。

在城市居民地实体的语义变化特征分析过程中，从对象实体向本体的映射需要花费一定的计算时间。为节约计算时间，可先进行字符串的初始匹配，如果字符串的表达完全相同，则可直接断定两城市居民地对象的分类信息一致，而无需进行从实例向本体的映射，处理流程如图 2.11 所示。

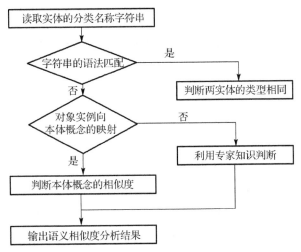

图 2.11　城市居民地实体的语义特征变化判断处理流程

在进行城市居民地实体向本体概念映射时，通过语法相似度判断可能出现不归属于任何一个本体概念的实体，即在进行语法相似度判断时，与各个类别的相似度均低于阈值。对于该情况，只能利用专家知识进行专门判断。

以上所述，主要以城市居民地实体类型为例进行语义变化特征分析。对于实体包含的其他字符型字段，同样可以通过构建领域本体的方法进行语义变化分析。对于数值型的字段，语义相似度计算方法为

$$\text{SimNum}(x, y) = 1 - \frac{\big\||x| - |y|\big\|}{\max(|x|, |y|)} \tag{2-26}$$

式中，x 和 y 表示数值型字段的属性值，$\text{SimNum}(x, y)$ 的值反映了数值型属性的语义相似度。$\max(|x|, |y|)$ 表示 x 和 y 绝对值的大者。$\text{SimNum}(x, y)$ 的取值为 0～1。

城市居民地的属性信息通常由多个不同类型的字段组成，在进行语义变化特征分析时，需要考虑不同字段所占的比重。例如，分类编码、分类名称等字段对于评价实体语义相似性具有较强的重要性，而面积、采集人员、更新日期等字段所占的重要性相对较弱。顾及各个字段的重要性(Cobb et al.，1998)，城市居民地语义特征的相似度评价模型可以表示为

$$S(A,B) = \frac{\sum_{k=1}^{N}[\mathrm{sim}A_k(A,B) \times \mathrm{ESW}_k]}{N} \tag{2-27}$$

式中，n 表示属性数目，$\mathrm{sim}A_k$ 表示第 k 项属性值的相似程度，ESW_k 为第 k 项属性的权重。

2.3　更新信息特征空间的构建

2.3.1　特征空间

城市居民地多尺度更新信息的识别与传递，本质上是通过对新、旧数据的匹配和对比，实现更新类型(新增、删除、修改)的识别，并且通过一系列技术方法，将大比例尺环境下定义的"更新对象"和"更新操作"映射到小比例尺环境中。利用人工神经网络进行更新类型和变化判断，必须以一系列指标作为评价依据。特征空间的构建是指从不同角度描述新、旧对象的差异性，作为判断更新类型的基础。

更新信息的判断需要观察地物的属性，找到特定地物与其他地物的差异，并按照某种准则将具有相似特征但又不是完全相同的地物划分成一类。在检测变化信息的过程中需要将每个对象量化为一组特征。特征即模式所固有的或相关联的能用于模式分类的属性，可表示为

$$X = [x_1, x_2, \cdots, x_n]^{\mathrm{T}} \tag{2-28}$$

x 的总体构成了 n 维空间，即特征空间。标记为 X_n、R_n。构建模式的特征空间是进行更新信息分类判断的基础。

2.3.2　基于图层-实体-图元结构的更新信息特征空间

利用新采集的城市居民地数据进行数据库增量更新，首先需要判断不同时间段城市居民地数据的变化情况，确定更新类型。

城市居民地数据以图层-实体-图元的结构进行存储，与之对应，更新信息特征空间的构建也应以此为基础进行组织。图 2.12 显示了本章构建的更新信息特征空间。

在图层层面需要通过判断新旧数据的元数据和图层的整体特征(如要素覆盖范围、对象数目、地图载负量等)确定图层整体是否发生变化。实体作为图元与图层之间的连接，其变化特征主要体现在与图元之间的匹配关系以及实体本身的属性。图元是存储城市居民地几何和属性信息的载体，需要确定具体的更新类型。更新特征主要体现在几何、拓扑和属性三个层面。

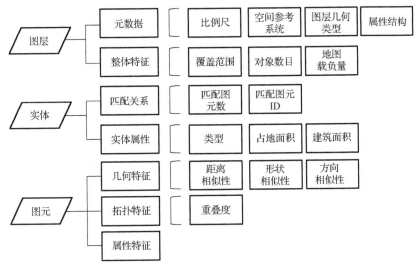

图 2.12　更新信息特征空间

2.3.3　更新信息特征指标的提取

特征空间向量是进行更新信息模式判断的基本依据。本章从图层-实体-图元三个层面定义更新信息特征空间。因此，分别从上述三个层面探讨变化特征。

1. 图层更新信息特征指标获取

判断图层层面的更新信息主要通过两个角度的比较：一是图层的元数据信息，如比例尺、参考系统、几何类型与属性结构等；二是图层对象的整体特征，可以从数据覆盖范围、对象数目以及地图载负量三方面进行观察。因此，图层层面的更新信息特征向量可以定义为

$$\text{LayerUpdateFeature} = \{\text{Scale,Coordinate,GeoType,AttributeStructure,Extent,}$$
$$\text{ObjectNum,MapLoad}\}$$

比例尺。新旧数据的比例尺是否一致，对于更新方式具有重要的指导作用。同一比例尺的更新，可采取直接的图幅替换或要素变化发现与增量更新的方法。如果新数据比例尺比旧数据比例尺大，需要考虑以地图整体缩编或局部制图增量综合等方法对旧数据进行处理，然后再进行更新。如果新数据比例尺比旧数据比例尺小，数据更新将会严重影响数据的精度，难以直接实现。读取新旧图层元数据中的更新信息，并进行比较和判断，可以直接确定比例尺的差异。

空间参考系统。基础地理空间数据所使用的空间参考系统主要为国家大地坐标系 2000、西安 80 坐标系等。如果判断坐标系不一致，数据更新前还需要借助同名点或转换参数，利用转换工具进行坐标转换。

几何类型。数据更新通常对相同几何类型的图层进行更新。对于不同几何类型的图层，则应先进行几何变换。例如，在旧数据中以面图层表示房屋面，而在新数据中以线图层通过记录房屋的轮廓存储房屋面信息。对于该案例在更新处理前，应对新数据重新构面，保证新旧数据属于相同几何类型。

属性结构。属性结构的判断主要以字段设置为基础，包括字段的名称、别名、类型、取值范围、关键字、完整性约束、字段间的映射关系等。利用检查工具遍历字段列表，对字段设置进行逐一匹配，能够判断新旧数据属性结构的差异。

覆盖范围包括图幅范围和数据覆盖。在基础地理空间数据管理中，接图表的编号反映了图幅的管理范围。同一图幅号的基础地理空间数据覆盖范围相同。因此，图幅范围的判断可以通过获取图幅号确定，数据的覆盖范围通过四至点确定。

对象数目能够直观地反映新旧图层在宏观上的差异。

地图载负量是评价地图所能表达多少地物要素内容的量化指标。对于居民地图层，可以通过居民地要素的总面积与图幅总面积的比值进行衡量。

图层的更新信息特征向量用于识别图层是否发生变化，从而进一步确定更新处理的方法。新旧数据在比例尺、空间参考系统、几何类型与属性结构的判断中是否一致是实现更新的前提。覆盖范围、对象数目与地图载负量具有差异性，体现了不同时间段的数据存在显著差异，需要执行更新。在图层层面进行更新的方法主要是图层的整体替换，目的是对现状图层和历史图层进行分库处理。

2. 实体层面的更新信息特征指标获取

如前所述，城市居民地通过图元-实体的结构进行表达，图元为存储要素几何和属性信息的单元。实体通过链接与图元进行关联，并具有本身的实体 ID 号和属性特征。例如，某房屋实体数据包括了阳台、围栏以及建筑物等多个不同的图元，其匹配关系记录在实体-图元关联表中。因此，实体层面的更新信息判断主要从实体-图元的匹配关系和实体属性特征两个角度展开。

$$EntityUpdateFeature= \{MatchNum, MatchObjectID, Atrribute\}$$

匹配图元数目。实体和图元的匹配关系主要为 1：1 匹配和 1：n 匹配。比较 ID 相同的新旧实体数据。如果匹配的对象数据存在差异，则说明实体发生了变化，需要执行更新操作。

匹配图元 ID。尽管新旧实体之间的匹配关系类型相同，当匹配的图元具有差异时，同样认为实体发生了变化。通过比较匹配图元的 ID，判断图元的差异性。至于图元本身的形状和属性变化，不在实体变化层面进行判断。

实体属性。实体属性本身的差异如实体类型、占地面积、建筑面积等的差异同样标识了实体的差异，可以认为是不同的实体。

3. 图元层面的更新信息特征指标获取

图元是存储城市居民地几何和属性信息的直接载体。因此，图元层面的更新是城市居民地更新的核心，而图元层面的更新信息特征需要从数据本身的特征出发，主要从几何和语义两个角度进行定义。几何方面定义的特征包括距离相似性、形状相似性、空间关系相似性、方向相似性，可以表示为

$$\text{GraphicElementFeature} = \{\text{DisSim}, \text{GeoSim}, \text{SpeRel}, \text{DirSim}, \text{SemSim}\}$$

图元的更新信息特征评价指标与几何类型密切相关，对于点、线、面等不同的几何类型，距离、形状、空间关系、方向、语义等方面的评价指标均具有差异性，如表 2.6 所示。

表 2.6　图元更新信息特征评价指标

几何类型	距离相似性	形状相似性	空间关系	方向相似性	语义特征相似性
点	欧氏距离				语义相似度评价模型
线	Hausdoff 距离	傅里叶描述子、转向函数、长度相似度	缓冲区重叠度	首尾节点连线方向	语义相似度评价模型
面	质心的欧氏距离	傅里叶描述子、周长相似度、面积相似度	重叠度	最小面积包络矩形的长轴方向	语义相似度评价模型

城市居民地图元主要由面要素组成。下面以城市居民地面图元为例，论述更新信息特征向量。

距离相似性。距离相似性反映新旧图元(对象)在位置上的邻近程度，可以作为判断图元是否一致的重要指标。对于居民地对象，距离相似性可以通过判断图元重心的距离确定。

$$\text{DisSim} = 1 - \frac{\sqrt{(X_a - X_b)^2 + (Y_a - Y_b)^2}}{\sqrt{(X_a + X_b)^2 + (Y_a + Y_b)^2}} \tag{2-29}$$

式中，(X_a, Y_a) 表示图元 A 的重心坐标，(X_b, Y_b) 表示图元 B 的重心坐标。重心坐标差的平方和反映了位置相似程度。

此外，还可以计算居民地面要素节点距离的总和。算法的思路为历遍图元 A 中的所有节点，从图元 B 中寻找最邻近节点，计算两节点间的距离。最终将各节点距离累加，分析图元间的位置差异。

形状相似性。研究人员通过傅里叶描述、面积相似度、周长相似度等多种指标，衡量不同图元间的形状相似度。本章通过比较不同图元的紧凑度，评价其形状形似性。

$$\text{GeoSim} = \left| \frac{2 \times \sqrt{\pi \times A_a}}{P_a} - \frac{2 \times \sqrt{\pi \times A_b}}{P_b} \right| \tag{2-30}$$

式中，P_a、P_b 分别表示图元 A、B 的周长，A_a、A_b 分别表示图元 A、B 的面积。通过定量方法衡量图元间的形状差异。

空间关系。通过获取不同图元的重叠度(即重叠面积与原要素面积之比)，可以评价其空间关系。重叠度高，表明新旧要素的空间关系紧密，判断为"不变"图元的可能性较高。反之，则判断为"变化"图元的可能性较高。

方向相似性。城市居民地面图元的方向相似性可通过计算包络矩形长轴的夹角进行计算，计算方法为

$$\begin{cases} \text{DirSim} = \dfrac{|\alpha - \beta|}{\text{Max}(\alpha, \beta)} \\ \alpha = \text{ArcTan}\left(\dfrac{Y_{af} - Y_{ae}}{X_{af} - X_{ae}}\right) \\ \beta = \text{ArcTan}\left(\dfrac{Y_{bf} - Y_{be}}{X_{bf} - X_{be}}\right) \end{cases} \tag{2-31}$$

式中，α、β 分别表示图元 A 和图元 B 与 x 轴的夹角。(X_{af}, Y_{af})、(X_{ae}, Y_{ae}) 分别表示图元 A 包络矩形长轴的起始节点和终止节点。起始节点与终止节点的确定需要保证长轴的方向落在第一、第二象限，方便两个图元的长轴方向进行比较。同理，(X_{bf}, Y_{bf})、(X_{be}, Y_{be}) 分别表示图元 B 包络矩形长轴的起始节点和终止节点。

语义相似性。不同图元的语义相似需要对各属性值的综合处理，式(2-27)进行了数学描述，并进行了详细的说明，故在此不再赘述。

2.4　本章小结

更新信息的自动检测与传递是多尺度空间数据联动更新的基础和关键，而更新信息的自动检测与传递需要以客观的评价指标(即多尺度更新信息特征)为基础。本章以城市居民地为例，分析城市居民地在不同尺度下的计算机表达形式与形态特征，探索多尺度更新信息特征空间建模的理论和方法。详细介绍了居民地的概念与分类、计算机存储与表达方式以及城市居民地对象在地图中表达的尺度差异性。构建了城市居民地生命周期模型，并分析了城市居民地的几何和语义变化特征，以此为基础，构建了城市居民地多尺度更新信息的特征空间模型。最后，在空间上从图层、实体与图元三个层面定义了判断更新信息的因素，为后续地图要素多尺度级联更新提供理论支撑。

参 考 文 献

姬存伟, 武芳, 巩现勇, 等. 2013. 居民地要素增量信息表达模型研究. 武汉大学学报(信息科学版), 38(7): 857-861.

简灿良, 赵彬彬, 王晓密, 等. 2014. 多尺度地图面目标变化分类、描述及判别. 武汉大学学报(信息科学版), 39(8): 968-973.

李霖, 王红. 2006. 基于形式化本体的基础地理信息分类. 武汉大学学报(信息科学版), 6: 523-526.

刘纪平, 张建博, 王勇. 2013. 域本体支持的海图和地形图要素语义映射方法研究. 武汉大学学报(信息科学版), 38(3): 319-323.

刘校妍, 蒋晓敏, 楼燕敏, 等. 2014. 基于事件和版本管理的逆基态修正模型. 浙江大学学报(理学版), 41(4): 481-488.

王红, 苏山舞, 李玉祥. 2009. 基于信息熵的基础地理信息地形数据库中信息量度量方法初探. 地理信息世界, 7(6): 34-39.

温宗勇, 杨伯钢. 2014. 北京市房屋全生命周期管理平台建设与应用. 测绘科学, 39(2): 48-51.

张丰, 刘南, 刘仁义, 等. 2010. 面向对象的地籍时空过程表达与数据更新模型研究. 测绘学报, 39(3): 303-309.

朱华吉, 吴华瑞, 马少娟. 2013. 空间目标增量时空变化分类模型. 武汉大学学报(信息科学版), 38(3): 339-343.

Cobb M A, Chung M J, Foley III H, et al. 1998. A rule-based approach for the conflation of attributed vector data. GeoInformatica, 2(1): 7-35.

Eberle D, Hutchins D, Das S, et al. 2015. Automated pattern recognition to support geological mapping and exploration target generation: a case study from southern Namibia. Journal of African Earth Sciences, 106: 60-74.

Erlandsson M, Borg M. 2003. Generic LCA-methodology applicable for buildings, constructions and operation services: today practice and development needs. Building and Environment, 38(7): 919-938.

Fan Y, Yang J, Zhang C, et al. 2010. A event-based change detection method of cadastral database incremental updating. Mathematical and Computer Modelling, 51(11-12): 1343-1350.

Li Z, Huang P. 2002. Quantitative measures for spatial information of maps. International Journal of Geographical Information Science, 16(7): 699-709.

Sonnemann G W, Solgaard A, Saur K, et al. 2001. Life cycle management: UNEP-workshop. The International Journal of Life Cycle Assessment, 6(6): 325-333.

第3章 基于机器学习的更新信息检测

更新信息检测是城市居民地更新信息传递的前提。更新信息检测的主要任务是：通过比较不同时间段的数据，获取更新对象并确定对应的更新类型。从数据源角度分析，更新信息检测分为面向矢量数据的更新信息检测(陈利燕等，2018)、面向栅格数据的更新信息检测(张志强等，2018)和基于众源数据的更新信息识别提取三类。本章将结合第2章提出的多尺度更新信息特征空间，基于机器学习算法详细探讨面向矢量数据和面向栅格数据的更新信息检测方法。

3.1 变化区域的快速定位

3.1.1 现有的变化要素检索方法

城市居民地更新信息的检测需要进行新旧要素的匹配分析，获取一系列的匹配信息指标，并进一步利用机器学习方法确定更新类型。基于新旧要素匹配提取变化指标主要有两种方法：一是要素逐一匹配，判断要素之间的拓扑关系；二是结合空间索引方法，进行要素匹配。

1. 逐一匹配

如果对新旧居民地数据集中的各要素逐一匹配，效率比较低。在要素匹配的过程中，提高效率的关键在于提高要素的搜索效率。Fan 等(2010)提出了基于要素拓扑关系获取要素之间的匹配关系的方法，实现步骤如图 3.1 所示。

(1)从更新数据集中选择要素 P_i，作为匹配的起始要素。

(2)从旧数据集中选择要素 P_{i-1}，对 P_i 和 P_{i-1} 进行叠加操作，得到叠加的结果 S_i。

(3)如果 S_i 是空集，则说明 P_i 与 P_{i-1} 重合，如果 P_{i-1} 与 P_i 相减也为空，则说明两要素是 1∶1 关系，需要进一步判断两者是否为同一要素。如果 P_{i-1} 包含 P_i，则说明变化类型为分解。即由一个旧要素分裂为多个新要素，而 P_i 为其中一个新要素。

(4)对于 1∶1 的匹配关系，判断是否为同一要素。首先判断是否每个边界点都重复。如果不重复，则说明边界节点发生了调整，属于"边界调整类型"。如果完全重复，进行属性的比较，如果属性也完全相同，则说明"没有发生变化"，否则属于"属性变化类型"。

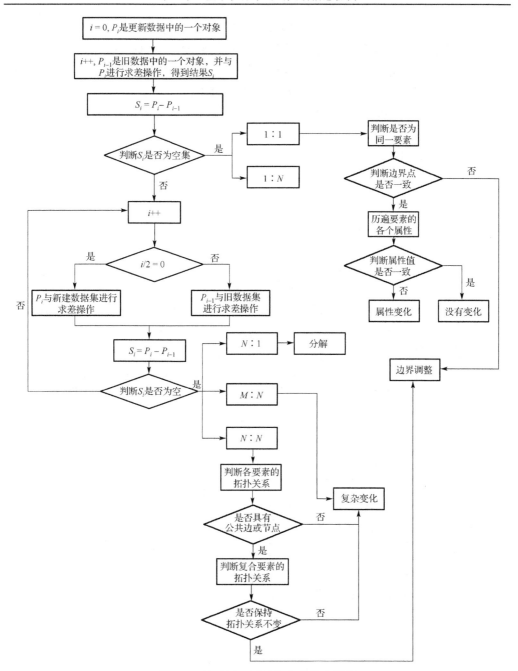

图 3.1　基于逐一匹配的变化信息检测

（5）对于 S_i 不为空集的对象，继续历遍要素，添加至匹配对象组中，继续进行比较。通过判断 S_i 是否为空，确定 $n:1$、$m:n$、$n:n$。

(6)对于 $n:1$ 关系，说明多个旧要素对应一个新要素，则说明变化类型为分解。若原要素与新要素的个数不相等，则判断为"复杂变化"，即 $m:n$ 匹配。对于该匹配类型，需要通过判断新旧数据集中各个要素的拓扑关系进一步确定是"复杂变化"类型，还是"边界调整"类型(Fan et al.，2010a)。

上述算法通过判断新旧要素的拓扑关系区分不同的更新类型。数据量比较大时，逐一进行数据搜索和叠加操作，将会花费大量的时间，影响运算速度，因此需要寻求提高数据检索速度的方法。

2. 利用空间检索

研究人员通过建立空间索引的方法，提高要素检测和查找的效率。现阶段普遍采用 R 树或 R+树的方法建立空间索引，该类索引根据数据本身的特征进行区域分割，具有较高的平衡性，可显著提高要素检索的效率(邓红艳等，2009；龚俊等，2011)。

R 树是一种多级的平衡树，是 B 树在多维空间上的扩展。在 R 树上存放的数据并不是原始的数据，而是这些数据的最小边界矩形(Minimun Bounding Rectangle，MBR)，空间对象的 MBR 被包含在 R 树的叶节点中。在 R 树的空间索引中，设计一些虚拟的矩形目标，将一些空间位置相近的目标，包含在这些矩形内，这些虚拟的矩形将作为空间索引，它包含空间指针。同样的，虚拟矩形也可以进一步细分，可以套嵌其他虚拟矩形，从而构成多级空间索引，图 3.2 显示了一个 R 数据空间索引的例子。

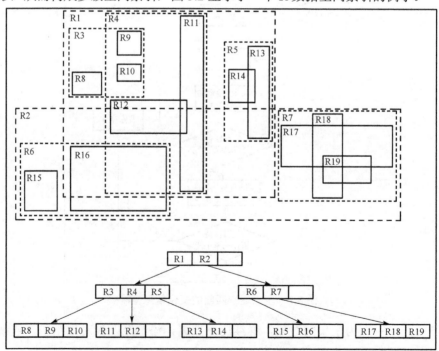

图 3.2　R 树空间索引的例子(https://en.wikipedia.org/wiki/R-tree)

通过构建空间索引能够减少数据搜索的范围，有效提高要素搜索的效率。但这类方法需要进行索引的构建，且在要素搜索的过程中需要对所有分割空间中的要素逐一匹配。例如，通过 R 树把研究区域分割为 10 个子空间，需要分别对各子空间中的新旧要素进行变化指标提取。在更新信息的提取中，重点关注对象的变化特征，因此只需对于发生变化的子空间进行逐一要素匹配即可。

本章提出基于四叉树模型的变化区域快速定位方法，通过比较新旧数据的"节点-弧段"特征，对存在变化特征的区域进行动态地"自上而下"划分，对没有发生变化的区域，则不进行划分。在要素的逐一匹配和变化指标计算过程中，只针对变化区域进行计算，显著提高了数据搜索的效率。

3.1.2　基于四叉树的变化区域检索

基于四叉树的变化区域剖分与检索方法关键在于确定评价要素变化的特征模型，根据评价结果划分区域，直至满足终止剖分的准则。算法思路如图 3.3 所示。

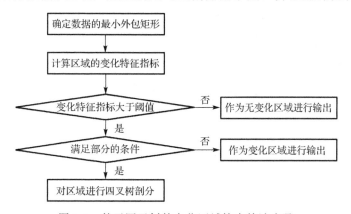

图 3.3　基于四叉树的变化区域检索算法步骤

1. 确定数据的最小外包矩形

本章将矩形作为区域划分的基本单元。因此，首先需要确定整个区域的最小外包矩形。

(1) 设置外包矩形的初始值 X_{min}、X_{max}、Y_{min}、Y_{max}。

(2) 遍历需要进行变化指标提取的新旧要素。对于任一元素，从外包矩形的顶点坐标中提取 X_{min}、X_{max}、Y_{min}、Y_{max}；并与四至点 (XI_{min}, XI_{max}, YI_{min}, YI_{max}) 进行比较。如果 $XI_{min} < X_{min}$，则将 XI_{min} 的值赋给 X_{min}。如果 $XI_{max} > X_{max}$，则将 XI_{max} 的值赋给 X_{max}。以此类推，确定 Y_{min}、Y_{max}。

(3) 根据 X_{min}、X_{max}、Y_{min}、Y_{max} 确定整个区域的最小外包矩形，作为划分的原始根节点。

2. 计算当前区域内数据变化特征

对比区域内新旧数据的整体几何和属性特征，作为是否划分区域的依据。在进行计算模型设计时，一方面考虑能够反映区域整体的特征，另一方面考虑保证计算的效率。本章提出了区域要素变化特征评估模型，该模型对节点数、弧段数和要素的位置进行了综合考虑，计算方法为

$$\text{FCI}(O_{\text{feas}}, N_{\text{feas}}) = \text{VCI}(O_{\text{vts}}, N_{\text{vts}}) \times \omega_1 + \text{ECI}(O_{\text{egs}}, N_{\text{egs}}) \times \omega_2 + \text{PCI}(O_{\text{feas}}, N_{\text{feas}}) \times \omega_3 \quad (3\text{-}1)$$

式中，$\text{FCI}(O_{\text{feas}}, N_{\text{feas}})$表示区域要素变化指数，用于评价区域内要素的几何整体变化情况。其中，O_{feas}表示区域范围内的原要素集合，N_{feas}表示该区域的更新要素集合。$\text{VCI}(\ )$、$\text{ECI}(\ )$、$\text{PCI}(\ )$分别用于评价节点、弧段与位置偏移的程度。ω_1、ω_2、ω_3反映了各指标的权重，取值为$[0,1]$。

$$\text{VCI}(O_{\text{vts}}, O_{\text{vts}}) = \frac{\left| \text{Cnt}(N_{\text{vts}}) - \text{Cnt}(O_{\text{vts}}) \right|}{\text{Cnt}(O_{\text{vts}})} \quad (3\text{-}2)$$

式中，$\text{VCI}(O_{\text{vts}}, N_{\text{vts}})$是节点变化指数，用于评价节点的变化情况。节点是矢量数据的基本构成单位，点、线、面要素都可以看成由节点构成。O_{vts}、N_{vts}分别表示区域中原数据和新数据的节点集合。$\text{Cnt}(\ )$表示计算点数量的函数。

$$\text{ECI}(O_{\text{egs}}, N_{\text{egs}}) = \frac{\left| \text{Len}(N_{\text{egs}}) - \text{Len}(O_{\text{egs}}) \right|}{\text{Len}(O_{\text{egs}})} \quad (3\text{-}3)$$

式中，$\text{ECI}(O_{\text{egs}}, N_{\text{egs}})$表示弧段变化指数，面图层可以视为边界弧段的集合。$O_{\text{egs}}$、$N_{\text{egs}}$分别代表区域中原数据和新数据的弧段集合。$\text{Len}(\ )$是计算弧段集合总长度的函数。

$$\text{PCI}(O_{\text{feas}}, N_{\text{feas}}) = \frac{\sqrt{(X_{\text{ofeas}} - X_{\text{nfeas}})^2 + (Y_{\text{ofeas}} - Y_{\text{nfeas}})^2}}{\text{Area}(O_{\text{feas}})} \quad (3\text{-}4)$$

式中，对于某区域中要素，弧段、节点不发生增减，但位置发生平移的情况。$\text{PCI}(O_{\text{feas}}, N_{\text{feas}})$反映了新旧区域要素的重心偏移程度。$(X_{\text{ofeas}}, Y_{\text{ofeas}})$表示区域中旧要素的重心坐标，$(X_{\text{nfeas}}, Y_{\text{nfeas}})$为区域内新要素的重心坐标，其计算方法为各要素重心的平均值。

3. 区域内居民地数据变化特征的判断

判断区域的变化特征可以根据两种不同的情况进行处理。

(1)如果指标$\text{FCI}(O_{\text{feas}}, N_{\text{feas}})$的计算结果小于阈值，则认为该区域内的要素没有发生变化，无需进行变化特征的提取，也不需要进行剖分，直接输出为"无发生变化"的区域。对于几何无发生变化的区域，进一步检测属性的变化情况，进行属性信息的判断。例如，分别对新旧要素数值型字段的属性进行累加，判断"和"是否相同。按空间位置(如从上到下，从左至右)对字符型字段进行字符串连接处理，判断合并后的长字符串是否相同。

(2)如果某区域中 $FCI(O_{feas}, N_{feas})$ 的计算结果大于阈值,则认为在该区域新旧数据存在差异,需要对其进行分割。分割的目标是尽量保证四个子区域中所包含的对象个数基本相同。如果按照原区域的几何中心直接进行划分,难以达到这种效果,本章以要素集合的重心为基准进行划分。由于涉及新数据和旧数据,对待剖分区域中新旧要素集合重心的坐标 X、Y 取均值,将其作为中心,分别沿 x 轴、y 轴的方向对原区域剖分,形成新的区域。

4. 对于剖分后的四个子区域,分别利用步骤 2、步骤 3 进行递归处理

如果当前待剖分的子区域中,新要素或旧要素的数量少于指定数值则结束剖分,输出结果。输出的内容包括该区域的范围(可以通过外包矩形表达)以及区域内所有原要素和新要素。用 C#语言描述的结构体如下所示。

```
struct QuatreeRegion
    {
        public IList<IFeature> SrcFeatureList;        //原要素集合
        public IList<IFeature> TarFeatureList;        //新要素集合
        public IEnvelope ExtentEnvelope;              //外包矩形
    }
```

图 3.4 显示了基于四叉树的变化区域检测例子,通过三次剖分形成了变化区域 310,可以对该区域内的要素进行逐一匹配,获取更新信息。

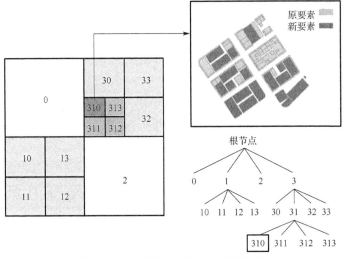

图 3.4　基于四叉树的变化区域检索

3.1.3　交互迭代的新旧要素匹配方法

更新信息分类的识别以对象群为基础,其前提是通过叠加找到关联要素。如果

新旧数据具有实体 ID 号的标识，则可以通过 ID 号进行关联。否则，需要在更新过程中动态建立要素间的连接关系。

在匹配过程中，根据新旧数据匹配目标的数目，匹配关系可以表达为 $m:n$、$1:1$、$1:n$、$n:1$ 四种。确定这四种匹配，均需要对数据库进行双向匹配。可根据时间轴分为正向匹配和负向匹配。例如，在正匹配中可以获得 $1:n$ 的匹配关系，而对于 $n:1$ 的匹配关系，则只能从负匹配中确定。以旧数据对新版数据的匹配为例，描述要素双向匹配的基本流程，具体如图 3.5 所示。

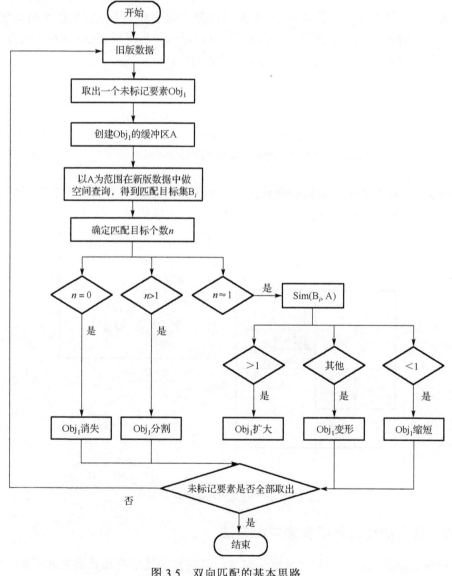

图 3.5　双向匹配的基本思路

双向匹配过程中，无论是正向匹配还是负向匹配，都需要通过缓冲区搜索进行要素匹配。为了保证匹配关系的完整性，需要在双向匹配中重新遍历要素。例如，在正向匹配中已标记为 $1:n$，但为了确认为 $1:n$ 匹配还是 $m:n$ 匹配，在逆向匹配中仍需遍历要素，进行缓冲区搜索。常规的双向匹配方法，效率较低，当数据较大时，运算效率将呈指数增加。新旧要素间的匹配关系类型复杂，为了减少叠加的次数，避免对同一数据进行重复的检索。本章采用"新旧要素交互迭代检索"的方法进行要素匹配。

(1) 依次遍历原要素集合 O_{feas} 中的各个要素 O_{fea1}，O_{fea2}，O_{fea3}，…，O_{feam}，分别创建要素的缓冲区。

(2) 在新要素数据集中，搜索与要素 O_{feai} 缓冲区重叠的新要素。如果不存在重叠的新要素，就认为是 $1:0$ 的匹配。如果缓冲内存在 1 个或多个新要素，分别以此为基础创建缓冲区，在旧要素集合中进行搜索。

(3) 如此依次交替进行，直至目标要素附近不存在未加入到链表中的对应要素，从而判断 $1:1$、$m:1$、$1:n$、$m:n$ 等不同的要素匹配类型。

(4) 对于原要素和新要素间 $0:1$ 匹配类型的识别，可以通过遍历新要素集，检测与原要素数据集不具有任何重叠关系的新要素。

3.1.4　变化特征指标计算与归一化处理

对于相互匹配的对象群，需要进一步开展变化特征指标的计算，包括距离变化指标、重叠度指标、形状相似度指标、方向相似度指标、语义相似度指标等。对于不同的匹配关系，计算结果的处理方式具有差异性。对于 $1:1$ 的匹配类型，可直接计算指标之间的差值；对于 $1:n$、$m:1$、$m:n$ 等要素匹配类型，变化特征指标的计算方法则显得较为复杂。对于 $m:n$ 匹配类型的方向相似度，可分别计算新旧要素集中各居民地要素中轴线与 x 轴的夹角，然后求均值。对于 $1:n$ 匹配类型的形状相似度，则需要计算 n 个新要素的最小包络多边形，以此为基础提取面积、周长等参数，并与旧要素进行比较。

完成变化指标计算后，为了获得更好的检测效果需要消除量纲的差异。使用线性函数转换、对数函数转换等多种归一化处理方法，可以实现指标的绝对值向相对值的转换，达到消除量纲差异的目的。完成变化指标计算与归一化处理后，把数据按以下结构体的方式进行存储，并将结果输入人工神经网络树模型，进行更新信息的训练与检测。

```
public struct AggregateFeatures            //对象群结构体
    {
        public IList<IFeature> SrcFeaList;      //原要素列表
        public IList<IFeature> TarFeaList;      //新要素列表
```

```
    public string MatchType;        //匹配类型
    public string UpdateType;       //更新类型(在训练数据中，更
                                    //新类型已确定；在识别数据中，更新类型为待求参数)
    public double DisIndex;         //距离指标
    public double RelIndex;         //空间关系指标
    public double GeoIndex;         //几何相似性指标
    public double DirIndex;         //方向指标
    public double SemIndex;         //语义相似性指标
}
```

3.2　基于人工神经网络决策树的更新信息识别方法

3.2.1　算法的基本思路

1. 多元指标在更新信息检测中的综合应用

在更新信息的检测中，可以将空间要素的几何、拓扑、属性或语义约束作为判别依据。在判断更新信息的过程中，并不是仅仅针对某一指标，而是对多个指标进行综合应用。在综合各特征计算总相似度时，可以通过加权平均的方法实现。加权平均法对于一些较重要的特征，可以增加其灵活性。例如，两类实体的位置大致相同，但形状存在差异。那么，形状特征就可以赋予比较大的权重。设判断实体 A、B 为同一实体的特征共 n 个，各特征的相似度为 q_i，权重为 w_i，实体 A 和 B 总的相似度 $S(A,B)$ 可表示为

$$S(A,B) = \frac{\sum \omega_i \times q_i}{\sum \omega_i} \tag{3-5}$$

在不同的更新场景，权重的设置会影响判断的结果，人为进行测试调整，效率较低。可以通过机器学习方法，实现参数的自主学习，以适应不同的更新场景。

2. 基于人工神经网络决策树的更新信息检测方法

人工神经网络模型是常用的机器学习算法，具有自学习、自适应的优势。本章结合人工神经网络决策树模型，提出更新信息的识别方法，实现步骤如图 3.6 所示。

基于人工神经网络决策树的更新信息检测主要包括训练和识别两个阶段。

(1)训练阶段。

①获取训练对象组合：通过新旧要素匹配方法，实现对象组合的获取作为训练样本。

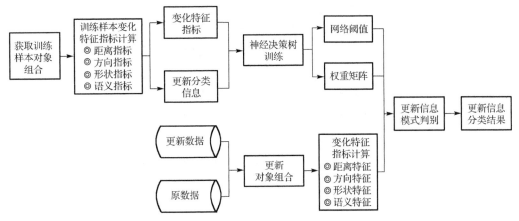

图 3.6　基于人工神经网络决策树的更新信息检测方法总体设计

②训练样本变化特征指标的计算：根据第 2 章介绍的变化特征指标模型，计算距离指标、方向指标、形状指标、语义指标。

③人工神经网络决策树训练：将变化特征指标作为输入层，更新分类信息作为输出层，实现人工神经网络模型的训练，获取模型的阈值与权重矩阵。

(2) 识别阶段。

①获取新旧对象组合：遍历研究区域要素，通过新旧要素匹配获取新旧要素的对象组合，作为更新信息识别的单元或载体。

②变化特征指标计算：计算距离、方向、形状、语义等变化特征指标。

③更新信息识别：将新旧对象组合的变化特征指标作为输入量，采用训练阶段中得到的人工神经网络模型，确定变化信息的分类结果。

3.2.2　人工神经网络决策树结构

1. 人工神经网络模型应用于更新信息检测

在要素匹配与变化信息的检测中，指标权重、匹配判断的总相似性和各指标相似性阈值的准确量化与检测的效果密切相关。人工进行设置难以适应不同的更新场景，本章引入人工神经网络树技术，利用其在处理多要素、复杂性、模糊性分类问题上的优势，将形状相似度、方向相似度、位置相似度等参数作为输入，采用人机结合的训练策略，获取神经网络的权重向量集，实现多指标综合衡量的居民地匹配。

为了保证变化信息识别的准确度，需要大量的实验数据对网络进行训练。对于不同的匹配场景，如果人工处理大量的实验数据，工作量较大。因此，在获取现有数据集的基础上，利用已有的要素匹配算法。图 3.7 显示了人工神经网络模型的训练模型。

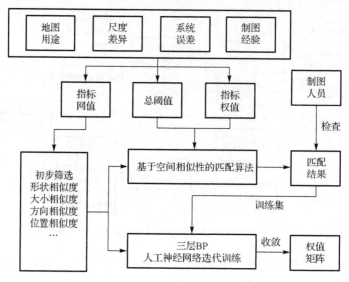

图 3.7　人工神经网络训练流程图

算法训练的整体思路：设置单个指标的取舍阈值和整体匹配阈值；计算方向、位置、面积、形状等指标，分析总体相似性；选择总体相似性在(0.7,0.9)的对象，作为样本输入人工神经网络进行训练。

在变化信息识别过程中，先通过叠置操作获取候选要素，然后通过人工神经网络识别匹配和发生变化的要素。该方法能有效判断具有 1∶1 匹配关系的同名要素。对于 $1:n$、$m:1$、$m:n$ 等复杂的匹配关系，使用相同的人工神经网络参数则难以兼顾，容易产生对识别效果的不良影响。

2. 人工神经网络决策树结构的设计

在更新信息识别的过程中，不同更新类型识别的难度不同。单纯采用决策树或人工神经网络识别的方法都会受到限制。本章考虑将两者进行结合，构建人工神经网络决策树模型进行城市居民地更新信息的识别。人工神经网络树模型以决策树为整体框架，在关键的非叶子节点中设置神经网络，以满足自适应的模式分类需求。对于可以根据匹配关系直接进行判断的更新类型，不放置于人工神经网络中进行训练与识别。否则，输入人工神经网络进行判断。图 3.8 展示了人工神经网络决策树的结构。

人工神经网络决策树中包括三种类型的节点。

人工神经网络节点 P，对象组合在此节点中进行训练和识别，区分不同的更新类型。

分裂节点 S，该类节点根据匹配关系判断更新类型或把数据引入人工神经网络节点进行判断。

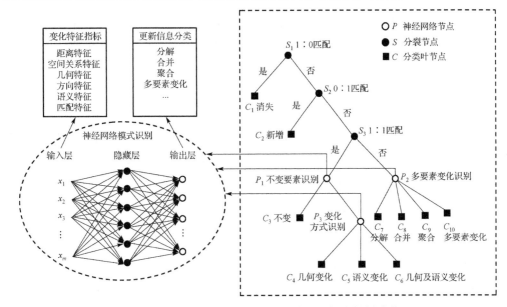

图 3.8　面向更新信息识别的人工神经网络决策树结构

分类的叶子节点 C，即最终确定的分类类型。

利用人工神经网络决策树，从根节点中输入新旧对象组合。实体层面的变化信息主要体现在要素的匹配关系上。S_1 判断该组合是否为 1∶0（1 个旧要素，0 个新要素）的匹配关系，如果符合该匹配关系，则直接确定为"消失"的变化类型。否则，进入 S_2 节点。该节点判断组合是否为 0∶1（0 个旧要素，1 个新要素）的匹配关系。如果符合该匹配关系，直接确定为"新增"的变化类型。否则，进入 S_3 节点。S_3 节点判断组合是否为 1∶1 的关系。对于 1∶1 的匹配关系，进入 P_1 "不变要素识别"的人工神经网络中，区分变化要素和不变要素。否则，进入 P_2 "多要素识别"人工神经网络中，识别分解、合并、聚合以及多要素变化等多种变化类型。对于 1∶1 的匹配关系，在 P_3 变化方式识别人工神经网络节点中，识别几何变化、语义变化或几何语义变化等不同的更新类型。

对于人工神经网络节点，输入层是对象的变化特征指标，例如，新旧对象之间的重心距离、形状变化指标、方向变化指标等。输出层反映了变化信息的分类信息，通过向量 $(x_1, x_2, x_3, \cdots, x_n)$ 表示该人工神经网络能够识别的更新类型。x 的取值介于 0～1。x_1 的值越接近 1，说明该对象组合属于 x_1 类型的概率越高；越接近 0，则说明该对象组合属于 x_1 类型的概率越低。采用 Sigmoid 函数作为激活函数，隐藏层、输出层的输出可表示为

$$O_j = \frac{1}{e^{-\sum\limits_{i=1}^{M}(b_i + \omega_{ij} \times x_i)}} \tag{3-6}$$

式中，o_j 是隐藏层中第 j 个节点的输出，M 是输入的节点数，b_i 为偏置值，w_{ij} 是输入层-隐藏层之间的权重值，x_i 表示第 i 个输入节点的值，即变化特征指标（形状变化、方向变化、距离变化）的值。

$$y_k = \frac{1}{e^{-\sum_{j=1}^{N}(b_j + \omega_{jk} \times o_j)}} \tag{3-7}$$

式中，y_k 表示输出层中第 k 个节点的值，该值越接近 1，说明对象组合归属于该的概率越高。N 表示隐藏的节点数目，b_j 表示偏置值，w_{jk} 是隐藏层-输出层之间的权重值，o_j 表示隐藏层中第 j 个输入节点的值。

3.2.3　参数训练方法

下面探讨人工神经网络节点中参数训练方法的设计。本章将每个新旧对象组作为样本输入人工神经网络模型进行识别。

设 $\Omega = \{\omega_1, \cdots, \omega_M\}$ 表示问题集（M=6，代表变化特征指标）。

训练集表示为 Tr=$\{tr_1, tr_2, tr_3, \cdots, tr_q\}$，$tr_i$ 表示训练样本，包含新旧要素的变化特征指标和分类信息，可以表示为

$$tr_i = \{DisIndex, DirIndex, GeoIndex, SemIndex \mid UpdateType\} \tag{3-8}$$

输入信息为距离指标 DisIndex、方向指标 DirIndex、形状变化指标 GeoIndex、语义变化指标 SemIndex。输出信息为更新类型 UpdateType。

为达到较好的识别效果，训练样本必须包含各种变化类型，且具有典型的变化特征。训练数据的整理可通过基于规则的计算机处理和人工检查相结合的方式，形成训练数据。

人工神经网络决策树的训练步骤如图 3.9 所示。

（1）对人工神经网络的输入-隐藏权重矩阵 W_1 和隐藏-输出权重矩阵 W_2，矩阵中取 $(-10, 10)$ 之间的任意值。

$$W_1 = \begin{pmatrix} w_{11}^1 & \cdots & w_{1n}^1 \\ w_{21}^1 & & w_{2n}^1 \\ \vdots & & \vdots \\ w_{m1}^1 & \cdots & w_{mn}^1 \end{pmatrix} \tag{3-9}$$

式中，W_1 为输入-隐藏权重矩阵，反映了输入与隐藏矩阵的映射关系，m 表示输入对象的数目，n 表示隐藏节点数。

$$W_2 = \begin{pmatrix} w_{11}^2 & \cdots & w_{1n}^2 \\ w_{21}^2 & & w_{2n}^2 \\ \vdots & & \vdots \\ w_{m1}^2 & \cdots & w_{mn}^2 \end{pmatrix} \tag{3-10}$$

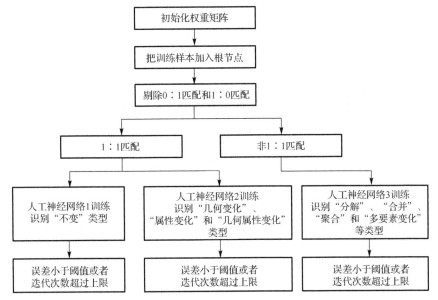

图 3.9　人工神经网络训练方法

式中，W_2 为隐藏-输出权重矩阵，反映了隐藏与输出矩阵的映射关系，m 为隐藏神经层的节点数，n 为输出类型数目。

(2) 将包括多种更新信息类型的训练样本集 Tr 加入到人工神经网络决策树的根节点，通过 S_1、S_2 分裂节点，根据新旧要素的匹配关系剔除"新增"和"删除"类型的节点，只保留需要进行人工神经网络训练的样本。判断是否为 1：1 的匹配关系，将样本划分为两个子集 Tr_1、Tr_2。此外，对于发生变化的要素，在 Tr_1 中分离出样本集 Tr_3。

(3) 在人工神经网络节点 P_1、P_2、P_3 中分别遍历训练集 Tr_1、Tr_2、Tr_3，训练人工神经网络模型。按式(3-6)和式(3-7)输出隐藏值与输出值。

(4) 完成样本集的历遍，形成输出结果，并将该结果与人工判断的分类结果进行比较，按照式(3-11)计算误差

$$\begin{cases} \delta_k = \sum_{i=1}^{N}(ta_i^k - y_i^k) \\ ta_i^k = \begin{cases} 1, & i = i_k \\ 0, & 其他 \end{cases} \end{cases} \tag{3-11}$$

式中，δ_k 表示单个样本的误差，y 表示神经网络的输出矩阵，ta 表示样本的目标矩阵(即样本的分类情况)，i 为分类数。如果样本 k 属于第 i 类时，ta_i^k 的值为 1，否则值为 0。

样本集的误差可表示为

$$\overline{\delta} = \frac{1}{q_{\mathrm{cnt}}} \sum_{k=1}^{q_{\mathrm{cnt}}} \delta_k{}^2 \qquad\qquad (3\text{-}12)$$

式中，$\overline{\delta}$ 表示子样本集的整体误差，δ_k 为单个样本的误差，q_{cnt} 表示子样本数量。

由于人工神经网络在训练过程中容易陷入局部最优，为提高训练速度，在偏移量和权重调整时，将上一次的调整量纳入到模型中。计算方法为

$$w_{ij}(n) = \eta \times \delta_j(n) + \alpha \times w_{ij}(n-1) \qquad\qquad (3\text{-}13)$$

式中，$\delta_j(n)$ 表示第 n 次迭代误差，η 为学习效率，α 表示动量因子，$w_{ij}(n-1)$ 表示上一次调整量。在训练过程中，通过增加动量项，能够降低误差曲面中局部调整的敏感性，限制人工神经网络训练陷入局部极小。

(5)在人工神经网络中，如果迭代次数大于上限或样本误差小于阈值，结束迭代，进行偏移值或权重矩阵输出。否则，继续进行训练人工神经网络模型。

3.2.4　更新信息识别方法

完成人工神经网络训练后，将其他新旧对象组合的变化特征指标作为识别对象，放置于人工神经网络树的根节点。识别过程如图 3.10 所示。

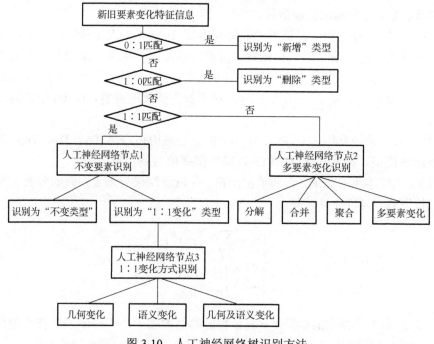

图 3.10　人工神经网络树识别方法

(1)通过 0：1 匹配识别"新增"类型，1：0 匹配识别"删除"类型。

（2）对于 1∶1 匹配，在人工神经网络节点 1 中识别为"没有发生变化"的对象与"发生变化"的对象。对于发生变化的对象，在人工神经网络节点 3 中识别为"几何变化"、"语义变化"或 "几何及语义变化"。

（3）对于非 1∶1 的匹配，在人工神经网络节点 2 中识别为"分解"、"合并"、"聚合"和"多要素变化"等多种类型。

若需要识别的对象群进入神经网络节点中，也可以结合训练阶段获得的权重和偏置值进行识别。计算网络的输出向量，然后利用判别函数进行分析。对于输出向量 y^k，如果 y_i^k 的值最接近 1，则新旧要素的变化类型属于第 i 类。

3.3　算法实现与分析

3.3.1　实现环境与数据预处理

1. 实现环境

为验证本章提出的计算模型和算法，并兼顾程序的实用性，在实现环境的选择方面与目前主流的数据库与程序开发环境相一致。

操作系统：Windows 7。

开发平台：Visual Studio 2008。

开发语言：C#语言。

数据库管理系统：Oracle 11g、SQLlite、ArcSDE 10.0。

开发包与工具：ArcGIS Engine 10.0。

基于上述模型与算法，开发的原型系统界面如图 3.11 所示。

2. 数据预处理

以 1∶2000 矢量居民地数据为例，进行同比例尺变化信息识别实验。外业采集的数据主要是 dwg 格式的矢量数据，为达到入库更新的要求，即保证新旧数据在格式、属性表结构、坐标系与投影等方面的一致性，需要进行规整处理。

本章在 dwg 平台上，利用自主开发的数据规整工具进行数据的检查与处理。质量检查的主要内容如下。

坐标系检查：检查数据的坐标体系是否符合指定的入库要求，如椭球体、平面坐标、高程坐标。

分层规则检查：数据的分层是否符合规范。

字段结构检查：判断字段的属性结构，如字段名、类型、值域设置等是否符合标准地形图标准的要求。

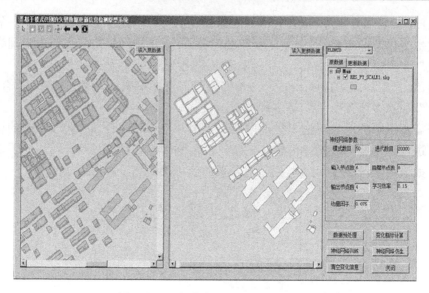

图 3.11　更新信息识别原型系统界面

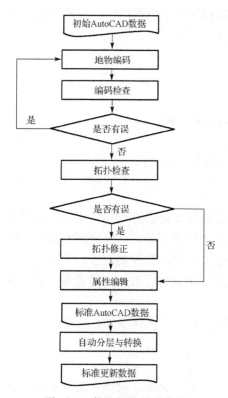

图 3.12　数据规整处理流程

编码检查：是否缺少编码；编码是否符合分类标准要求；编码对应的实体类型是否与实体的几何类型相一致。

拓扑规则：判断是否存在如面要素重叠、线面重叠、线相交检查、线自相交检查等拓扑错误。

规整与格式变化的操作流程如图 3.12 所示。

在数据规整的过程中，检查和编辑的过程是交互式的过程，不断地修正数据中存在的错误，以达到数据规范化的效果。而 AutoCAD 数据向 GIS 数据的自动转换，需要设置好两者图层层面的映射规则，以保证数据的批量转换。

图 3.13 和图 3.14 分别显示了数据规整工具和规整效果。

规整前的 DLG 数据面向图形的查看和地图打印，没有形成完整的空间实体。例如，对于部分类型的房屋，通过线要素表示轮廓，线要素间存在没有完全闭合的情况。而规整后的数据，则是以独立的空间实体表示地物，可用于空间数据库的有效存储和空间分析。对于原数据的规整，由于居民地数据可能会出现错分到其他地物层的现象，所以，数据规整工作需要针对地形图的全要素，不能局限在原建筑物图层。

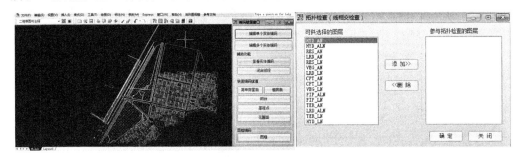

图 3.13　数据规整工具

规整前的CAD数据

格式转换后的GIS数据

规整后的CAD数据

图 3.14　数据规整前后数据的对比

为反映不同更新场景下变化特征指标分析效果，使用地图载负量具有明显差异的三幅地形图作为规整与预处理的实验数据，如图 3.15 所示。

地图载负量：0.4527　　　　　地图载负量：0.3262　　　　　地图载负量：0.1643

图 3.15　不同的更新信息识别场景数据

3.3.2　变化区域快速定位实验分析

以图 3.15 中的三个场景数据为实验数据，开展遍历要素检索、R 树检索和四叉树层次检索对比分析，如图 3.16 所示。在更新数据中，场景一(地图载负量：0.4527)中要素个数为 3502，变化率为 10.27%；场景二(地图载负量：0.3262)中要素个数为 3717，变化率为 10.76%；场景三(地图载负量：0.1643)中要素个数为 1091，变化率为 10.99%。变化率即发生变化的要素与原图层全部要素之比。

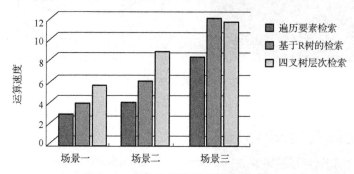

图 3.16　变化特征指标提取实验对比

实验表明，与遍历要素的检索方法相比，在变化率较低的情况下，四叉树层次检索方法可大幅度提高变化信息的检索速度。添加 R 树索引后，遍历要素的检索速度得到了提高。然而，由于基于 R 树索引的检索难以过滤掉不变的信息，仍需对要素进行逐一匹配(Zhou and Li，2014；　陈军等，2010)，运算量较大，所以速度改善不如四叉树层次检索明显。

对于要素变化率较低的区域，本章方法能够避免对没有发生变化的要素进行精匹配和变化指标的提取。尽管在进行四叉树分割以及区域整体变化特征的提取方面花费了较多的计算资源。但总体而言，仍显著提高了变化区域定位的速度。

尤其对于地图载负量高的区域，四叉树剖分后只需对于局部区域进行精匹配和变化指标的提取。要素搜索的范围得到了控制，对比和相互搜索的时间显著下降，因此能够明显地提高信息检索的效率。

总体而言，本章提出的基于四叉树层次检索的变化特征提取方法，通过四叉树分割快速定位到变化区域，检索存在重叠关系的新旧对象组，提高了运算效率。同时，该方法有助于过滤没发生变化的数据区域，使信息识别更具有针对性。

3.3.3　更新信息检测实验分析

按照本章提出的人工神经网络决策树算法，分别选取 60 个训练样本，包含各种更新类型，实现人工神经网络的训练与识别。本章选取 BP 神经网络，隐藏节点数设置为 8，将学习效率设置为 0.15，动量因子设置为 0.075，最大迭代次数设置为 20000。在训练结束后进行变化信息检测实验。与基于目标匹配判断规则的方法(郝燕玲等，2008)相比较，实验结果如图 3.17 所示。

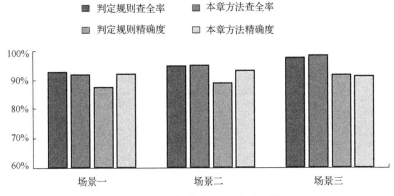

图 3.17　更新信息识别实验对比

结果显示，在查全率(即是否遗漏更新信息)方面，两种方法精度均可达到93%以上，差别不大。在更新信息识别的准确度方面，本章方法在地图载负量较大的场景中，具有较高的准确度，表明本章方法对于 $1:1$、$m:n$ 等复杂的要素匹配关系，具有更强的识别能力。总体而言，基于神经网络决策树的更新信息检测具备了决策树逻辑性强、易于实现的优点，同时兼顾了神经网络的自适应特征。在保证运算效率的前提下，可提高分类的准确度。此外，该方法还可以减少人工的干预，有助于提升矢量数据更新的自动化水平，具有实用价值。

3.4　跨比例尺新旧居民地目标变化分析与决策树识别算法及实现

本节将对跨比例尺新旧地图数据间的变化分析与识别展开更为深入的研究。研究动机包括两个方面：对新旧地图目标间的变化进行梳理分析，包括变化产生的缘由、变化表现的形式；综合考虑几何、拓扑、上下文关系等多种因子，引入决策树方法，通过学习方式构建准确的变化识别模型。

3.4.1　多尺度新旧地图目标变化分析

实施变化识别以及后续更新操作，首先需要理解新旧地图数据间隐含的目标变化信息。下面将从表层形式和内在缘由两个角度对面状居民地目标的变化进行剖析。

1. 目标变化的类型

从表层形式上看，新旧地图目标间的变化包括积极的正向变化(如目标新增、目标轮廓扩张)和消极的负向变化(如目标消失、目标轮廓收缩)。同时，也表现为个体变化(如单个目标的增加、消失、扩张、收缩)和群体变化(即目标群的新增、扩张、收缩等)。假设大比例尺新地图数据为 D_1，小比例尺旧地图数据为 D_2，依据新旧目标间的匹配对应关系将面状居民地目标变化归纳为以下六种类型，如图 3.18 所示。

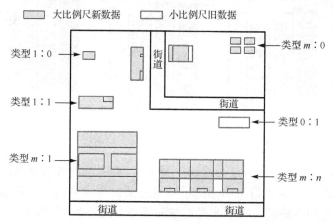

图 3.18　新旧跨比例尺地图间居民地目标变化类型

(1)类型 1 : 0，D_1 中某个目标在 D_2 中没有与之匹配的对象，表现为单个房屋目标新增；

(2)类型 1 : 1，D_1 和 D_2 中两个目标匹配对应，但是在目标局部存在扩张、收缩现象；

(3)类型 0 : 1，D_2 中某个目标在 D_1 中没有与之匹配的对象，表现为单个房屋目标消失；

(4)类型 m : 1($m>1$)，D_1 中多个相邻目标与 D_2 中单个目标匹配对应，表现为相邻目标的合并；

(5)类型 m : n($m \geqslant 1$, $n>1$)，D_1 中单个或多个相邻目标与 D_2 中多个目标匹配对应，房屋目标间的结构关系发生改变；

(6)类型 m : 0($m>1$)，该类型变化将 D_1 中多个相邻目标作为整体看待，在 D_2 中没有与之匹配对应的目标或目标群，表现为房屋群的新增。

2. 真实变化与表达变化

新旧地图目标发生变化的直接原因是所表达的地物发生了改变。这种由于地物实体改变而导致的地图目标变化称为真实变化。面状居民地目标变化信息可归纳为以下类型，如图 3.19 所示。

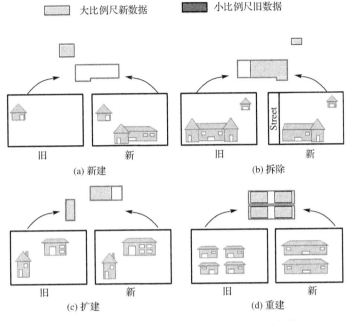

图 3.19　房屋实体变化情形及引起的目标变化

（1）房屋新建：在空地上建造新房屋，表现为新地图数据中新增房屋目标（1∶0 类型）；

（2）房屋拆除（局部拆除）：由于道路改造等原因对原有房屋进行完整（或局部）拆除，表现为旧地图数据中的居民地目标在新数据表达中完整消失（0∶1 类型）或者局部消失（1∶1 类型）；

（3）房屋扩建：对原有的房屋进行扩建，表现为居民地目标几何轮廓的扩张（1∶1 类型）；

（4）房屋重建：即将原有房屋拆除后重新建造，表现为旧房屋目标被新房屋目标所替代，可能的变化类型包括 1∶1、$m∶1$ 和 $m∶n$。

除真实变化外，新旧地图数据表达上的差异同样会影响变化信息的产生，包括数据采集精度、建库方式、表达比例尺等。对于同一数据库中不同比例尺数据，小比例尺地图数据通常由大比例尺地图数据综合缩编获得，包括目标合并、形状化简（杜培军和柳思聪，2012）等操作。因此，表达变化可以忽略数据精度、建库方式等因素影响，重点考虑不同比例尺地图数据间尺度变换导致的差异。对于城市区域 1∶2000 和 1∶10000 两个比例尺的新旧居民地数据，综合操作及对变化信息的影响包括以下情形，如图 3.20 所示。

（1）选取：舍弃尺寸小于最小上图面积的房屋目标，表现为房屋目标在小比例尺表达中消失（0∶1 类型）；

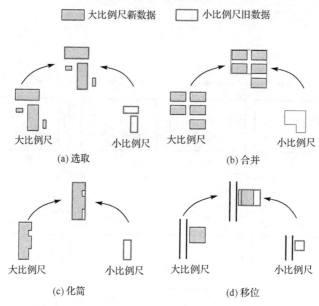

图 3.20　不同尺度变换操作导致的目标变化情形

（2）合并：将相邻房屋目标合并为一个房屋目标，合并前后呈 $m:1$ 变化类型；

（3）化简：对目标多边形轮廓进行化简，化简后目标局部轮廓扩张或者收缩（$1:1$ 变化类型）；

（4）移位：为保证房屋与道路（或其他要素目标）间的间隔大于可辨析距离，轻微地改变房屋目标的分布位置，属 $1:1$ 变化类型。

3.4.2　决策树支持下的变化信息识别模型构建

上文从表现形式和发生缘由两个方面，对新旧地图居民地目标变化进行了分析归纳。严格意义上，变化识别的目标是提取由地理实体改变而引起的目标变化。但是在缺乏参考数据（如遥感影像）情况下，仅依据新旧不同比例尺地图间表达差异很难实现上述目标。例如，大比例尺新数据中的一个小面积房屋在小比例尺旧数据中消失（$1:0$ 类型），这一变化可能是实地新建房屋所导致，也可能是由于房屋面积过小而在数据综合过程中被舍弃。对于跨比例尺地图数据更新，幅度较小的真实变化由于尺度变换因素无需更新，所以变化识别主要任务是探测超出地图数据综合操作范围的目标变化信息。

跨比例尺新旧地图变化识别是一个复杂的决策过程。一方面，地图综合产生的变化受多种因素影响，综合算法、算子选择、参数设置、综合流程组织等与区域环境特点、数据应用需求、比例尺范围密切相关；另一方面，变化识别本身需要考虑变化类型、变化幅度、变化关联目标的几何、结构信息等多重上下文条件。在此背

景下，引入机器学习领域的决策树方法构建跨比例尺新旧地图数据间的变化识别模型，采用的技术路线如图 3.21 所示。

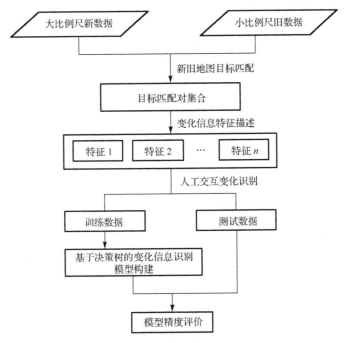

图 3.21　跨比例尺新旧地图数据变化识别决策树模型构建流程

1. 匹配关系构建

识别变化，首先需要建立新旧地图目标间匹配关系。针对这一问题，相关学者围绕居民地(黄智深等，2013；童小华等，2007)、道路(田文文等，2014；张云菲等，2012；赵东保和盛业华，2010)等要素提出多种方法。这些方法依据要素对象特点、应用需求，采取不同相似性指标组合(包括长度、面积、距离、方向、拓扑结构等)与匹配策略(如概率统计、全局寻优、层次化匹配)。考虑大比例尺居民地数据特点及效率，本章采用一种迭代式的目标匹配方法。假设大比例尺新数据和小比例尺旧数据包含的居民地目标集合分别为 $O_L=\{O_{L1},O_{L2},\cdots,O_{Lm}\}$ 和 $O_S=\{O_{S1},O_{S2},\cdots,O_{Sn}\}$，$T_L$ 和 T_S 定义为临时集合分别存储来自 O_L 和 O_S 的目标，初始化 $T_L=\varnothing$，$T_S=\varnothing$。

步骤 1：若 $O_S\neq\varnothing$，取 O_S 中任一目标并存储到 T_S，转步骤 4，否则，转步骤 2；

步骤 2：若 $O_L\neq\varnothing$，转步骤 3；否则结束匹配过程；

步骤 3：对 O_L 中抱团分布且邻近距离小于 d_m 的目标群，记录为 $m:0(m>1)$ 匹配关系，其余目标记录为 $1:0$ 匹配关系，结束匹配过程；

步骤 4：遍历 T_S 中每个目标 O_i；

查询 O_L 中与 O_i 拓扑相交的目标，从 O_L 取出查询结果并保存到数组 A 中；

按式(3-14)计算 A 中每个目标 O_j 与 O_i 间的重叠系数 λ，若 λ 小于阈值 λ_0，将 O_j 从列表取出放回 O_L；

$$\lambda = \max\left(\frac{\text{Area}(O_j \cap O_i)}{\text{Area}(O_j)}, \frac{\text{Area}(O_j \cap O_i)}{\text{Area}(O_i)}\right) \tag{3-14}$$

式中，$\text{Area}(O_j \cap O_i)$ 表示两个目标相交部分面积，$\text{Area}(O_j)$ 和 $\text{Area}(O_i)$ 表示目标面积，max 取最大值。

若 A 为空，转步骤6；否则清空 T_L，并将 A 中目标转移到 T_L 中；

步骤5：遍历 T_L 中的每个目标 O_i；

查询 O_S 中与 O_i 拓扑相交的目标，从 O_S 取出查询结果并保存到数组 A 中；

按式(3-14)计算 A 中每个目标 O_j 与 O_i 间的重叠系数 λ，若 λ 小于阈值 λ_0，将 O_j 从 A 取出放回 O_S；

若 A 为空，转步骤6；否则清空 T_S，将 A 中目标转移至 T_S 中，转步骤4；

步骤6：分别取出 T_L 和 T_S 中的目标记录为匹配对，同时清空 T_L 和 T_S，转步骤1。

2. 变化描述与计算

以建立的匹配组为基本单元，对新旧目标变化进行特征描述，为后期决策树分类模型的形成提供参数。考虑人工变化识别过程中涉及的基本判断依据，采用以下五个特征指标。

(1)变化关系类型($n\text{Type}$)，如上文所述，变化关系包括 $1:0$、$0:1$、$1:1$、$m:1$、$m:0$、$m:n$ 六种类型。它们不仅蕴含了变化发生的范围信息(如个体变化、群体变化)，同时也揭示了变化产生的效应(如 $1:0$ 为目标消失、$0:1$ 为目标新增)，是变化识别的基础性依据。

(2)重叠差异度(ov_diff)，假设某一匹配组包含 m 个来自新数据的目标 O_{L1}，$O_{L2},\cdots,O_{Lm}$ 和 n 个来自旧数据的目标 $O_{S1}, O_{S2}, \cdots, O_{Sn}$，$m \geqslant 1$，$n \geqslant 1$，重叠差异度 ϕ 计算方法为

$$\phi = 1 - \frac{\sum\limits_{i=1}^{i \leqslant m} \sum\limits_{j=1}^{j \leqslant n} \text{Area}(O_{Li} \cap O_{sj})}{\text{Area}\left(\sum\limits_{i=1}^{i \leqslant m} \sum\limits_{j=1}^{j \leqslant n} O_{Li} \cup O_{sj}\right)} \tag{3-15}$$

重叠差异度反映了新旧目标分布范围上的差异，是衡量目标发生扩张或收缩程度的重要特征。

(3)形状相似性(sim_shape)，即新旧目标间形状上的相似性程度。采用形状指

数描述单个目标(例如 O_i)的形状信息,其中,Perimeter(O_i)和 Area(O_i)分别表示目标的周长和面积。两个目标形状指数的比值定义为形状相似度。形状相似度对于识别由尺度变换(如移位)引起的变化信息有参考价值。

$$\text{shapeIndex}(O_i) = \frac{\text{Perimeter}(O_i)}{2 \times \sqrt{\pi \times \text{Area}(O_i)}} \tag{3-16}$$

(4)大小相似性(sim_size),定义为匹配组中新旧目标间的面积比率。

(5)几何面积,包括新目标面积(new_area)和旧目标面积(old_area)。该指标是 $1:0$ 和 $m:0$ 两种变化的重要识别依据。对于面积较小的新增目标或目标群,由于处于综合选取引起的变化范围内,不作为变化信息用于更新。

3. 变化识别决策树模型及实施过程

变化识别可以看成"变化"和"非变化"的分类过程。决策树因数据处理简单(非参数化算法,数据无需标准化处理)、效率高(线性分类模型)、分类规则可解译性强等特点而被广泛应用(Quinlan,1986;Quinlan,2014;田晶等,2012)。决策树本质是一个有向无环树,内部节点(包括根节点)表示在一个属性上的测试,后继分支则代表该属性测试的输出,每个叶节点代表一种类别。利用决策树分类时,待分类对象按属性特征由上到下遍历树结构即可预测其类别。C4.5 算法是目前应用最为广泛的决策树构建方法,基本思想是对样本数据属性特征构成的多维空间进行分割,分割能力最好的属性项作为根节点的测试,样本数据按该属性测试分割为多个子集作为后继分支,重复该过程直至形成最终的树结构。C4.5 算法采用信息增益率标准确定当前最佳分组属性及分割点。基于决策树的跨比例尺新旧居民地目标变化识别方法实施过程描述如下。

(1)选择样本区域的新旧居民地目标,按 3.1 节方法建立匹配关系,将相互匹配的新旧目标作为一条样本记录;

(2)对每一条样本记录,计算 3.2 节定义的特征参量;

(3)由专家在交互式平台上对每一条样本记录进行变化识别,标识为"Yes"(属于变化)和"No"(不属于变化),样本数据输出格式见表 3.1。

(4)基于样本数据构建决策树模型,并结合测试数据评估相关性能。

表 3.1　样本数据输出格式

编号 (ID)	变化类型 (nType)	新目标面积 (new_area)	旧目标面积 (old_area)	重叠差异度 (ov_diff)	面积相似性 (sim_size)	形状相似性 (sim_shape)	是否变化 (class)
1	$1:1$	246.4	275.3	0.14	0.90	0.93	No
2	$m:1$	2560.7	2900.4	0.16	0.88	null	No
3	$1:0$	400.4	null	null	null	null	Yes
4	$0:1$	null	488.6	null	null	null	Yes
...	...	...	...	...	...	...	...

3.4.3　实验分析及评价

1. 实验数据

采用广州市 1∶2000 和 1∶10000 的居民地数据,对应更新时间节点分别是 2009 年和 2007 年。如图 3.22 所示,实验数据来自 A、B、C 三个区域。A 区域覆盖城区及城乡接合部,作为训练数据使构建的决策树模型获取不同区域环境下的变化识别知识;B 区域和 C 区域分别位于城区和城乡接合部,作为测试数据以检验模型在不同区域类型数据上的表现。表 3.2 显示了训练及测试数据的基本情况。样本及测试记录的变化标识由广州市城市规划勘测设计研究院地图所三名具备丰富数据更新经验的作业人员完成。为保证变化标识结果的准确性,取三名作业人员变化标识结果相一致的记录作为最终样本及测试数据。

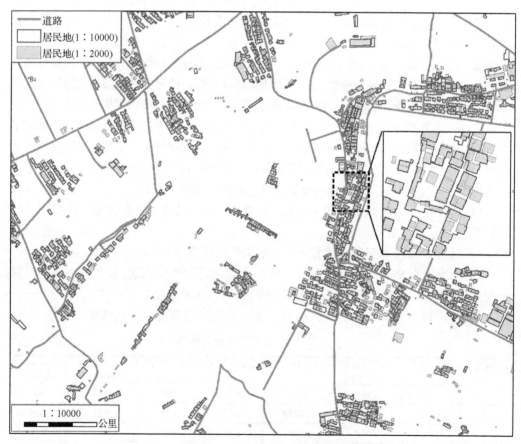

图 3.22　实验数据示例

表 3.2　训练数据及测试数据说明

		房屋数量		新旧目标匹配对数目 （变化|非变化）
		1：2000	1：10000	
训练数据	区域 A	9146	5037	5908（1665|4243）
测试数据	区域 B	4591	1523	1714　（321|1393）
	区域 C	3646	1613	2156（434|1722）

2.　实验环境

利用 ArcGIS 平台通过二次开发建立数据分析准备功能，包括新旧居民地目标匹配关系构建、变化参量计算、交互式变化识别及标注等；然后，采用数据挖掘与分析软件 SPSS Clementine 基于训练数据构建变化识别决策树模型，同时结合测试数据进行模型评价。

3.　参数设置

构建新旧目标匹配关系时，通过多次实验反馈，设置 $\lambda_0=0.3$，$d_m=5\text{m}$（即 1：10000 比例尺下图面 0.5mm）。

为避免决策树构建时"过拟合"问题，采用"减少-误差"法进行后剪枝操作，设置节点剪枝 alpha 值为 0.55，子节点最小样本数量为 50。考虑到不同类型的新旧目标变化参量描述上存在差异，如重叠差异度、大小相似性等对 1：0 型变化关系没有意义（样本记录中标识为 null），建模过程中分别对不同变化类型的训练样本子集构建决策树，最后合并形成一棵完整的决策树模型。

图 3.23 显示了基于训练数据导出的决策树图，包括 4 个层级、12 个叶子节点。

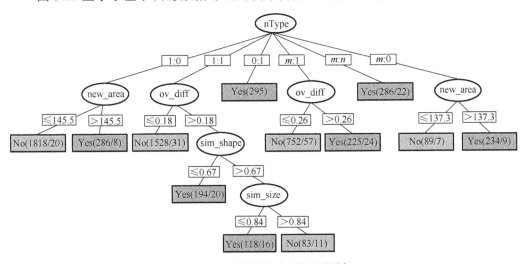

图 3.23　训练数据生成的决策树

具体描述如下：①对于 1:0 型样本子集，利用新目标面积进行分割，new_area≤145.5 时样本判别为"非变化"（推理置信度 98.9%），new_area>145.5 时判别为"变化"（置信度 97.2%）；②对于 1:1 型样本子集，首先采用重叠差异度进行分割，ov_diff≤0.18 时判别为"非变化"（置信度 98.0%），剩余样本则进一步依据形状及面积相似性属性进行分类，如符合规则 sim_shape≤0.67 的样本为"变化"（推理置信度 89.7%），sim_shape>0.67 并且 sim_size≤0.84 的样本为"变化"（置信度 86.4%），sim_shape>0.67 并且 sim_size>0.84 的样本划分为"非变化"（置信度 86.7%）；③0:1 型样本判定为"变化"（置信度 100%），该类型目标变化对应于真实地理世界中的房屋消失，不受地图综合的影响；④$m:1$ 型样本符合规则 ov_diff≤0.26 判定为"非变化"（置信度 92.4%），ov_diff>0.26 判定为"变化"（置信度 89.3%）；⑤$m:n$ 型样本直接判定为"变化"（置信度 92.3%）；⑥$m:0$ 型样本与 1:0 型相似，当 new_area>137.3 时样本判定为"变化"（置信度 92.1%），反之判定为"非变化"（置信度 96.2%）。

　　表 3.3 显示了基于决策树模型的分类结果的混淆矩阵。通过计算得到整体分类精度（即分类正确的样本数量除以样本总数）和 kappa 系数分别为 96.1% 和 90.5%，表明建立的决策树模型具有较高的分类精度。考虑到训练数据中实际"变化"样本数量明显少于"未变化"样本数量，进一步分析"变化"样本的误检率和漏检率。误检率 α 和漏检率 β 定义如下

$$\alpha = \frac{N_1}{N_a} \tag{3-17}$$

$$\beta = \frac{N_2}{N_b} \tag{3-18}$$

式中，N_a 表示决策树分类为"变化"的样本数量，N_1 表示实际"非变化"但是误判为"变化"的样本数量，N_b 表示集合样本中人工判断为"变化"的样本数量，N_2 表示实际"变化"但是漏判为"非变化"的样本数量。依据式(3-17)和式(3-18)得到整体变化信息的误检率 α=8.0%，漏检率 β=10.5%。表 3.4 展示了不同变化类型样本子集中决策树表现出的分类及变化识别性能指标。从分类精度上看，决策树在不同类型样本子集中均高于 90%。从变化识别精度上看，$m:1$ 型样本的漏检率较高（β=22.1%），其他类型变化的误检率和漏检率均低于 15%。

表 3.3　训练数据分类结果混淆矩阵

		决策树分类		总计
		Yes	No	
人工识别分类	Yes	1539	126	1665
	No	99	4144	4243
总计		1638	4270	5908

表 3.4　不同变化类型样本子集分类及变化识别结果比较

	变化类型					
	1：0	1：1	0：1	m：1	m：n	m：0
整体分类精度/%	98.6	95.9	100	91.7	92.3	95.0
变化误检率/%	6.7	11.5	0	10.7	7.7	3.2
变化漏检率/%	2.8	13.2	0	22.1	0	4.3

4. 实验分析评价

利用区域 B 和 C 数据对构建的决策树模型进行分析评价。理由包括：①训练数据与测试数据不同，能够避免训练数据可能带来的偏见；②不同区域环境类型的数据测试结果及比较能够为后续应用提供参考。表 3.5 展示了测试数据的分类及变化识别结果。可以发现，决策树模型在新数据上的表现接近于训练数据。进一步可以发现城乡接合部（区域 C）的分类及变化识别效果优于城区区域（区域 B），如图 3.24所示。

表 3.5　测试数据分类及变化识别结果对比

	整体分类精度/%	变化误检率/%	变化漏检率/%
区域 B（城区）	92.1	12.4	25.3
区域 C（城乡接合部）	98.2	6.9	8.1

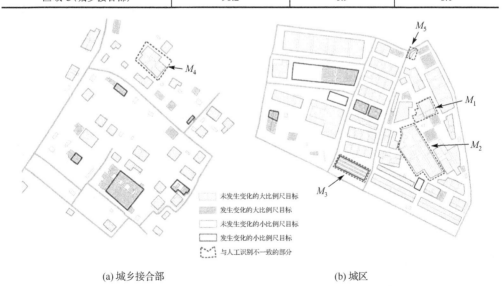

未发生变化的大比例尺目标
发生变化的大比例尺目标
未发生变化的小比例尺目标
发生变化的小比例尺目标
与人工识别不一致的部分

(a) 城乡接合部　　　　　　　　　　　　(b) 城区

图 3.24　决策树模型变化识别结果示例（见彩图）

（1）构建的决策树模型对于 m：1 型变化关系的识别成功率相对其他变化类型较

低。这是由于决策树模型对 $m:1$ 型变化的判定只考虑了重叠差异度指标，无法准确反映关联新旧居民地目标间局部的变化性质。图 3.24 中 M_1、M_2 和 M_4 处的居民地分别存在局部扩建和局部拆除的变化，但是新旧目标间的重叠差异度并不大(分别是 0.23、0.25 和 0.22)，因此误判为"非变化"；而 M_3 处从尺度变换的角度属合并操作引起的变化范畴，但是由于重叠差异度较大误判为"变化"。

(2)城区居民地分布密集，跨比例尺新旧房屋目标间对应关系相对复杂。目标变化以群体式的扩展、收缩为主，尺度表达上的合并操作产生大量 $m:1$ 型变化关系；而城乡接合部房屋分布较为稀疏，目标以单一分布为主，对象性强，大量的变化关系表现为 $1:0$、$1:1$、$0:1$ 等类型，变化识别难度系数相对较低。此外，部分城区居民地变化的产生涉及多种尺度变换组合情形，例如，M_5 处存在合并与移位两种操作，增大了变化识别的难度。

上述问题的解决，一方面需要从方法本身出发，引入新的变化描述特征、提升模型构建策略以及选取更多实际数据进行训练。另一方面，实际应用中可对不同区域特点的规则阈值进行适度调整，如城区可适当提高重叠度阈值以增强对居民地局部区域发生变化的识别能力。虽然部分"非变化"可能识别为"变化"，一定程度上增加了后续更新操作的工作量，但是能够保证变化更新的完整性。基于决策树的变化识别模型对变化条件判断综合性强，多种判断规则通过逻辑与、或、差集成，同时各规则的阈值设定又能根据区域环境差异适应性地设定。本章方法与叠置运算方法识别跨比例尺间的居民地变化相比，在变化条件的集成上得到加强，不是简单通过多边形叠置运算后基于面积大小关系判断是否有变化，同时顾及了形状、空间关系参量等在变化判断中的作用。

3.4.4 结论

以居民地数据为例，本章从发生缘由和表现形式两个主要角度，对跨比例尺新旧地图数据间的变化信息进行了系统梳理。以数据更新为目标，引入决策树方法建立变化信息识别模型，并采用真实数据验证了方法的可行性。决策树模型在判断新旧数据变化过程中，考虑了数据本身的变化和上下文邻域变化，同时顾及了映射关系上的单目变化和多目变化。多因素的变化条件通过决策树不同规则及其逻辑运算集成，保障本章方法在实际地理环境下变化识别的可行性。同时，本决策树方法的规则条件、阈值设定，可通过不同样区的训练获得，从而适应不同区域环境条件下的变化识别(例如，居民地分布的城市中心区 CBD、城乡接合部、远郊区等)。

结合实验结果，以下工作需要进一步完善：①强化复杂变化特征描述。从实验结果上看，$m:1$ 型及部分 $1:1$ 型变化关系的识别有待提高。特别是目标局部发生扩张或收缩变化，仅通过目标间的重叠差异度无法精确判断是真实变化还是表达变化。这一问题需要在获得新旧目标图形差异的基础上进行局部形态分析，并定义相关描述参量。②变化识别推理规则的组织与完善。决策树模型能够导出学习得到的规则，通过加工提炼后可融入专业的地图数据管理软件，进而形成专门的数据更新模块。③仅探讨了大比例尺段(1∶2000～1∶10000)面状居民地目标间的变化分析与识别，需要进一步扩展至其他比例尺范围(如 1∶10000 新数据与 1∶50000 旧数据)、目标几何维度(点、线目标)以及多种语义要素目标(居民地与道路)混合等其他变化情形。

3.5　融合像元和目标的高分辨率遥感影像建筑物变化检测算法及实现

本章将对遥感影像建筑物变化检测方法进行深入研究，考虑观测角度等环境因素对建筑物变化检测的影响，提出一种融合像元与对象的高分辨率遥感影像建筑物变化检测方法，为建筑物变化信息快速获取提供参考和借鉴。

3.5.1　建筑物变化检测模型构建

本章提出的建筑物变化检测方法主要包括三部分：像元级建筑物变化检测、多特征融合的影像分割、变化建筑物目标识别。流程如图 3.25 所示。

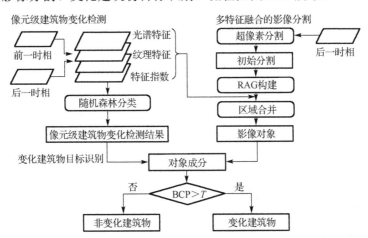

图 3.25　融合像元和对象的高分辨率遥感影像建筑物变化检测流程

1. 像元级变化检测

1)特征集构建

高分辨率遥感影像具有丰富的纹理特征，且同类地物纹理特征相似，不同类地物纹理特征差异较大。研究表明，在变化检测方法中融入纹理特征能够显著提高遥感影像的变化检测精度(杜培军和柳思聪，2012)。基于灰度共生矩阵(Gray-Level Co-occurrence Matrix，GLCM)的纹理特征计算方法是广泛采用的特征提取方法(兰泽英和刘洋，2016)。该方法根据预先设定的纹理方向、纹理尺度、窗口移动距离等参数计算 GLCM，然后提取纹理特征。由于基于 GLCM 的纹理特征间同样存在大量的冗余信息，本章根据研究目的和数据特征，选取相关性最小的四个纹理特征，即均值(mean)、方差(var)、同质性(hom)、差异性(dis)。为减小计算量同时利用地物丰富的光谱特征，本章以全色影像为基础进行纹理特征计算，计算公式如下

$$\text{mean} = \sum_{i,j=1}^{N}(i \times P_{ij}) \tag{3-19}$$

$$\text{var} = \sum_{i,j=1}^{N}P_{ij} \times (i - \text{mean})^2 \tag{3-20}$$

$$\text{hom} = \sum_{i,j=1}^{N}\frac{P_{ij}}{1+(i-j)^2} \tag{3-21}$$

$$\text{dis} = \sum_{i,j=1}^{N}P_{ij} \times |i-j| \tag{3-22}$$

式中，N 表示灰度等级数，P_{ij} 表示灰度级 i 和 j 同时出现的概率，即 GLCM 中第 i 行第 j 列的值，所有 P_{ij} 的和为 1。

纹理尺度是纹理特征计算的重要参数。研究表明，恰当的纹理尺度能够准确刻画地物的纹理特征，显著提高遥感影像变化检测精度(Volpi et al.，2013)。为分析像元级建筑物变化检测精度随纹理尺度的变化规律，并选取最佳纹理尺度，本章选择 15 个不同的纹理尺度，即 3×3(GLCM texture 3，GT3)、5×5(GT5)、7×7(GT7)、9×9(GT9)、11×11(GT11)、13×13(GT13)、15×15(GT15)、17×17(GT17)、21×21(GT21)、25×25(GT25)、31×31(GT31)、35×35(GT35)、41×41(GT41)、45×45(GT45)、51×51(GT51)，分别计算纹理特征，并与光谱特征结合进行像元级变化检测。

在数据处理中加入光谱相关的特征因子同样能够有效提高遥感影像的变化检测精度。选取与城市内部植被和建筑物信息密切相关的特征因子归一化植被指数(Normalized Difference Vegetation Index，NDVI)和形态学建筑物指数(Morphological Building Index，MBI)，连同光谱特征、纹理特征，构建特征数据集，如表 3.6 所示。

表 3.6　建筑物变化检测特征数据集

特征类型	特征指标
光谱特征	融合影像的四个波段光谱值
纹理特征	基于 GLCM 的均值、方差、同质性、差异性
特征因子	NDVI、MBI

2) 随机森林分类

基于机器学习的遥感影像变化检测本质上是通过双时相遥感影像特征的叠加合并，将变化检测问题转换为分类问题。基于随机森林分类器的遥感影像变化检测主要包括以下步骤：①根据研究目的，确定分类体系；②提取遥感影像特征，叠加合并，构造高维特征向量；③选取训练样本，并利用自助法(Bootstrap)从原始训练样本集中抽取 K 个样本子集，每个样本子集的样本容量与训练样本集相等；④确定节点分裂的随机特征个数 m，对 K 个样本子集分别建立决策树模型；⑤对每个待分类样本进行分类，得到分类结果序列 $\{h_1(X), h_2(X), \cdots, h_k(X)\}$；⑥最后根据分类结果序列，采用多数投票法确定最终的分类结果。

最终分类决策的数学形式为

$$H(x) = \arg\max_Y \sum_{i=1}^{K} I(h_i(x) = Y) \tag{3-23}$$

式中，$H(x)$ 表示随机森林最终分类决策，$h_i(x)$ 表示单个决策树模型分类结果，Y 表示输出变量(目标变量)，$I(\cdot)$ 表示示性函数。

随机森林分类算法有两个主要输入参数：样本子集个数 K 和随机特征个数 m。根据随机森林分类算法的收敛性理论，随着 K 的增加，袋外误差(Out-of-Bag, OOB)逐渐减小，直至收敛于某一常数，此时模型的泛化能力最强、分类精度最高，因此 K 通常取 OOB 开始收敛时的样本子集个数。随机特征个数 m 与特征向量维数 M 有着密切关联，m 通常取 $\sqrt{M}$ 的整数。

2. 多特征融合的影像分割

地物在影像中表现为多维特征的综合体，基于单一特征的影像分割方法具有较大的局限性，因此本章提出多特征融合的影像分割方法。

1) 超像素分割

超像素是指由一系列特征相似、空间相邻的像素合并而成的过分割单元。相比于影像像元，超像素能够极大地提高遥感影像后续处理的速度，同时具备较强的可塑性，能够通过进一步的合并，得到较好的分割结果。采用空间约束的分水岭分割算法(ScoW)进行超像素分割，以得到形状紧凑的超像素，从而生成边界规整的建筑物对象。

2) 构建区域邻接图(Region Adjacent Graph，RAG)

RAG 是一种基于图的思想建立分割结果中各区域间邻接关系的方法。区域邻接图将初始分割结果中的每个超像素抽象为一个节点(Haris et al., 1998)，超像素相邻即代表节点连通，则用一条带有权重的线段连接连通节点。权重即为相邻超像素的合并代价，通常认为相邻超像素特征越相似，合并代价越小，越趋于合并。本章提

出多特征融合的遥感影像分割方法，综合考虑相邻超像素的形状特征、光谱特征、纹理特征和特征因子，合并代价函数如下

$$C(m,n) = \frac{A_m \times A_n}{A_m + A_n} \times L^\lambda \times H(m,n) \tag{3-24}$$

$$H(m,n) = w_1 \times D_S(m,n) + w_2 \times D_T(m,n) + w_3 \times D_F(m,n) \tag{3-25}$$

$$D_S(m,n) = \sqrt{(\text{Blue}_f - \text{Blue}_a)^2 + (\text{Green}_f - \text{Green}_a)^2 + (\text{Red}_f - \text{Red}_a)^2 + (\text{IR}_f - \text{IR}_a)^2} \tag{3-26}$$

$$D_T(m,n) = \sqrt{(\text{mean}_f - \text{mean}_a)^2 + (\text{var}_f - \text{var}_a)^2 + (\text{hom}_f - \text{hom}_a)^2 + (\text{dis}_f - \text{dis}_a)^2} \tag{3-27}$$

$$D_F(m,n) = \sqrt{(\text{NDVI}_f - \text{NDVI}_a)^2 + (\text{MBI}_f - \text{MBI}_a)^2} \tag{3-28}$$

式中，$C(m,n)$ 表示相邻超像素的合并代价函数，A_m、A_n 分别表示超像素 m 和 n 的面积，L 表示相邻超像素的公共边界长度，λ 表示形状系数，$H(m,n)$ 表示相邻超像素的异质性，w_1、w_2、w_3 分别表示光谱异质性、纹理异质性和特征因子异质性的权重，$D_S(m,n)$、$D_T(m,n)$、$D_F(m,n)$ 分别表示异质性、纹理异质性和特征因子异质性，下标为 f 和 a 的符号分别表示前时相和后时相的特征值。

3）区域合并

区域合并即为根据合并代价的排序，循环合并代价函数值最小的相邻区域，直到最小合并代价函数值满足条件（陈杰等，2011）。

3. 变化建筑物目标识别

像元与对象融合的变化建筑物目标识别，能够利用变化建筑物大多数像元被正确检测的特性，结合统计学原理剔除虚假检测结果，从而识别变化的建筑物目标。即当亚目标级下变化建筑物像元比例满足某一标准时，目标对象被识别为变化建筑物，其数学表达式如下

$$\text{Predit}_{\text{seg}}(\text{Obj}_q) = \begin{cases} 1, & \text{BCP}(\text{Obj}_q) \geqslant T \\ 0, & \text{BCP}(\text{Obj}_q) < T \end{cases} \tag{3-29}$$

$$\text{Predit}_{\text{seg}}(p) = \text{Predit}_{\text{seg}}(\text{Obj}_q), \quad p \in \text{Obj}_q \tag{3-30}$$

式中，$\text{Predit}_{\text{seg}}(\text{Obj}_q)$、$\text{Predit}_{\text{seg}}(p)$ 分别表示对象 Obj_q 和像元 p 的变化检测结果，1、0 分别表示变化建筑物和非变化建筑物，$\text{BCP}(\text{Obj}_q)$ 表示对象 Obj_q 中变化建筑物像元所占比例，T 表示亚目标下变化建筑物像元比例标准。

4. 精度评价

完整率（Completeness）、正确率（Correctness）、检测质量（Quality）是广泛用于评

估建筑物变化检测精度的定量指标。完整率表示正确检测的变化建筑物像元占实际变化建筑物像元的比例，表征变化建筑物像元被实际检出的概率。正确率表示正确检测的变化建筑物像元占所有检测为变化建筑物像元的比例，表征建筑物变化检测结果的可靠程度。而检测质量是建筑物变化检测精度的总体度量，检测质量越大，表示错误检测像元和遗漏检测像元占正确检测像元的比例越小，变化检测的效果越好。

$$Completeness = \frac{TP}{TP + FN} \tag{3-31}$$

$$Correctness = \frac{TP}{TP + FP} \tag{3-32}$$

$$Quality = \frac{TP}{TP + FP + FN} \tag{3-33}$$

式中，TP（True Positive）表示正确检测的变化建筑物像元数，FN（False Negative）表示未检测到的变化建筑物像元数，即实际发生了建筑物变化但未被成功检测的像元数，FP（False Positive）表示错误检测的像元数，即被检测为变化建筑物但实际未变化的像元数。

3.5.2　实验数据及结果

　　广州市增城区是我国南方快速城市化的典型城镇区域，选取该区的两个典型子区进行变化检测实验。实验数据来自"2009-01-09"和"2011-11-23"两期 QuickBird 影像，每期影像包括全色和多光谱（蓝、绿、红、近红外四个波段）两种数据，其重采样后的空间分辨率分别为 0.5m 和 2m。为进行变化检测实验，首先对整幅影像进行预处理。每期影像分别采用 Gram-Schmidt Pan Sharpening 算法进行融合处理，获得空间分辨率为 0.5m 的多光谱影像。两幅影像上选取 119 个控制点，利用 5 次多项式进行影像配准，配准误差 RMSE=0.4422。以 2009 年影像为基准，采用直方图匹配法对 2011 年影像进行相对辐射校正。

　　为有效评估所提出的建筑物变化检测算法，本章从整幅影像中选取建筑物变化剧烈的两个子区进行建筑物变化检测实验，实验数据如图 3.26 所示。实验数据一建筑物变化类型主要为新增厂房和居民建筑，建筑物屋顶颜色多样，且某些建筑物光谱特征与道路相似，如图 3.26(a)、(b) 所示。实验数据二建筑物变化类型主要为新增居民建筑，建筑物相对较高，受观测角度、太阳角度等环境差异影响较大，如图 3.26(d)、(e) 所示。依次采用目视解译法获取实验数据一和实验数据二的变化建筑物参考图，如图 3.26(c)、(f) 所示。

(a)实验一 2009 年数据　　　　(b)实验一 2011 年数据　　　　(c)实验一参考数据

(d)实验二 2009 年数据　　　　(e)实验二 2011 年数据　　　　(f)实验二参考数据

图 3.26　实验区 QuickBird 真彩色合成影像和变化建筑物参考图(见彩图)

1. 实验一结果

　　根据研究目的,利用随机森林分类器将影像分为建筑物变化、其他变化和未变化三类,训练样本采用分层随机采样的方式获取,分类特征见表 3.6,包括光谱特征、纹理特征(GT31)和特征因子。为清晰显示建筑物变化,掩膜掉其他变化类和未变化类,仅显示建筑物变化类,如图 3.27(a)所示。采用本章提出的多特征融合的分割方法进行影像分割,依次将前后时相的影像对象分为植被、建筑物、非建筑物三类,然后采用分类后比较的策略获取目标级建筑物变化检测结果,如图 3.27(b)所示。结合像元级变化检测结果和后时相影像分割结果,设定亚目标下变化建筑物像元比例标准 T 为 0.7,获取本章方法的建筑物变化检测结果,如图 3.27(c)所示。

　　为清晰显示不同方法的实验效果,针对特定区域(白色方框标注)进行实验效果的清晰展示。由图 3.27(a)、(d)不难发现,像元级变化检测所获得的变化建筑物是破碎的、不连续的,而且存在着大量的误检。利用后时相影像对象对像元级变化检测结果进行后处理,能够有效改善变化建筑物的识别结果。尤其在建筑物边缘区域,经分割对象处理后所得到的变化建筑物目标相对规整,而且剔除了大量的误检,如图 3.27(c)、(f)所示。目标级建筑物变化检测虽然有效避免了椒盐效应,但仍存在其他不透水面变化被错误识别为变化建筑物的问题,如图 3.27(b)、(e)所示。

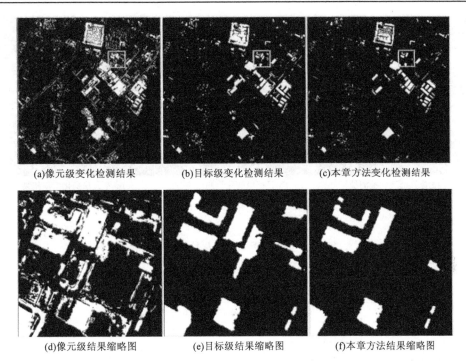

(a)像元级变化检测结果　　　(b)目标级变化检测结果　　　(c)本章方法变化检测结果

(d)像元级结果缩略图　　　(e)目标级结果缩略图　　　(f)本章方法结果缩略图

图 3.27　实验一建筑物变化检测结果

为定量分析实验结果，对像元级、目标级和所提出的建筑物变化检测方法分别进行精度评价，结果如表 3.7 所示。不难发现，本章方法的完整率虽然略低于像元级和目标级的变化检测方法，但正确率和检测质量显著优于另外两种方法。对比单一的像元级和目标级变化检测方法，本章方法的正确率分别提高了 0.3502 和 0.1507，检测质量分别提高了 0.2643 和 0.1。

表 3.7　实验一建筑物变化检测精度评价

变化检测方法	完整率	正确率	检测质量
像元级变化检测	**0.8991**	0.4342	0.4140
目标级变化检测	0.8686	0.6337	0.5783
本章方法	0.8337	**0.7844**	**0.6783**

2.　实验二结果

采用与实验一相同的步骤和方法，依次获取实验二的像元级和目标级建筑物变化检测结果，如图 3.28(a)、(b)所示。设定亚目标下变化建筑物像元比例标准 T 为 0.64，获取本章方法的建筑物变化检测结果，如图 3.28(c)所示。对像元级、目标级和本章方法分别进行精度评价如表 3.8 所示。

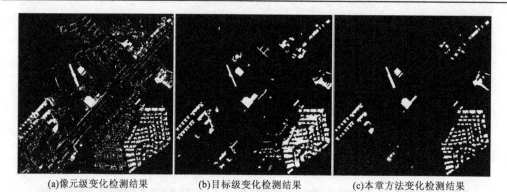

(a)像元级变化检测结果　　　　　(b)目标级变化检测结果　　　　　(c)本章方法变化检测结果

图 3.28　实验二建筑物变化检测结果

表 3.8　实验二建筑物变化检测精度评价

类型	完整率	正确率	检测质量
像元级变化检测	0.8041	0.4325	0.3913
目标级变化检测	0.8510	0.5288	0.4818
本章方法	0.8043	0.8002	0.6698

由图 3.28 和表 3.8 不难发现，受观测角度、阴影等环境因素的影响，像元级变化检测存在显著的椒盐效应，尤其在建筑物边缘区域。受双重分类误差的影响，在面向对象的变化检测方法中一些与建筑物变化无关的不透水面被错误地检测为变化建筑物。本章方法能够显著抑制椒盐效应，同时避免误差传递导致的检测误差，显著提高建筑物变化检测的正确率和检测质量。

值得注意的是，对于高分辨率遥感影像的建筑物变化检测方法而言，如若变化检测的误检率较高，即便其漏检率较低，也无法为业务部门和生产单位所用，因错误检测的建筑物变化仍然需要投入大量的人力物力进行调查或判读。因此在保持较高完整率的同时，有效降低变化检测的误检率，提高变化检测的总体质量，具有着较高的实用价值。

3.5.3　结果分析与讨论

1. 特征组合的影响分析

纹理尺度较大程度上影响着所提取的纹理特征，而不同特征组合对像元级建筑物变化检测精度又具有重要影响。将不同纹理尺度的纹理特征提取结果分别与相同设置的光谱特征进行组合，分析像元级建筑物变化检测精度随纹理尺度的变化，以实验数据一为例所得结果如图 3.29 所示。随着纹理尺度的逐步增大，像元级建筑物变化检测精度先增加后减小。而当纹理尺度为 31 时，像元级建筑物变化检测精度最高，表明在本实验中该尺度能够较好地刻画不同地物的纹理特征，具有较强的地物区分能力。

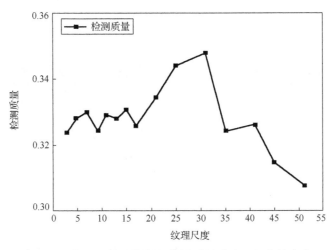

图 3.29　像元级建筑物变化检测质量随纹理尺度的变化

　　在纹理尺度优选的基础上，分析不同特征因子组合对建筑物变化检测精度的影响，对比不同特征组合方案的精度，如表 3.9 所示。单独增加特征因子 NDVI 和 MBI 均能够提高建筑物的变化检测精度，而同时增加 NDVI 和 MBI 能够显著改善建筑物变化检测结果。其主要原因在于，NDVI 能够很好地区分植被和建成区，避免与植被相关的变化被错误地检测为建筑物变化，而 MBI 能够区分建筑物和其他不透水面，避免与道路等其他不透水面相关的变化被错误地检测为建筑物变化。

表 3.9　不同特征组合方案的精度对比

特征组合方案	完整率	正确率	检测质量
光谱特征+纹理特征	**0.9023**	0.3714	0.3570
光谱特征+纹理特征+NDVI	0.8990	0.4005	0.3833
光谱特征+纹理特征+MBI	0.8889	0.3946	0.3761
光谱特征+纹理特征+NDVI+MBI	0.8991	**0.4342**	**0.4140**

　　不同特征组合方案的实验结果表明，直接利用分类器进行像元级建筑物变化检测的精度普遍较低，尽管加入不同特征因子能够提高检测精度，但其检测质量仍然普遍小于 0.45，主要原因是变化检测的正确率过低，即误检率过高。在高分辨率影像条件下，图像配准、观测角度、太阳角度等一系列问题致使建筑物边缘无法准确匹配，无法满足精细变化检测的要求，因此高分辨率下的像元级建筑物变化检测具有自身的局限性。

2. 分割尺度的影响分析

影像的分割尺度对目标级建筑物识别结果具有重要影响。以实验数据一中某小斑块为例，利用 4.0、8.0、12.0 三个分割尺度对比分析不同分割尺度对变化建筑物识别的影响，如图 3.30 所示。

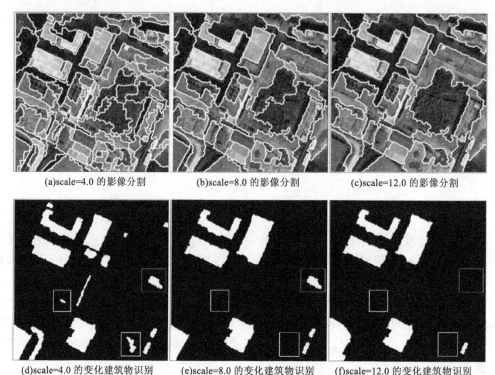

(a)scale=4.0 的影像分割　　　　(b)scale=8.0 的影像分割　　　　(c)scale=12.0 的影像分割

(d)scale=4.0 的变化建筑物识别　　(e)scale=8.0 的变化建筑物识别　　(f)scale=12.0 的变化建筑物识别

图 3.30　不同分割尺度下的分割结果与变化建筑物识别结果对比（见彩图）

过小的分割尺度，容易导致误检，即非变化建筑物被错误地标识为变化建筑物，如图中黄框所示。其原因在于，过小的分割尺度导致地物分割过于破碎，而由于高分辨率遥感影像下像元级变化检测的误检率较高，分割对象中的变化建筑物像元所占比例较高，使得利用分割对象进行变化建筑物筛选的效果不佳。相比较而言，过大的分割尺度，容易导致漏检，即变化建筑物没有被正确识别，如图中蓝框所示。主要原因在于，过大的分割尺度导致地物出现过分割，因此面积相对较小、而光谱特征又与临近地物相似的变化建筑物将被合并到临近对象，稀释了亚目标级下的变化建筑物像元比例。

3. 亚目标级下变化建筑物像元比例标准的影响分析

为了解亚目标级下变化建筑物像元比例标准 T 对识别精度的影响，将 T 在

[0.65，0.85]的区间内每间隔 0.025 取值，并进行变化建筑物目标识别实验，获得变化建筑物目标识别精度随亚目标级下变化建筑物像元比例标准的变化关系，以实验数据一为例所得结果如图 3.31 所示。

随着亚目标级下变化建筑物像元比例标准的增大，变化建筑物识别的完整率逐渐降低，正确率逐渐提高，而检测质量先提高后降低。变化建筑物识别的完整率呈现下降趋势的主要原因在于，尽管像元级建筑物变化检测的完整率较高，仍然有漏检的变化建筑物像元，利用分割对象对变化检测结果进行后处理时，漏检像元所占比例较高的建筑物对象有可能被错误地标识为非建筑物变化。随着亚目标级内变化建筑物像元比例标准的增大，错误标识的建筑物对象增多，以致变化检测的完整率降低。变化建筑物目标识别的正确率呈现逐渐上升趋势的主要原因则在于，随着亚目标级内变化建筑物像元比例标准的增大，越来越多错误检测的孤立像元或细小片段被剔除。

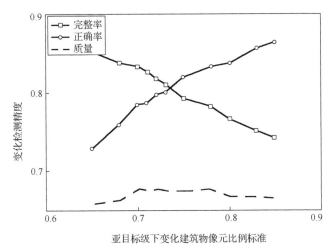

图 3.31　变化建筑物识别精度随亚目标级下变化建筑物像元比例标准的变化

3.6　本 章 小 结

针对像元级建筑物变化检测方法往往精度不足而目标级建筑物变化检测方法过程烦琐等问题，本章提出一种结合像元级和目标级的高分辨率遥感影像建筑物变化检测方法。该方法既利用了像元级变化检测方法简单易行的优势，又避免了双时相影像分割导致的边界不一致等问题，同时考虑观测角度等环境因素对建筑物变化检测的影响。首先采用随机森林分类器，获取像元级建筑物变化检测结果，然后利用后时相影像分割结果对像元级变化检测结果进行后处理，从而检测变化建筑物。在我国南方快速城镇化典型区域的实验结果表明，结合像元级和目标级的高分辨率遥感影像建筑物变化检测方法能够显著提高建筑物变化检测的检测精度。利用本章提出的方法，辅助城市地形图中居民地要素的更新，能够显著减低投入成本，提高更新工作的效率。

参 考 文 献

陈杰, 邓敏, 肖鹏峰, 等. 2011. 利用小波变换的高分辨率多光谱遥感图像多尺度分水岭分割. 遥感学报, 15(5): 908-926.

陈军, 王东华, 商瑶玲, 等. 2010. 国家 1∶50000 数据库更新工程总体设计研究与技术创新. 测绘学报, 39(1): 7-10.

陈利燕, 张新长, 林鸿, 等. 2018. 跨比例尺新旧居民地目标变化分析与决策树识别. 测绘学报, 47(3): 403-412.

邓红艳, 武芳, 翟仁健, 等. 2009. 一种用于空间数据多尺度表达的 R 树索引结构. 计算机学报, 32(1): 177-184.

杜培军, 柳思聪. 2012. 融合多特征的遥感影像变化检测. 遥感学报, 16(4): 663-677.

龚俊, 朱庆, 张叶廷, 等. 2011. 顾及多细节层次的三维 R 树索引扩展方法. 测绘学报, 40(2): 249-255.

郝燕玲, 唐文静, 赵玉新, 等. 2008. 基于空间相似性的面实体匹配算法研究. 测绘学报, (4): 501-506.

黄智深, 钱海忠, 郭敏, 等. 2013. 面状居民地匹配骨架线傅里叶变化方法. 测绘学报, 42(6): 913-921, 928.

兰泽英, 刘洋. 2016. 领域知识辅助下基于多尺度与主方向纹理的遥感影像土地利用分类. 测绘学报, 45(8): 973-982.

田晶, 艾廷华, 丁绍军. 2012. 基于 C4.5 算法的道路网网格模式识别. 测绘学报, 41(1): 121-126.

田文文, 朱欣焰, 呙维. 2014. 一种 VGI 矢量数据增量变化发现的多层次蔓延匹配算法. 武汉大学学报(信息科学版), 39(8): 963-967, 973.

童小华, 邓愫愫, 史文中. 2007. 基于概率的地图实体匹配方法. 测绘学报, (2): 210-217.

张云菲, 杨必胜, 栾学晨. 2012. 利用概率松弛法的城市路网自动匹配. 测绘学报, 41(6): 933-939.

张志强, 张新长, 辛秦川, 等. 2018. 结合像元级和目标级的高分辨率遥感影像建筑物变化检测. 测绘学报, 47(1): 102-112.

赵东保, 盛业华. 2010. 全局寻优的矢量道路网自动匹配方法研究. 测绘学报, 39(4): 416-421.

Fan Y T, Yang J Y, Zhang C, et al. 2010. A event-based change detection method of cadastral database incremental updating. Mathematical and Computer Modelling, 51(11-12): 1343-1350.

Haris K, Efstratiadis S N, Maglaveras N, et al. 1998. Hybrid image segmentation using watersheds and fast region merging. IEEE Transactions on Image Processing, 7(12): 1684-1699.

Quinlan J R. 1986. Induction of decision trees. Machine Learning, 1(1): 81-106.

Quinlan J R. 2014. C4. 5: Programs for Machine Learning. New York: Elsevier.

Volpi M, Tuia D, Bovolo F, et al. 2013. Supervised change detection in VHR images using contextual information and support vector machines. International Journal of Applied Earth Observation and Geoinformation, 20: 77-85.

Zhou Q, Li Z. 2014. Use of artificial neural networks for selective omission in updating road networks. The Cartographic Journal, 51(1): 38-51.

第4章　矢量数据自适应增量更新

矢量空间数据更新是维护空间数据库现势性的主要手段(Briat et al.，2005)，已成为 GIS 的前沿研究课题。其研究重点主要为变化信息检测、更新事件建模和空间冲突检测。在变化信息检测方面，国内外学者从空间叠加(陈军等，2012)、拓扑关联等角度(Fan et al.，2010；陈军和周晓光，2008)，结合更新事件特征(林艳等，2011)提出检测方法。Fan 等(2010)和陈军等(2008)以拓扑联动的方式进行实体变化类型的推断，为增量更新中拓扑一致性的维护提供了新思路。然而，拓扑判断的准确性容易受到数据不确定性的影响，而且联动规则与专题信息联系密切，通用性有待进一步提高。在更新事件时空建模方面,已从基于版本管理的更新模式(Cooper and Peled，2001；Hardy and Woodsford，2000)发展到顾及更新传播与一致性维护的空间数据模型(Kadri-Dahmani，2001)及基于拓扑一致性维护的时空过程建模(van Oosterom，1997；张丰等，2010)。Kadri-Dahmani(2001)在概念层面为 GIS 更新模型设计提出了解决思路，但具体表达形式及实际的应用仍需要更深入的研究。van Oosterom 等(2002)所提出的数据模型兼顾了拓扑关系维护与时空信息管理，有助于更新信息与历史数据的管理。但是，该模型对于拓扑关系的维护只局限于相邻对象，需要深化对复杂空间关系处理的研究。空间冲突检测与数据完整性维护是空间数据更新的另一个重要问题(Abdelmoty and Jones，1997)。学者提出了空间实体完整性约束表达形式(Kadri-Dahmani et al.，2008)及空间冲突的确认方法(Chen et al.，2007；刘万增和陈军，2007)。Kadri-Dahmani 等(2008)所提出的约束模型有利于保证更新后数据的质量。然而，该模型缺少对属性及规则重要性的明确说明。在对象触犯多条约束规则时，处理的优先度需要更深入的考虑。

目前的研究侧重从变化检测及时空过程建模的角度，探讨更新方法、流程及变化信息的存储方式，对数据一致性维护及空间冲突处理的论述不够充分。因此，本章从增量更新与数据完整性维护的角度出发，提出一种自适应的矢量数据增量更新方法，实现矢量数据变化检测与增量更新、自适应的数据接边及空间冲突的检测与处理等功能，以保证更新后数据的完整性与一致性。

4.1　矢量数据自适应增量更新技术路线

这里的"更新数据"主要是地形图修补测量、竣工测量或市政测量产生的矢量空间数据，可作为增量信息进行更新。在本章中，主要针对同级比例尺的空间数据展开更新研究，其过程如图 4.1 所示。其中，更新数据预处理是指在更新前按照入库标准，对更新数据进行坐标系统、数据结构以及拓扑关系的检查与修正处理，以得到标准的更新数据。增量更新过程中主要利用对象的空间相似性、几何距离与拓扑特征进行变化目标检测（Masuyama，2006；安晓亚等，2011），然后进行添加、删除、几何或属性修改等更新处理。在更新过程中还有可能产生同一地理实体的分割或空间错位，因此需要进行对象的接边处理。更新数据采集或建模的差异有可能产生不合理的空间拓扑关系，有必要进行空间冲突的检测与处理。同时，更新过程还包括历史数据的存储、管理与回溯等功能。

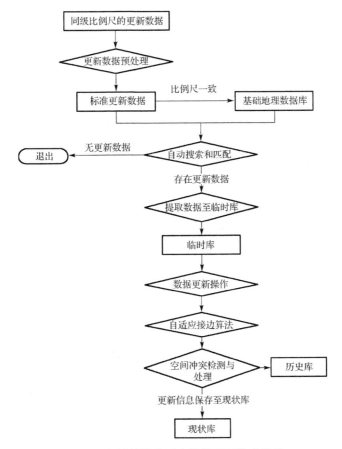

图 4.1　矢量数据自适应增量更新技术路线

4.2　空间对象变化检测与增量更新

本章通过进行新旧数据间的实体匹配处理，检测空间对象的变化信息，再根据变化信息的分类采取不同的更新操作，如图 4.2 所示。

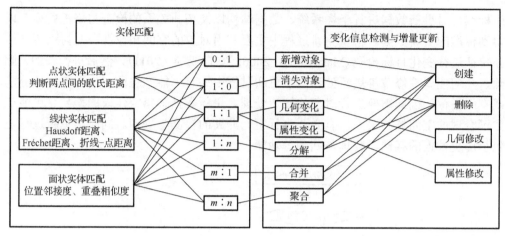

图 4.2　矢量数据变化信息检测与增量更新方法

(1)同名实体的匹配。点状实体的匹配通过比较两者的欧氏距离进行判断。线状实体的匹配可通过计算 Hausdorff 距离、Fréchet 距离或折线-点距离(陈玉敏等,2007)实现。面状实体的匹配可以通过位置邻接度或重叠相似度确定。

(2)更新信息的检测。如果没有原对象与目标对象匹配,则认为目标对象是新增对象;没有目标对象与原对象匹配,认为原对象是消失对象;对于 1:1 的对象匹配需要进一步比较几何形状与属性信息,判断是否发生变化;原对象与目标对象 1:n 的匹配表明原对象的分解,m:1 的匹配则表示原对象的合并;m:n 的对象匹配表示出现了对象的聚合。

(3)面向对象的增量更新方法。对象的更新操作可分为创建、删除、几何修改与属性修改。对于新增或消失的对象可直接使用创建或删除操作;对于发生几何形状或属性变化的对象,则进行几何修改或属性修改。处理对象合并、分解及聚合的情况,均可采用删除原对象,然后创建与之匹配的目标对象进行处理。

4.3　接边匹配度计算与自适应的接边策略

4.3.1　接边匹配度计算

异构数据的增量更新可能会引入时空的不确定性,造成同一地理目标实体的分割及空间错位。因此,需要进行接边操作。接边对象的确定与空间距离、语义相似度及空间关系等因素有关。所采用的接边匹配度计算公式为

$$M(A,B) = d(A,B)\omega_1 + s(A,B)\omega_2 + r(A,B)\omega_3 \tag{4-1}$$

式中,$M(A,B)$ 是对象 A、B 之间的接边匹配度;$d(A,B)$ 是对象 A、B 的距离衡量

指标；$s(A,B)$ 是语义相似度衡量指标；$r(A,B)$ 是对象 A、B 的空间关系，通过实体的缓冲区重叠面积计算进行衡量；ω_1、ω_2 和 ω_3 是权重值，其取值为[0,1]，且权重值之和为 1。

距离邻接度指标 $d(A,B)$ 的值越大，则对象 A、B 的距离越近，其接边可能性也越大。设对象点集分别为 $A\{a_1,a_2,\cdots,a_p\}$ 和 $B\{b_1,b_2,\cdots,b_q\}$，则有

$$d(A,B) = \begin{cases} 0, & \min(|a-b|) \geqslant d_{\text{tolerance}} \\ 1 - \dfrac{\min(|a-b|)}{d_{\text{tolerance}}}, & \min(|a-b|) < d_{\text{tolerance}} \end{cases} \tag{4-2}$$

式中，$|a-b|$ 是点集 A 和 B 的欧氏距离；$\min$ 函数计算点集中最近两点的距离；$d_{\text{tolerance}}$ 是距离阈值，若最近距离大于阈值，说明点集 A、B 之间的距离太远，超出了接边的考虑范围。

$s(A,B)$ 是对象的语义相似度，语义相似度越高，说明两对象越有可能是同一地理实体的分割部分，其接边的可能性更大。根据 Cobb 等提出的对象属性匹配算法 (Cobb et al.，1998)，语义相似度计算公式为

$$s(A,B) = \frac{\sum_{k=1}^{N}[\text{sim}A_k(A,B)\text{ESW}_{A_k}]}{N} \tag{4-3}$$

式中，N 为属性数目；$\text{sim}A_k$ 是第 k 项属性值的相似程度；ESW_{A_k} 为第 k 项属性的权重。属性类型不同，计算语义相似度的方法也有所差异。

对于数值型的属性，语义相似度为

$$\text{sim}(x,y) = 1 - \frac{\|x| - |y\|}{\max(|x|,|y|)} \tag{4-4}$$

式中，x、y 分别是接边对象的数值型属性；$\text{sim}(x,y)$ 是数值型属性的语义相似度。

对于字符型属性的语义相似性计算可分为两种情况：对于定类或定序属性，按照语义排成偏序关系，通过计算次序的差别计算语义相似度；对于语义关联性属性不强的属性，则通过计算字符串之间的编辑距离(由字符串 A 编辑为字符串 B 所需执行的最小编辑操作次数)来判断两者的语义相似性，计算如下

$$\text{sim}(x,y) = \begin{cases} 1 - \dfrac{|\text{order}(x) - \text{order}(y)|}{N}, & \text{定类、定序型字符型属性} \\ 1 - \dfrac{|\text{Edit}(x,y)|}{\max(\text{len}(x),\text{len}(y))}, & \text{无语义关联的字符型属性} \end{cases} \tag{4-5}$$

式中，$\text{order}(x)$ 和 $\text{order}(y)$ 分别是 x 和 y 在属性中的次序编号；分母 N 是属性值个数，对应于分类数或属性值的最大编号。

$r(A,B)$ 反映了 A 和 B 之间的空间匹配度，通过对象的缓冲区重叠面积来表征。

$$r(A,B) = \frac{\text{interset}(\text{buffer}(A), \text{buffer}(B))}{\max(\text{buffer}(A), \text{buffer}(B))} \tag{4-6}$$

式中，buffer(A) 和 buffer(B) 分别是对象 A 和 B 的缓冲区面积；interset 函数计算重叠面积；max 函数用于选择较大的缓冲区面积。

4.3.2　自适应接边的算法

目前的接边方法通过搜索邻近要素以及比较属性来确定接边对象（曹健等，2010；戴相喜等，2008），容错能力不强，难以处理属性不完整的数据。而且判断的因素单一，容易造成匹配错误。传统接边处理直接采用几何合并的方式进行对象合并（曹健等，2010），对数据特征的考虑不够充分，缺乏灵活性。

自适应处理是一种根据数据特征自动调整处理方法、参数或约束条件，以取得最优效果的方法，其在全球地形可视化（赵学胜等，2007）、全球离散格网建模（赵学胜等，2012）、制图表达等 GIS 领域得到了广泛应用。本章的接边方法综合了多项评价指标，能够更客观地反映对象特征，有助于提高准确度与容错能力。该方法的自适应性体现在：系统根据数据的精度特征，自动调整对象位移，选择合适的接边方法，使其与高精度的数据相适应。

（1）进行更新对象周边区域的缓冲区搜索，确定候选接边对象。线对象在首尾节点处创建缓冲区，进行候选对象的搜索。面对象则按一定距离创建缓冲区并搜索相交对象，作为候选接边对象。

（2）进行候选对象的接边匹配度计算，选取匹配度最高的对象进行接边操作。

（3）接边操作需根据对象的几何类型进行相应处理。线对象的优先接边策略是通过比较更新数据与原数据的精度，接边到精度较高的数据。如果数据间的精度相差不大，则可选用平均接边法，如图 4.3 所示。

接边到精度高的原要素　　　　接边到精度高的更新要素　　　　平均接边

图 4.3　线对象优先接边策略

面对象接边策略首先根据数据的精度选择平移的方式，精度低的数据平移至精度高的数据，精度接近的数据则让新旧对象分别平移坐标偏移量的一半。以房屋面对象接边为例进行说明：假设房屋面是具有四个节点的规则矩形，更新后房屋被分为两个独立对象。比较邻近的节点 P_1、P_3 或 P_2、P_4 的坐标，计算出坐标偏移量。由于对象精度相近，所以把节点分别平移坐标偏移量的一半。最后利用 P_1'、P_2'、P_3'、P_4' 四个节点来重画一个多边形，如图 4.4 所示。

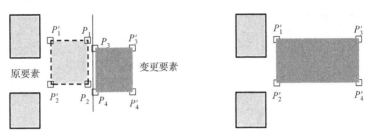

图 4.4　面对象优先接边策略

(4) 属性融合。接边后对象的属性融合有三种方式：一是以原始数据的属性作为接边后对象的属性；二是以更新对象的属性作为接边后对象的属性；三是通过数值计算的方式(如求平均、求和等)获得接边后对象的属性。

4.4　基于约束规则的空间冲突检测与处理

数据更新可能会带来不符合完整性约束的空间关系，不能正确表达现实地理实体的结构特征(Servigne et al.，2000)。因此，更新后需要进行空间冲突的检测与处理(van der Poorten et al.，2002)。空间冲突的检测可以通过定义约束规则来实现。本章以 Kadri-Dahmani 等提出的空间实体完整性约束表达式为基础(Kadri-Dahmani et al.，2008)，修改了约束对象类的表达方法，并添加了属性约束规则与重要性指标。这里的表达约束规则为

$$\text{Spatial Conflict Constrain} = \{\text{ID}, C_1, C_2, \text{TR}, \text{AR}, \text{Bd}, I\} \tag{4-7}$$

式中，ID 是空间冲突约束的序号；C_1、C_2 是受约束的空间对象类；TR 是指拓扑约束规则；AR 是属性约束规则；Bd 是规则执行的空间范围；I 是指该规则的重要性，取值在 0～1。

空间冲突检测是按照空间冲突约束规则，使用顾及语义的拓扑检验方法构建约束条件来进行目标搜索。而空间冲突处理则利用空间编辑功能对冲突对象进行调整。通过反复检验直至消除所有冲突后，方能进行历史库备份与现状库更新，最后完成更新的全过程。

4.5　应用案例分析

为验证所提出方法的有效性，在 Windows 环境下，以 Visual Studio 2008 为开发工具，集成 ArcGIS Engine 开发包研制了更新原型系统。该系统实现了增量更新，

自适应接边以及空间冲突检测等功能。其中，比例尺为 1∶1000 的矢量地形图数据
的更新过程如图 4.5 所示。

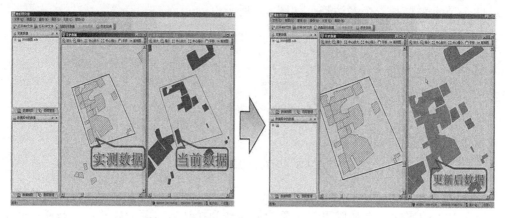

图 4.5　自适应的矢量数据增量更新实验

根据式(4-1)可知，接边匹配度与对象之间的空间距离、语义相似度及空间关系
等因素密切相关。其中，语义相似度的计算取决于对象属性值的整体匹配度。作为
关键字段的"编码"在语义相似度计算中应占较大的比重，如图 4.6 所示，以保证
接边对象的属性一致性。

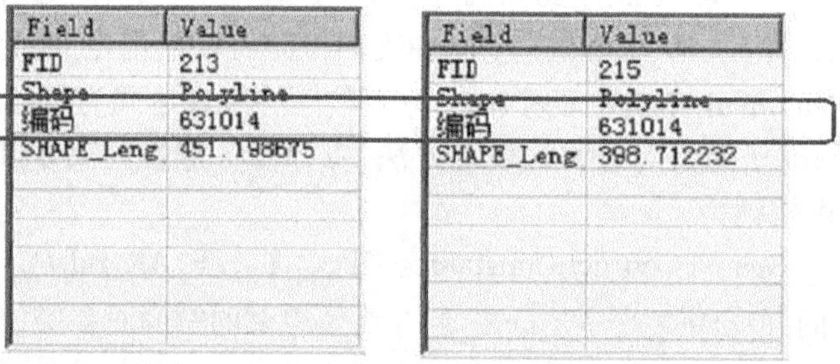

Field	Value		Field	Value
FID	213		FID	215
Shape	Polyline		Shape	Polyline
编码	631014		编码	631014
SHAPE_Leng	451.198675		SHAPE_Leng	398.712232

图 4.6　接边匹配中的语义相似程度评价

接边匹配度参数的设置需要分析更新对象与原始数据：找出需要进行接边的样
例对象 m 对 $\{\{A_1,B_1\},\{A_2,B_2\},\cdots,\{A_m,B_m\}\}$，将它们的接边匹配度 $M(A_i,B_i)$ 设置为 1；
找出不需要接边的样例对象 n 对 $\{\{A_1,B_1\},\{A_2,B_2\},\cdots,\{A_n,B_n\}\}$，将它们的接边匹配度
设置为 0；计算对象 A_i、B_i 的距离邻近度 $d(A_i,B_i)$、语义相似度 $s(A_i,B_i)$ 和空间匹配
度 $r(A_i,B_i)$，然后计算各分指标与接边匹配度的相关系数 r_i，并将归一化后的相关系
数作为接边匹配度的权重参数。

接边匹配度的阈值也会影响接边的准确度与查全率，这里采用了多组接边匹配
度阈值进行实验，如图 4.7 所示。结果表明，随着匹配度阈值的提高，匹配的要求

也就越严格，查准率也相应地得到提高，并在匹配度阈值为 0.96 时达到峰值。然而，过高的匹配度阈值也会导致查全率的降低，查全率在匹配度阈值为 0.95 时达到峰值，之后逐渐降低。

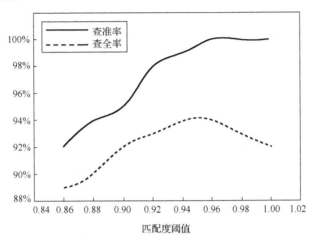

图 4.7　接边匹配度阈值对接边结果的影响

根据上述参数确定的方法，对接边匹配度的计算参数设定如下：距离指标的权重设为 0.6，语义相似度指标的权重设为 0.2，空间关系指标的权重设为 0.2，匹配度的阈值设为 0.95。把不同的更新样本导入程序进行计算，自适应接边运算的结果如表 4.1 所示。

表 4.1　自适应接边方法的实验结果

更新对象个数	运算时间/s	运算速度/(个/s)	接边查准率/%	接边查全率/%
50	1.46	34.2	100	96
80	2.38	33.6	100	96.25
120	3.40	35.3	97.5	94.17
150	4.65	32.2	96.7	94.6
1548	55.48	27.9	95.42	93.71
3262	140.6	23.2	96.3	93.26

实验结果表明，自适应接边匹配度与接边算法在运算过程中可以保持健壮性，运算速度保持稳定。综合考虑了几何与语义条件的接边匹配算法具有较高的查准率和查全率，能够实现自适应的接边处理。

同时，按照本章定义的空间冲突检测规则，在更新过程中，检测到了如表 4.2 所示的空间冲突结果。

表4.2　基于约束规则的空间冲突检查实验

空间冲突描述	图层更新	参照图层	拓扑关系	属性约束	更新对象数	冲突数量
水系不能与居民地相交	水系	居民地	must not interset	all features	163	3
植被不能与居民地重叠	植被	居民地	must not overlay	all features	152	6
等高线不能自相交	等高线	/	must not self interset	all features	68	2
给水管线必须与给水管点相接	管线	管点	end point must be covered by	type1="给水管线" type2="给水管点"	126	5

实验结果表明,在增量更新过程中产生了空间冲突现象,导致地理实体的空间关系跟地理现实不符,需要对冲突对象进行检测与处理。本章所采用的基于约束规则的空间冲突检测方法能有效地查找出冲突对象,并通过自动化的空间冲突处理与人工再确认,确保了更新后数据库的空间一致性。

总体而言,本章提出的自适应矢量数据增量更新方法计算效率高、算法稳定,能较好地维护空间数据的一致性与完整性,有效减少了数据更新中的人为操作,具有实际的应用价值。

4.6　本 章 小 结

本章以一致性维护与空间冲突处理为切入点,提出了一种自适应的矢量数据增量更新方法。实验结果表明该方法可应用到基础地理数据库及规划管理数据库的更新与维护中。广州市增城区基于所提出的方法,在 2008 年～2011 年将区域内 742 宗建设用地竣工测量数据作为增量信息进行入库更新,减少了大量人工操作。

(1)自适应对象接边算法综合考虑了对象间的空间距离、语义相似度及拓扑一致性,对几何及语义联系最紧密的对象进行自适应的接边处理,可用于解决矢量数据更新中的数据完整性维护问题。

(2)基于约束规则的空间冲突检测与处理方法,有助于修正与现实地理实体不符的空间关系,维护更新后空间数据库的拓扑一致性。该方法设计合理、计算效率高,有利于更新过程中数据质量的控制。

本章提出的自适应增量更新方法是针对同级比例尺的数据进行处理。如果更新数据与基础地理数据的比例尺不同,需要依据相应的数据规范,对更新数据进行制图综合处理。此外,还需要结合多尺度对象匹配的技术进行变化检测,确定更新的对象与范围,以执行跨尺度的联动更新处理。为更好地提高更新效率与自动化程度,自适应的矢量数据更新方法还应朝着智能化与网络化的方向发展。因此,进一步的研究工作包括:①以更新信息的跨尺度传递为切入点,结合制图综合模型与算法,探讨多尺度空间数据联动更新算法；②应用人工智能与数据挖掘技术，确定接边匹配度模型中的权重参数，并实现空间冲突约束规则的自动提取，提高算法的智能化水平；③搭建空间数据动态更新的网络服务框架，实现自适应的矢量数据在线动态更新。

参 考 文 献

安晓亚, 孙群, 肖强, 等. 2011. 一种形状多级描述方法及在多尺度空间数据几何相似性度量中的应用. 测绘学报, 40(4): 495-501.

曹健, 李国忠, 徐效波, 等. 2010. 基于 ArcGIS Engine 的多幅数字地形图接边算法研究. 测绘与空间地理信息, 33(2): 85-87.

陈军, 林艳, 刘万增, 等. 2012. 面向更新的空间目标快照差分类与形式化描述. 测绘学报, 41(1): 108-114.

陈军, 周晓光. 2008. 基于拓扑联动的增量更新方法研究——以地籍数据库为例. 测绘学报, 37(3): 322-329.

陈玉敏, 龚健雅, 史文中. 2007. 多尺度道路网的距离匹配算法研究. 测绘学报, 36(1): 84-90.

戴相喜, 周卫, 高磊. 2008. DLG 数据任意范围接边算法及实现. 测绘通报, (7): 32-35.

林艳, 刘万增, 王育红. 2011. 一种基于更新过程的空间变化信息描述方法. 地理与地理信息科学, 27(4): 24-27.

刘万增, 陈军. 2007. 循环经济 GIS 数据库空间冲突的确认方法研究. 地球信息科学学报, 9(1): 78-83.

张丰, 刘南, 刘仁义, 等. 2010. 面向对象的地籍时空过程表达与数据更新模型研究. 测绘学报, 39(3): 303-309.

赵学胜, 白建军, 王志鹏. 2007. 基于 QTM 的全球地形自适应可视化模型. 测绘学报, 36(3): 316-320.

赵学胜, 王磊, 王洪彬, 等. 2012. 全球离散格网的建模方法及基本问题. 地理与地理信息科学, 28(1): 29-34.

Abdelmoty A I, Jones C B. 1997. Towards maintaining consistency of spatial databases//Proceedings of the 6th International Conference on Information and Knowledge Management, Las Vegas.

Briat M O, Monnot J L, Kressmann T. 2005. Incremental update of cartographic data in a versioned environment//The 22nd ICA Conference Proceedings, A Coruña.

Chen J, Liu W, Li Z, et al. 2007. Detection of spatial conflicts between rivers and contours in digital map updating. International Journal of Geographical Information Science, 21(10): 1093-1114.

Cobb M A, Chung M J, Foley III H, et al. 1998. A rule-based approach for the conflation of attributed vector data. GeoInformatica, 2(1): 7-35.

Cooper A K, Peled A. 2001. Incremental updating and versioning//The 20th International Cartographic Conference, Beijing.

Deng M, Li Z, Chen X. 2007. Extended Hausdorff distance for spatial objects in GIS. International Journal of Geographical Information Science, 21(4): 459-475.

Fan Y T, Yang J Y, Zhang C, et al. 2010. An event-based change detection method of cadastral database incremental updating. Mathematical and Computer Modelling, 51(11-12): 1343-1350.

Hardy P, Woodsford P. 2000. Incremental updating using the gothic versioned object database with the hydrographic S57 ENC and SOTF spatial object transfer formats//ICA/ISPRS Workshop on Incremental Updating and Versioning of Spatial Databases, Amsterdam.

Kadri-Dahmani H. 2001. Updating data in GIS: towards a more generic approach//Proceedings of 20th International Cartographic Conference, Beijing.

Kadri-Dahmani H, Bertelle C, Duchamp G H E, et al. 2008. Emergent property of consistent updated geographical database. International Journal of Modelling, Identification and Control, 3(1): 58-68.

Masuyama A. 2006. Methods for detecting apparent differences between spatial tessellations at different time points. International Journal of Geographical Information Science, 20(6): 633-648.

Servigne S, Ubeda T, Puricelli A, et al. 2000. A methodology for spatial consistency improvement of geographic databases. GeoInformatica, 4(1): 7-34.

van der Poorten P M, Zhou S, Jones C B. 2002. Topologically-consistent map generalisation procedures and multi-scale spatial databases//International Conference on Geographic Information Science, Berlin.

van Oosterom P. 1997. Maintaining consistent topology including historical data in a large spatial database//Proceedings of ACSM/ASPRS of Autocarto, Seattle.

第5章 单要素多尺度地理实体匹配

在多尺度空间数据联动更新中，需要建立同一地物在不同尺度下各表达方式的关联。实体匹配作为空间数据更新中的关键技术之一(张桥平等，2004)，是变化检测、级联关系构建的基础。实体匹配的目的在于识别不同数据库中的同名实体。1988年，第一个地理空间实体匹配处理方法被提出，并应用于美国地质测量局的地图数据与人口调查局地图数据的合并。经过近三十年的发展，地理空间实体的匹配在理论方法与技术应用上取得了长足的进步。地理空间实体的匹配研究成果可分为匹配策略的研究及几何、位置、属性等特征相似性测度方法的研究。目前，比例尺、采集时间、生产标准的不一致造成了同名实体之间特征的巨大差异，给匹配工作带来了极大的困难。特别是比例尺差异对实体匹配工作带来的影响巨大，不同比例尺的空间数据面向不同的应用需求，在数据生产与加工过程中，尺度差异导致了空间实体几何特征、空间关系、属性信息表达上的不同。目前，由于受到"多尺度特征表达差异度量"和"多尺度匹配策略"等瓶颈的约束，多尺度实体自动化匹配方法远未达到人们所期望的程度(许俊奎和武芳，2013)，尤其在不同数据条件下的匹配，难以实现参数自适应调整，需要进行过多的人工干预。

5.1 多尺度地理空间实体特征分析

同一地物在不同尺度制约之下的表达方式，如几何类型、精细程度、属性结构等方面都有差异。为更好地描述地物的特征，欧盟资助的"Murmur Project"(Multiple Representation and Multiple Resolutions in Geographical Database Project)从结构、空间、时间与尺度等四个层面定义数据模型，并用于数据维护与组织(Parent et al.，2006)。Bobzien 等(2008)等讨论了空间数据之间的横向联系(同一尺度内)、纵向联系(多个尺度之间)以及时间联系(由更新推动)，并以此为基础设计多尺度空间数据库模型。本章以多尺度居民地及道路为研究对象，探讨多尺度空间数据特征表达差异性。

在地理学中，尺度的概念有两种含义：一是范围，指研究区域的大小；二是比例尺或分辨率。此外，尺度还可以时间或空间为单位，本章中多尺度是空间上的多种比例尺尺度。不同比例尺地图的设计是为了更好地描述地物的空间信息，大比例尺地图对地物细节描述得更具体，有利于观测地物的微观信息；而小比例尺地图对地物的整体描述更好，更利于观测地物的宏观信息。随着空间尺度的变化，同一地理要素在表达上会存在一定的差异。

5.1.1　居民地特征差异

1. 维数差异

维数在地球空间科学和物理学中指的是独立时空坐标的数目。其中，0 维表示点，1 维表示线，2 维表示面。地图中的实体会随着比例尺变化，表达方式产生维数上的差异。如图 5.1 所示，在大中比例尺地图上，居民地以 2 维面的形式表现，在小比例尺上以 0 维点的形式表现。

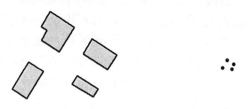

1∶5000比例尺居民地　　　　　　　1∶250000比例尺居民地

图 5.1　不同比例尺居民地表达的维数差异

2. 几何差异

制图综合的形状化简操作是为了舍弃实体形态中不重要的部分，保留重要的特征。形状化简会给面状实体带来形状、面积上的变化。面状居民地化简操作可分为删除凸基元与填充凹基元，其中删除凸基元会使居民地面积减小，而填充凹基元会使居民地的面积增大，如图 5.2 所示。

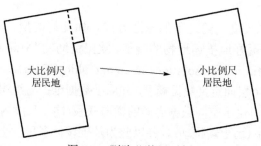

大比例尺　　　　　　　　　　　小比例尺
居民地　　　　　　　　　　　　居民地

图 5.2　删除凸基元示例

3. 拓扑关系差异

面状居民地之间常见的拓扑关系为相接、相离两种，为更好地描述居民地的拓扑差异，结合制图综合规则，研究人员将合并的面实体之间的拓扑关系定义为相交（许俊奎和武芳，2013）。在制图综合合并算子的影响下，面状居民地之间的拓扑关系由相离与相接变化为相交。

用 9-交模型来描述面-面相离、相接、相交关系分别为 $T_{\text{disjoint}} = \begin{pmatrix} 0\,0\,1 \\ 0\,0\,1 \\ 1\,1\,1 \end{pmatrix}$、$T_{\text{meet}} = \begin{pmatrix} 0\,0\,1 \\ 0\,1\,1 \\ 1\,1\,1 \end{pmatrix}$、

$T_{\text{overlap}} = \begin{pmatrix} 1\,1\,1 \\ 1\,1\,1 \\ 1\,1\,1 \end{pmatrix}$，可用式（5-1）来度量，求得两个大比例尺相接居民地与合并后的同名

小比例尺居民地的拓扑距离为 3，两个大比例尺相离居民地与合并后的同名小比例尺居民地的拓扑距离为 4。

$$T_{AB} = \sum_{i=0}^{2}\sum_{i=0}^{2}\left|T_A[i,j] - T_B[i,j]\right| \tag{5-1}$$

制图综合还会造成居民地与其他类型实体的拓扑关系变化，如图 5.3 所示，大比例尺地图中的居民地与管线在二维平面上的拓扑关系为相离，而在小比例尺地图上由于两个居民地合并成一个要素，管线与居民地的拓扑关系变为相交。

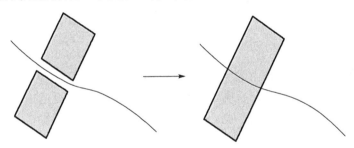

图 5.3　管线与居民地拓扑关系变化示例

4. 方向关系变化

方向关系是通过数学模型来描述一个目标物体相对于另一个参考物体的方向。通过经典的方向关系矩阵模型来定性地描述居民地综合前后的方向关系变化情况，如图 5.4 所示，在大比例尺地图中，居民地 b_1 与 a 的方向关系符号表示为 $r(a,b_1) = \{W_a, NW_a\}$，居民地 b_2 与 a 的方向关系符号表示为 $r(a,b_2) = \{N_a, NW_a\}$，在小比例尺地图中，b_1 与 b_2 采用凸包合并生成了实体 b_3，b_3 与 a 的方向关系符号表示为 $r(a,b_3) = \{W_a, NW_a, N_a, NW_a, O_a\}$。

5. 属性信息变化

不同比例尺的居民地属性信息在字段结构、字段内容描述上存在差异。详细比例尺居民地属性中会包含对居民地细节的描述信息，如在国标《1：500、1：1000、1：2000 基础地理信息要素数据字典》中包含"建筑结构"和"高度"等信息。粗

略比例尺居民地属性中只会包含描述居民地总体特征的信息，如在国标《1:10000基础地理信息要素数据字典》只要求包含"名称"和"类型"等信息。在描述居民地类型字段中，小比例尺中居民地的类型与大比例尺居民地的类型一般成"父-子"概念关系。

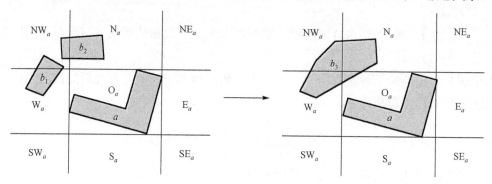

图 5.4　方向关系随尺度变化示例

5.1.2　道路特征差异

1. 数量差异

选取是进行道路网综合中的主要操作(张朋东等，2011)，其主要操作是在小比例尺地图上保留重要的道路，舍弃等级低、连通性不高的次要的道路，由此会导致不同比例尺地图中道路数量的不同。如图 5.5 所示，经过制图综合，大比例尺道路数据中的次要道路 a、b 被舍弃。

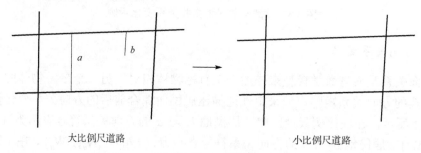

图 5.5　不同比例尺下道路的数量差异

2. 几何差异

道路化简是在保留道路重要几何特征的基础上舍弃一些不重要的弯曲，但会导致道路综合前后几何特征的变化。如图 5.6 所示，黑色实线为大比例尺道路，灰色实线为经过化简后的小比例尺道路，两条道路在形态、长度上存在差异。一般来说，道路经过化简后，长度会比原来缩短。

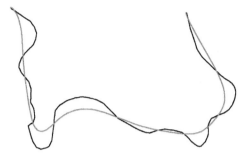

图 5.6　道路化简示例

5.1.3　道路引起的居民地特征变化

　　道路与居民地作为强关联的要素类型，由于道路在制图操作中的优先级要高于居民地，所以道路综合常常会引起居民地特征的变化。如图 5.7(a) 所示，小比例尺地图中，化简后的道路与居民地相交，违反了制图规则，产生了空间冲突；为避免该冲突，对小比例尺地图中的居民地进行位移，从而改变了居民地的位置。如图 5.7(b) 所示，大比例尺地图中，某居民地位于道路的左侧，在小比例尺地图中由于道路化简舍弃了弯曲，导致居民地处于道路的右侧，为避免地图表达与实际地物的不一致，需要将居民地位移到道路的左侧。

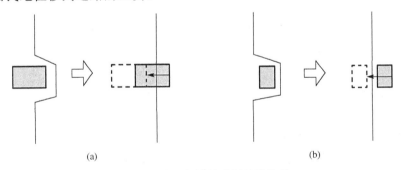

(a) (b)

图 5.7　道路化简导致居民地位移

　　地图制图中，由于符号化后道路的表达会占据更多空间，在小比例尺地图中较窄的道路难以容纳道路符号，会造成道路与附近居民地拓扑关系的变化或是影响地图的可读性，为保持图形在整体上清晰可辨，需要对道路与居民地进行协调处理，该处理操作可能会造成居民地位置、几何上的变化。如图 5.8 所示，(a)、(b) 采用单个居民地位移来避免道路符号化后压盖居民地；(c) 为避免位移操作带来新的冲突，对整个街区内居民地的位置都做了相应的改变；(d) 对居民地进行收缩来解决冲突问题。

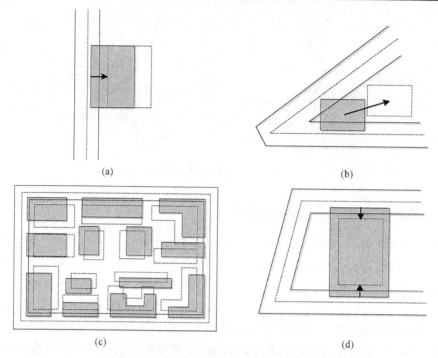

图 5.8　道路与居民地关系协调处理

5.1.4　造成空间实体表达差异的其他因素

1. 生产方式

地理空间数据的生产方式多种多样，不同数据生产方式会造成地物在地图上表达的差异，下面以地形图为例来介绍各种生产方式。

(1)外业实地测量。通过外业工作人员实地采集，获取控制点和地形点的坐标，然后经过内业加工成图，这是大比例尺空间数据最常用的生产方法。

(2)摄影测量及正射影像提取。通过航空摄影测量、卫星遥感图像(姜大伟等，2016)、LiDAR 点云(Kabolizade et al.，2010)等方式获取数据，然后采用多种技术方法通过人工或计算机自动处理等方式从中提取矢量数据。这类方法能够快速获取地物变化信息，且能够应用于不利于外业实地测量的区域；但该类方法会由于拍摄角度、高度等因素影响大比例尺地图的精度。

(3)地形图缩编法。将现势性强的大比例尺地图缩编生成小比例尺地图，这是小比例尺地形图生产与更新常用的方法(朱蕊，2012)。目前，地图的缩编工作量大，多需要人工参与完成，制图人员在进行制图综合及冲突处理上常常会结合自己的经验，会受到一定的主观因素影响并造成地图表达上的一些变化。

2. 数据用途

地理空间数据按用途可分为基础地理信息数据、规划空间数据、交通地理信息数据、地籍数据和土地利用数据等。各类数据对地物描述的侧重点不同，如同为道路网数据，基础地理信息数据中的位置精度及几何精度较高但属性信息较少，而交通部门的道路网数据具有比较丰富的属性信息，两类数据在表达上具有较大的差异。

3. 数据模型

不同来源、不同用途的空间数据有可能基于不同的商业 GIS 软件生产与维护，而不同的商业软件采用不同的数据模型对同一地物进行描述。目前主流的 GIS 商业软件 ArcGIS、MapInfo、MapGIS、SuperMap 等都采用了不同的数据存储模型，在数据的融合利用中常常需要对不同格式的 GIS 数据进行转换，转换工作会影响数据的完整性与精确性，造成数据表达上的差异。

4. 空间数据误差

误差产生于空间数据的采集、处理、更新的每一个环节，它是空间数据表达差异的一个重要因素。按照相互误差范围计算方法（Zandbergen，2008），设有两份数据中的同名点 A 和 B，e_A、e_B 分别表示 A 和 B 的位置误差，则 A、B 两点的相互误差范围大小为

$$e_{AB} = \sqrt{e_A^2 + e_B^2} \tag{5-2}$$

空间数据误差包含数据源误差和数据加工处理产生的误差。数据源误差是数据在采集过程中由环境影响、人为误差、仪器设备误差、纸质地图数字化误差等因素造成的。而数据处理误差是在数据坐标投影转换、人工参与的地图要素编辑过程中产生的误差。

5. 地物本身变化

在地物的生命周期内，会发生状态的改变。城乡建设的快速发展，居民地与道路是变化比较频繁的地物类型，如居民地的新增、扩张、缩小、聚合、分裂、消失，道路的新建、扩建、延伸、废弃。不同的数据采集时刻，地物的空间特征及属性特征可能存在差异。

5.2　单要素匹配方法的设计

线状道路和面状居民地是典型的地理空间单要素，城市建筑物和道路数据具有多来源、多尺度、变化快等特点。在地图中，大比例尺居民地一般以面状要素的形式表达，不同空间尺度下道路网及居民地存在表达差异，给数据集成与更新带来了

很大的挑战。本章以道路和居民地为例，在现有常规匹配方法的基础上，提出一种基于动态权重模型的多尺度道路网匹配方法和一种基于相关向量机（Relevance Vector Machine，RVM）与主动学习的多尺度面状居民地匹配方法。本章将详解多尺度单要素的匹配关系及存在的问题，并设计匹配方法与实现流程。

5.2.1　基于动态权重模型的多尺度道路匹配

关于道路网融合与更新的关键技术——道路匹配，学者们主要从相似性度量及匹配策略两方面开展研究。在相似性度量方面，主要通过研究道路的几何、拓扑、语义等特征测度来描述道路实体的相似性。在匹配策略方面，主要通过特征权重、概率理论、松弛算法、优化算法等策略来得到匹配结果。目前大多数道路网匹配方法没有考虑多尺度特性，且所采用的匹配策略人工干预过多，实现过于复杂。本章在总结现有常规匹配方法的基础上，针对道路匹配策略中特征权重难以确定的问题，提出了一种基于动态权重模型的多尺度道路网匹配方法，并详细介绍了该方法的技术流程。

1.　多尺度道路匹配关系

线状道路由于比例尺、生产单位、用途等方面的不同，造成空间表达上的差异，其匹配关系包含以下几种。

（1）1∶1 关系，大比例尺地图中的道路在小比例尺地图中存在一一对应关系，如图 5.9（a）所示。

（2）$m\colon1$ 关系，大比例尺地图中的多条道路与小比例尺地图中的一条道路匹配，如图 5.9（b）所示。此关系产生的原因是大比例尺地图中的多条道路在小比例尺地图中被合并成一条道路。

（3）$m\colon n(m>n)$ 关系，大比例尺地图中的多条道路与小比例尺地图中的多条道路匹配，如图 5.9（c）所示。此关系产生的原因是大比例尺地图中的多条道路在小比例尺地图中被综合表达成多条道路。

（4）1∶0 关系，大比例尺地图中的道路在小比例尺地图中找不到对应匹配，如图 5.9（d）所示。此关系产生的原因有：制图综合操作将大比例尺中的次要道路舍弃；大比例尺地图的现势较强，新增了道路；小比例尺地图现势性较强，道路被完全毁坏。

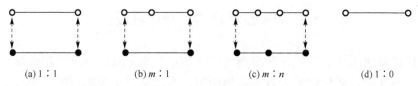

(a) 1∶1　　　　　(b) $m\colon1$　　　　　(c) $m\colon n$　　　　　(d) 1∶0

图 5.9　多尺度道路匹配关系类型

2. 道路网匹配中存在的问题

缓冲区重叠法是线状要素匹配最简单的方法之一，分别对两条线对象生成缓冲区，通过计算两个缓冲区的面积重叠比率来确定匹配对象，但该方法受缓冲区半径值的影响很大，很难适用于误差较大或不同比例尺道路网的匹配。

已有的道路匹配策略中，特征加权组合的权重确定依赖于经验值，难以适应不同的数据场景；概率理论方法避免了阈值的精确选取，但其计算量大；概率松弛方法有利于全局寻优匹配，但算法结构过于复杂(付仲良等，2016)，且难以应付尺度差异较大情况下的道路匹配。采用智能优化算法(巩现勇等，2014)能够减少人工干预，但会出现匹配结果不稳定的情况。

基于道路整体特征，研究人员提出了基于 stroke 的匹配方法(Zhang and Meng，2008)，但是 stroke 的生成所依靠的一个重要特征是道路类型，不适用缺少属性信息情况下的匹配，且比例尺及来源不同的道路网生成的 stroke 不能保证完全一致，因此该方法难以适用于多尺度道路网的匹配。

综上所述，目前的道路匹配技术存在一些问题：一些同尺度下的道路匹配策略难以适应多尺度道路网匹配的需要；特征权重的设定难以适应不同的匹配场景。上述问题是本章需重点要解决的问题。

3. 特征权重自适应的多尺度道路匹配方法

1) 数据预处理

在道路网匹配工作开始前，需要对数据进行预处理，内容包括数据格式转换、坐标系的统一、线状道路实体表达的规范化。由于数据的多源性，存在线状道路表达规范不一致的问题，需按照以下规范对道路进行规范化处理。

双线道路检测与处理：根据制图规范，较大比例尺地图中较高等级的道路采用双线表示，而在较小比例尺地图中道路实体采用单线表示。为便于道路网的匹配，需要将地图中的双线道路进行识别，并转化为单线道路。在缺少属性信息的情况下，双线道路的识别只能依靠实体的位置及几何信息。识别方法通过单个线要素来搜索与其对应的双线道路，对地图中的线要素逐个生成缓冲区，落入缓冲区的线对象与源要素组成潜在的双线对，然后进行进一步识别。

分别将潜在双线组合的两个线要素转换为两个有序点集，采用的方法如图 5.10 所示，在线要素中插入 $m-2$ 个节点，将其等分成 $m-1$ 份，与首尾节点组成两组各包含 m 个对象的点集 U、V，$U=\{u_1,u_2,\cdots,u_m\}$，$V=\{v_1,v_2,\cdots,v_m\}$。采用式(5-2)分别计算两个线对象上节点之间的距离

$$d_i = \mathrm{ED}(u_i - v_i) \qquad (5\text{-}3)$$

式中，ED 为欧氏距离，$i=\{1,2,\cdots,m\}$。

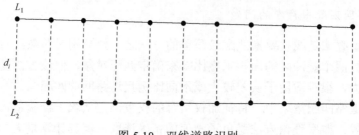

图 5.10　双线道路识别

当两个线要素完全符合以下两个条件，确定它们为一组双线道路。

(1) $\forall d_i < \varphi$，任意 d_i 的距离值小于阈值 φ，φ 由地图中可能出现道路的最大宽度来确定。

(2) 两条线要素保持相离拓扑关系，不存在相交、相接。

双线道路生成单线道路的方法是，将组成道路的两条线对象上的有序点集 $U = \{u_1, u_2, \cdots, u_m\}$，$V = \{v_1, v_2, \cdots, v_m\}$ 依次按式 (5-4) 计算得到有序点集 $C = \{c_1, c_2, \cdots, c_m\}$，将点集 C 按次序连接构成线对象，再运用分组 D-P 算法进行平滑化处理，生成结果如图 5.11 所示。

$$\begin{cases} x_c = \dfrac{x_u + x_v}{2} \\[2mm] y_c = \dfrac{y_u + y_v}{2} \end{cases} \tag{5-4}$$

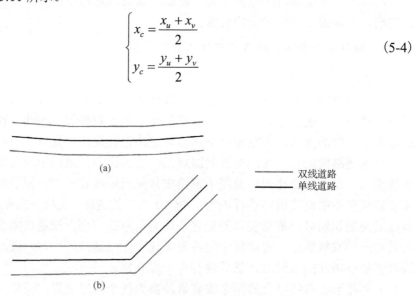

图 5.11　根据双线道路提取单线道路

双线道路提取出单线道路后可能会出现拓扑错误，需要进行拓扑一致性处理，如图 5.12 所示，图 5.12 (a) 是分叉路口经过单线道路提取后出现的道路相离关系，修正方法将道路 L_2 延长至与 L_1 拓扑相接，如图 5.12 (b) 所示；图 5.12 (c) 是十字路口经过单线道路提取出现道路相离关系，修正方法是计算四条路段中位置临近的四个端点的坐标平均值得到道路交叉的中心点,再分别将每个路段延长至交叉中心点,如图 5.12(d)所示。

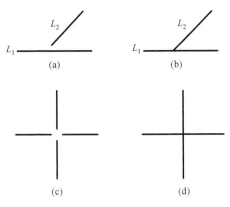

图 5.12　道路拓扑关系修正

路段处理:道路标准化处理有利于匹配工作的进行,将道路网以标准路段的形式表达,将道路的交叉路口或道路的端点定义为节点,与节点相接的路段数量定义为节点度,标准路段遵循以下规范:①节点的度可以为 1,或是大于 2 的任意值。不存在度为 2 的节点。一个路段只能连接两个相邻节点。②一个路段不能穿越交叉路口。

具体操作如图 5.13 所示,图 5.13(a)中,线要素 a、b 的交点度为 2,违反不存在度为 2 的节点这一规定,将线要素 a、b 合并用路段 c 表示;图 5.13(b)中,线要素 e 经过与 d 相交的交叉路口,应在交点处将 e 截断,形成 f、g 两个路段来表示。

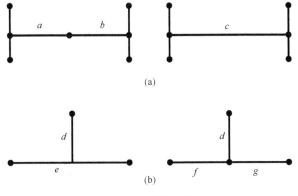

图 5.13　路段处理

在进行数据预处理后,道路在表达上会发生相应的变化,需要运用关系数据表来存储处理前后道路的关联关系,以便于最后的匹配关系确定。关系表结构如表 5.1 所示。

表 5.1　道路预处理前后实体关系表

字段	字段类型	描述
ReID	整型	关系标识
BeforeID	字符型	预处理之前的要素 ID
AfterID	字符型	预处理之后的要素 ID
operate	字符型	操作类型，"合并"或"分解"

2) 候选匹配对象的确定

候选匹配对象是存在匹配可能的空间实体，确定候选匹配对象有利于下一步通过相似度来确定最终的匹配对象。候选匹配对象获取常用的方法有缓冲区重叠法、外包矩形法 (安晓亚等，2012)，根据线状道路的特征，采用缓冲区重叠法获取候选匹配道路。以小比例尺中的路段生成缓冲区，缓冲区类型采用末端平整型。落入缓冲区内的大比例尺对象归为潜在匹配对象；为识别多对多的匹配关系，需进行正反双向搜索 (罗国玮等，2014)。缓冲区的半径选择会影响到下一步的精确匹配工作，如缓冲区半径设置过小，会漏掉存在匹配关系的对象，而半径设置过大，则将过多的对象列入候选匹配对象，从而给匹配关系的精确识别带来很大的计算量，影响匹配工作的效率。缓冲区搜索半径的具体数值由两份道路网数据的比例尺及位置精度来确定，因为匹配精度的重要性远比匹配计算所花时间重要，所以搜索半径可适当加大。因为两份数据比例尺差异，存在较多的非一对一匹配关系，所以由生成缓冲区搜索到的对象需要进一步筛选，并将源要素与潜在匹配要素的非一对一的关系通过要素合并转化为一对一的关系，具体处理办法如下。

(1) 如目标数据中路段 L 的部分弧段落入源数据生成的缓冲区 P，截取 L 落入 P 内部的部分 L'，如 $\text{Length}(L') / \text{Length}(L) < \varepsilon$，则将路段 L 从候选匹配对象中排除，ε 为设定的阈值，这里取 0.3。

(2) 如源要素与候选要素的角度差异较大，$|\beta_1 - \beta_2| > \varphi$，则排除该潜在匹配要素，其中，$\beta_1$、$\beta_2$ 分别为源要素与目标要素与 x 轴所成的夹角，通过路段的两个端点所连直线的斜率来求取，φ 为角度阈值，这里取 45°。

(3) 将候选要素中存在拓扑相接关系的对象进行合并，形成单个线状要素以利于特征相似度的计算。

如图 5.14 所示，大比例尺路段 $A'C'$、$C'D'$、$D'B'$、$A'I'$、$A'J'$、$A'K'$、$C'G'$、$D'H'$、$E'F'$ 落入小比例尺路段 AB 生成的缓冲区中，经过上述条件的筛选与合并，路段 AB 的候选对象有两条：$A'C'D'B'$、$E'F'$。

3) 道路特征相似性描述

由于很难保证两份道路数据中属性信息的完整性，这里所介绍的方法不依赖属

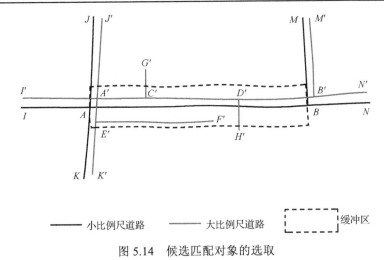

图 5.14　候选匹配对象的选取

性信息，主要通过空间特征来进行道路网相似性的度量。下面介绍距离、形状、节点三个道路特征描述方法。

道路距离描述：相比 Hausdorff 距离，中值 Hausdorff 距离更能表达两条道路之间的距离分布。较短中值 Hausdorff (Tong et al.，2014) 能够反映长度相差较大的线状实体的距离，但是一般来说长度相差较大的两条道路不具备匹配关系，因此，采用中值 Hausdorff 距离来描述道路间的位置关系。

将两条弧段表达为两个点集 P、Q，$P = \{P_1, P_2, \cdots, P_m\}$，$Q = \{Q_1, Q_2, \cdots, Q_m\}$。弧段间的 Hausdorff 距离为

$$\mathrm{HD}(P,Q) = \max(h(P,Q), h(Q,P)) \tag{5-5}$$

式中，$h(P,Q)$ 与 $h(Q,P)$ 分别表示点集 P 到点集 Q 的距离、点集 Q 到点集 P 的距离，计算公式分别为

$$h(P,Q) = \operatorname*{med}_{P_a \in P} \{\min_{Q_b \in Q} (\mathrm{ED}(P_a, Q_b))\} \tag{5-6}$$

$$h(Q,P) = \operatorname*{med}_{Q_b \in Q} \{\min_{P_a \in P} (\mathrm{ED}(Q_b, P_a))\} \tag{5-7}$$

式中，med 表示取距离的中值，min 取距离的最小值，ED 表示两点之间的欧氏距离。

为方便相似度的比较，需要采用式 (5-8) 将距离描述值的范围限制在 0～1。

$$\begin{cases} \mathrm{Sim}_{\mathrm{dis}} = \mathrm{HD}(P,Q) / D_{\max}, & \mathrm{HD}(\mathrm{HD}(P,Q)) < D_{\max} \\ \mathrm{Sim}_{\mathrm{dis}} = 0, & \mathrm{HD}(\mathrm{HD}(P,Q)) > D_{\max} \end{cases} \tag{5-8}$$

式中，$D_{\max}$ 根据两份数据之间的比例尺、数据精度来综合确定。

道路形状描述：利用曲线在首尾端点连线上的投影高度，设计了一种新的道路形状差异描述方法。其方法是首先将道路首尾端点用直线段连接形成线段 L，再将

线状道路转化为点集 $P = \{p_1, p_2, \cdots, p_n\}$ 表示，如图 5.15 所示，分别做 P 中所有点到 L 的垂线，并计算垂线的长度作为折线在 P_i 点的高 h_i，若垂足在 L 的延长线上，则将 L 延长至所有的垂足。将 L 等分为 m 份，形成线段集 $S = \{s_1, s_2, \cdots, s_m\}$；逐一计算垂足落入线段 s 中的 h_i 的平均值 H，式 (5-9) 中 k 为垂足落入 s_i 中的点数量。

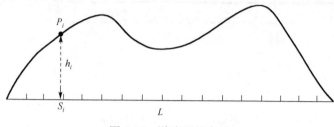

图 5.15　道路形状度量

$$H = \frac{\sum_{i=1}^{i=k} h_i}{k} \tag{5-9}$$

式中，为更好地识别道路弯曲方向，h_i 的值区分正负方向，用式 (5-10) 进行判断，设 A、B 点分别为道路的起始点与终点，P 点为道路上的点，如 LR>0，P 位于向量 AB 前进方向的左侧（如图 5.16(a) 所示），h_i 取正值，如 LR<0，P 位于向量 AB 前进方向的右侧（如图 5.16(b) 所示），h_i 取负值。

$$LR = (X_A - X_P)(Y_B - Y_P) - (Y_A - Y_P)(X_B - X_P) \tag{5-10}$$

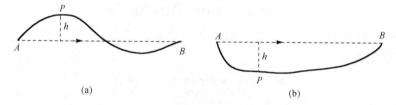

图 5.16　道路弯曲方向识别

通过道路起点与终点的缓冲区搜索确定候选匹配对象的对应端点，按式 (5-11) 从起点到终点的顺序依次计算 H_i 的差值，该差值的平均值为描述两条道路的形状差异。

$$S_{\text{shape}} = \frac{\sum_{i=1}^{i=m} |H_i - H_i'|}{m} \tag{5-11}$$

道路节点描述：交叉路口的特征对道路网的识别有着重要意义，具有匹配关系的道路在路段的起始点具有较高的相似度。现有的道路节点描述方法往往只针对节

点处道路的数量特征，如图 5.17 所示，两个交叉路口的节点度都为 3，但是道路与
节点的方向却存在较大差异。

(a)   (b)

图 5.17 道路节点度示例

本章在节点度的基础上加入了道路在节点处的方向角来描述节点特征。具体方
法如下：以道路网的节点为起始点，以路段上距离节点为指定距离 d 的点为终点构
建向量，如图 5.18 所示，候选匹配节点之间向量的方向相似度即为节点之间的相似
度。节点向量的方向总相似度为单个向量方向相似度的均值，单个向量方向相似度
计算如图 5.19 所示，要计算向量 $O'A'$ 与 OB 的方向相似度，先将 $O'A'$ 平移到 OA，
以点 O 为原点构建平面坐标系，再计算 $\angle AOB$ 的角度，计算方法为

$$corner = \frac{x_A x_B + y_A y_B}{\sqrt{(x_A^2 + y_A^2)(x_B^2 + y_B^2)}} \tag{5-12}$$

式中，(x_A, y_A) 为在新坐标系下点 A 的坐标，(x_B, y_B) 为在新坐标系下点 B 的坐标。
向量之间方向角范围为 $[0, \pi]$，相似度计算公式为

$$vectorsim = \begin{cases} corner/(\pi/2), & corner < \pi/2 \\ 0, & corner > \pi/2 \end{cases} \tag{5-13}$$

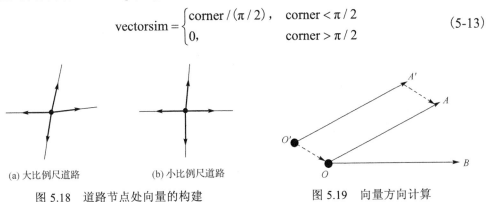

(a) 大比例尺道路   (b) 小比例尺道路

图 5.18 道路节点处向量的构建   图 5.19 向量方向计算

由于多尺度道路之间表达上的差异，对道路节点的向量构建描述还应考虑尺度
效应。如图 5.20 所示，(a)显示大比例尺道路网中距离很近的两个交叉路口在小比
例尺地图中会用一个交叉路口表示，(b)显示的是大比例尺道路网中的环岛，存在多
个道路交叉点，在小比例尺数据中只用一个交叉路口表示。因此在节点识别过程中，
应对交叉路口的周围进行搜索，如发现两个或两个以上路口之间的距离小于指定距

离，则将它们识别为同一个道路节点。如图 5.20(a)、(b)的节点度均为 4，并在此基础上构建向量。

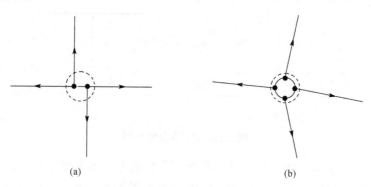

(a)　　　　　　　　　　　　　　　(b)

图 5.20　特殊道路节点识别

　　道路的节点相似度由节点度及向量方向相似度来确定，计算方法如下：①以小比例尺数据中的节点为源节点，大比例尺数据中的节点为目标节点，源节点与目标节点的向量两两组合，分别计算组合的方向相似度，并将其存入队列 List1。②从List1 中选取相似度最高的组合将其存入列表 List2，并将队列中含有最大相似度组合对中的要素的其他组合对从队列 List1 中删除。③重复步骤②，直到队列中的所有组合对被删除。④将 List2 中的组合相似度按式(5-14)计算得到最终的相似度

$$\text{Sim}_{\text{node}} = \frac{\sum\limits_{i=1}^{k} \text{vectorsim}_i}{\text{roadnum}} \tag{5-14}$$

式中，k 为 List2 中组合的数量，vectorsim_i 为组合的向量方向相似度，roadnum 为大比例尺节点邻接的道路数量。道路匹配以路段为单位，两条路段之间的总节点相似度为路段两端点的节点相似度的平均值。

　　4) 基于熵权法的道路特征权重确定

　　路段的总相似度按照式(5-15)计算得到

$$\text{Sim}(A, B) = \sum_{i=1}^{k} w_i S_i(A, B) \tag{5-15}$$

式中，$S_i(A, B)$ 分别为距离、形状、节点的相似度，w_i 为各项特征的权重，且 $\sum w_i = 1$。

　　通常各项特征的权重通过经验或样本统计来确定。为更好地、更客观地确定权重，本章引入了信息熵，熵权法对于多指标综合评定决策问题是一种有效方法(Lotfi and Fallahnejad，2010)，该方法根据各项特征的变异性大小来确定权重，若某个特征的信息熵越小，表明其特征值的变异性越大，提供的信息量越多，在多项特征的综合评价中所起的作用越大，其权重也就越大，反之亦然。

用熵权法计算特征权重，首先利用式(5-16)对各项特征指标值进行归一化处理

$$x_i' = \frac{x_i - \min(x)}{\max(x) - \min(x)} \qquad (5\text{-}16)$$

式中，x_i 为特征值，x_i' 为标准化后的值。

利用式(5-17)与式(5-18)计算信息熵 E_j(Machado，2014)

$$E_j = -(\ln n)^{-1} \sum_{i=1}^{n} p_{ij} \ln(p_{ij}) \qquad (5\text{-}17)$$

$$p_{ij} = \frac{x_{ij}'}{\sum_{i=1}^{n} x_{ij}'} \qquad (5\text{-}18)$$

式中，n 为分析样本的数量，x_{ij}' 为第 i 个样本的第 j 项特征值。如 p_{ij} 为每个样本特征的分布概率，当 $p_{ij} = 0$ 时，$p_{ij}\ln(p_{ij}) = 0$。

在计算完各项特征的信息熵之后，采用式(5-19)来计算每一项权重

$$w_j = \frac{1 - E_j}{m - \sum_{i=1}^{m} E_j} \qquad (5\text{-}19)$$

式中，m 为指标项数量。

5.2.2　基于 RVM 与主动学习的多尺度面状居民地匹配

在地图中，大比例尺居民地一般以面状要素的形式表达，关于面状居民地的匹配，研究人员提出了基于相似性、概率统计、制图误差等匹配策略(郝燕玲等，2008；刘坡等，2014)。基于相似性的匹配方法符合人类的空间认知，是多尺度居民地匹配研究中最常用的方法，该类方法存在的困难包括：①由于比例尺、生产单位、生产时间的不同，多尺度居民地要素的数量、特征差异大，匹配关系复杂，相似性测度困难；②空间实体的特征相似度权值及阈值设置困难，需要过多人工干预。针对上述困难，本章改进了多尺度面状居民地匹配的特征相似性测度方法，提出了一种基于 RVM 与主动学习的匹配方法来避免特征权重与匹配阈值设置，以自动适应不同数据环境下的居民地匹配。

1. 多尺度面状居民地匹配关系

多尺度地理空间数据匹配困难的原因有：制图综合的影响、数据生产中的误差因素、地理实体本身发生了变化。以下是对经过制图综合后，不同比例尺空间居民地匹配关系的介绍。首先，假设多尺度居民地具有相同的空间坐标系。小比例尺地图是对大比例尺地图的概括，因此不同比例尺空间实体的在空间表达上存在差异。对于面状居民地，大小比例尺匹配关系有以下几种。

(1)1∶1，如图 5.21(a)所示，大比例尺地图与小比例尺地图中同名实体存在 1 对 1 的匹配关系。

(2)1∶0，如图 5.21(b)所示，大比例尺地图中的实体在小比例尺地图中没有匹配实体，这是由于在地图概括中，较小的实体被省略掉。

(3)m∶1，如图 5.21(c)所示，大比例尺地图与小比例尺地图实体之间的多对一匹配关系，在地图概括过程中，大比例尺对象通过合并生成小比例尺对象。

(4)m∶n(m>n)，如图 5.21(d)所示，大比例尺地图与小比例尺地图实体之间的多对多匹配关系，在地图概括过程中，为反映居民地的形状及空间分布特征，采用的典型化操作。

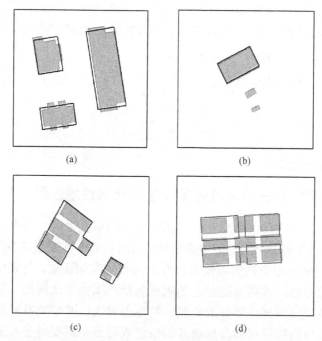

图 5.21　多尺度居民地匹配关系(灰色的为大比例尺居民地，白色的为小比例尺居民地)

除了数量上的差异，地图在概括过程中还采用形状化简、位移等操作，使不同比例尺地图的同名实体在形状及位置上存在差异。

2. 多尺度居民地匹配方法设计

1)总体设计框架

本节的研究内容是构建能够与数据特征相适应的多尺度面状居民地匹配方法。引入模式识别中的分类概念，将选取的样本通过机器学习构建分类模型，以应用于同一场景下的对象匹配。总体设计架构如图 5.22 所示，实现流程如下。

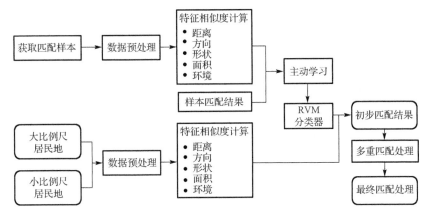

图 5.22　总体架构图

(1)通过人机结合的方式选取匹配与不匹配对象作为训练样本。

(2)通过数据预处理将候选匹配对象中的非一对一实体关系转换为一对一的关系，以便于相似度的计算。

(3)计算样本数据的特征相似度。

(4)将样本的特征相似度及匹配结果以主动学习的形式进行 RVM 训练，形成分类器。

(5)大小比例尺的居民地数据通过数据预处理后输入步骤(4)中的分类器，获取分类结果。

(6)将分类为"匹配"的对象进行多重匹配判别以确定最终的匹配结果。

2)对象合并处理

空间实体匹配需要获取候选匹配对象，将小比例尺对象生成缓冲区搜索得到大比例尺地图中的候选匹配对象。为识别多对多的匹配关系，大小比例尺地图必须进行正反双向搜索(罗国玮等，2014)。候选匹配对象中存在非一对一候选匹配关系，将一对多、多对多的匹配关系转化为一对一关系最有效的方法是进行合并处理。考虑化简操作的复杂性，并顾及不需转化的实际一对一的匹配关系，采用"只合并、不化简"的方法进行数据预处理。

由于制图综合合并方法的多样性，在将大比例尺对象进行合并时有多种可行的合并方式。在进行合并操作时，应尽量保持居民地的外部整体轮廓，具体的方法是：如居民地之间的拓扑关系为相接，直接将相接的边消除来实现合并；如居民地之间的拓扑关系为相离，则通过生成 Delaunay 三角网(Fisher，2004)，并对 Delaunay 三角网进行处理来实现面状居民地的合并，如图 5.23 所示，具体方法如下。

(1)对居民地的轮廓线插入点来进行节点加密，并构建 Delaunay 三角网，将居民地外部的三角形归为外部三角形，包含在居民地内部的三角形归为内部三角形。

(2)将合并前的居民地群生成凸包,对与凸包存在共边且存在以下三种情况的外

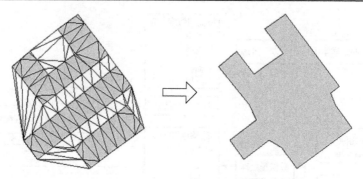

图 5.23　利用 Delaunay 三角网实现居民地合并

部三角形进行删除：①三个顶点都在同一个居民地上；②三角形顶点分布在两个居民地上，其中的一个角大于 θ(θ 为钝角)且该角的一条边与两个居民地中的其中一个共边；③三角形顶点分布在两个居民地上，与居民地的边缘存在重叠关系的边其高大于阈值，此规则用于判断居民地之间的距离。

(3)运用递归算法，搜索与被删除的三角形共边的其他外部三角形，搜索到的三角形用步骤(2)中的判断规则②、③进行判断，将符合判定情况的三角形进行删除。

(4)将剩下的三角形进行相接边消除来完成合并。

经过合并预处理后，大小比例尺居民地中的多对一、多对多的关系就转化为一对一的待匹配关系。

3)特征相似度计算

不同比例尺的面状居民地存在大量一对多、多对多的匹配关系，必须经过数据预处理，采用上述方法将这些关系转化为一对一的关系以便于特征相似度计算。根据面状居民地的特点结合人类空间认知习惯，匹配关系的确定选取距离、方向、形状、面积、环境这五个空间特征相似性指标来进行综合评估，每个特征相似性的值控制在 0~1。由于数据的属性信息普遍存在不齐全或是标准不一的问题，所采用的方法不依赖于语义信息，相对于周长、重叠面积等特征，选取的空间特征受多尺度表达及制图综合的影响较小。

(1)距离相似度：空间实体所处位置之间的距离越接近，说明它们的位置相似度越大，对于面状实体，质心最能反映其位置特征。通过式(5-20)计算两组待匹配面状居民地质心的欧氏距离与距离阈值 D 的比值来确定位置相似度

$$S_{\text{location}} = 1 - \frac{\sqrt{(x_1 - x_2)^2 + (y_1 - y_2)^2}}{D} \tag{5-20}$$

式中，(x_1, y_1)、(x_2, y_2) 分别为两个实体的质心坐标，D 的取值通过对正负匹配样本中的质心距离进行统计分析来确定，D 值取匹配样本质心距离的两倍。

(2)面积相似度：面积是反映面状空间实体大小的重要特征，尽管多尺度居民地

由于制图综合等因素的影响，会造成大小比例尺中面状实体面积上的差异，但保持地物大小特征是制图综合的原则之一，具有匹配关系的面状居民地具备面积相似性。将通过式(5-21)计算待匹配居民地的面积比来获得面积相似度

$$S_{\text{area}} = \frac{\min(\text{Area}(A), \text{Area}(B))}{\max(\text{Area}(A), \text{Area}(B))} \tag{5-21}$$

式中，A、B 分别为大小比例尺待匹配对象。

（3）形状相似度：形状的定量描述是 GIS 与计算机领域的一个难题(Li et al., 2013)。考虑到居民地实体的形状特点，采用 Peter 提出的形状指数（紧凑度）来进行测度(Peter and Weibel，1999)，紧凑度计算方法为

$$\text{Compact}(p_i) = \frac{\text{perimeter}(p_i)}{2\sqrt{\pi \times \text{Area}(p_i)}} \tag{5-22}$$

式中，p_i 为面状实体。形状相似度计算方法为

$$S_{\text{shape}} = \frac{\left|\text{Compact}(A) - \text{Compact}(B)\right|}{\max(\text{Compact}(A), \text{Compact}(B))} \tag{5-23}$$

式中，A、B 分别为大小比例尺待匹配对象。

（4）方向相似度：居民地方向是其整体的延伸方向，目前常用的方法有长边法、基于墙的统计法以及最小外包矩形法。最小外包矩形法取待匹配对象的最小外包矩形(Minimum Bounding Rectangle，MBR)长轴的方向作为居民地的方向，长轴方向的角度差异为两个面实体的角度差异。该方法能较好地描述居民地的走向，但无法对方向旋转 180°的两个面实体的方向进行识别。本章采用面状居民地方向相似性度量的改进方法，以增强方向相似性测度方法的普适性。设待匹配面状居民地为 A、B，按式(5-24)计算面状居民地的方向相似度

$$S_{\text{orientation}} = F \times \left(1 - \frac{\left|\theta_A - \theta_B\right|}{\pi / 2}\right) \tag{5-24}$$

式中，θ_A 与 θ_B 分别为待匹配对象 A、B 的 MBR 长轴与 y 轴的夹角，取值区间为 $[0,\ \pi/2]$，F 为判断居民地是否旋转 180°的二值函数。F 的计算方法是：通过前面介绍的方法计算待匹配居民地形状相似度，如形状相似度低，F 值取 1；如形状相似度高，需用以下方法进一步处理：计算待匹配的面状居民地 A、B 及其 MBR 按逆时针旋转至 MBR 长轴与 y 轴平行时，它们所需旋转的最小角度为 a_A、a_B，当 $\left|a_A - a_B\right| < \pi/2$ 时，居民地 A、B 分别按逆时针旋转 a_A、a_B，得到新的居民地面实体 A'、B'；当 $\left|a_A - a_B\right| > \pi/2$ 时，居民地 A 按顺时针旋转 a_A 得到 A'，居民地 B 按逆时针旋转 $\pi - a_B$ 得到 B'，如图 5.24 和图 5.25 所示，(a)旋转后得到(b)。分别以居民地 A'、B' 的 MBR 右下角点为原点，短轴为 x 方向，长轴为 y 方向构建坐标系，将 A'、

B' 的 MBR 按长边等分为 m 个矩形，按短边等分为 n 个矩形，计算每个矩形与居民地相交面积占该矩形面积的比值，该值的区间为[0，1]，分别按 x 轴正方向与 y 轴正方向将每个比值生成两个直方图，如图 5.26 所示，(a)、(b)为图 5.25(b)的面积直方图，(c)、(d)为图 5.25(b)的面积直方图，其中直方图的横坐标为矩形编号，纵坐标为矩形与居民地相交面积占该矩形面积的比值。

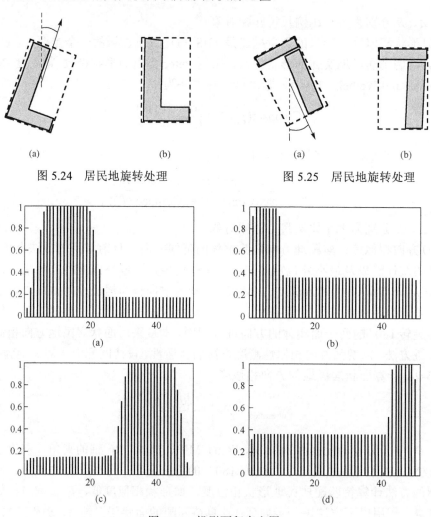

图 5.24　居民地旋转处理　　　　　图 5.25　居民地旋转处理

图 5.26　投影面积直方图

　　通过直方图识别方向的步骤如下：①通过式(5-25)用插值的方式将直方图做平滑处理，x 为直方图的横坐标值，$f(x)$ 为纵坐标值，step 为步长。经过平滑处理后的 x 轴方向面积直方图有 h 个单元，y 轴方向面积直方图有 j 个单元。②通过直方图均值与每个单元值比较，将单元值差异小的直方图排除，该直方图代表的是矩形，不需继续比较，F 取值为 1。③将一个直方图的第 i 个单元与另一个直方图的第 $h-i$ 个单元进行比较，当它们的差值小于给定阈值，认为这两个单元相等。当经过 h 组对比后，相等的单元数达到 u 个(这里取 $u/h>0.9$)，说明这两个直方图是相反的。④当两组直方图中存在相反的直方图时，F 的取值为 0，否则取 1。

$$Z = \frac{\sum_{i=0}^{i=\text{step}-1} f(x+i)}{\text{step}} \tag{5-25}$$

(5) 环境相似度：在较大比例尺地图上，同一区域的建筑物外形基本相同的情况很常见，只通过位置与几何特征来进行匹配容易出现错误。根据空间认知习惯，在进行人工匹配时，往往会结合周围的环境信息对地物进行识别。通过度量居民地周围的地物特征来实现环境相似性的测度，如图 5.27 所示。具体方法是：以待匹配实体的质心为中心点构建一个 2×2 且边平行于坐标轴的正方形网格，网格的边长设定为待匹配小比例尺居民地要素 MBR 长边长度的两倍，网格按左上、右上、左下、右下顺序，以 G_1、G_2、G_3、G_4 表示。按式(5-26)计算每个网格区域的环境相似度

$$\text{Sim}(G_i) \begin{cases} \dfrac{\min(\text{Area}(\text{SM}_i), \text{Area}(\text{LA}_i))}{\max(\text{Area}(\text{SM}_i), \text{Area}(\text{SM}_i))}, & \text{Area}(\text{SM}_i) \neq 0 \text{ 且 } \text{Area}(\text{LA}_i) \neq 0 \\ 1, & \text{Area}(\text{SM}_i) = 0 \text{ 且 } \text{Area}(\text{LA}_i) \neq 0 \text{ 且 } \text{Area}(\text{LA}_i) < \varepsilon \\ 0, & \text{Area}(\text{SM}_i) \neq 0 \text{ 且 } \text{Area}(\text{LA}_i) = 0 \\ 1, & \text{Area}(\text{SM}_i) = 0 \text{ 且 } \text{Area}(\text{LA}_i) = 0 \end{cases} \tag{5-26}$$

式中，$\text{Area}(\text{SM}_i)$、$\text{Area}(\text{LA}_i)$ 分别是小比例尺与大比例尺数据中，周围其他居民地落入网格区域部分的面积。当 $\text{Area}(\text{SM}_i)$、$\text{Area}(\text{LA}_i)$ 均不为 0，$\text{Sim}(G_i)$ 的值为面积比；当 $\text{Area}(\text{SM}_i)$、$\text{Area}(\text{LA}_i)$ 均为 0，$\text{Sim}(G_i)$ 值取 1；考虑到比例尺不同对地物的表达差异，小比例尺数据会舍去大比例尺数据中面积较小的居民地，当 $\text{Area}(\text{SM}_i)$ 为 0，$\text{Area}(\text{LA}_i)$ 值为很小时，$\text{Sim}(G_i)$ 取值为 1；当 $\text{Area}(\text{SM}_i)$ 不为 0，$\text{Area}(\text{LA}_i)$ 为 0 时，$\text{Sim}(G_i)$ 取值为 0。总的环境相似度为

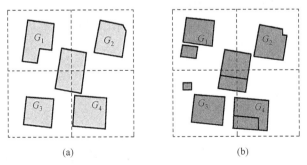

(a)　　　　　　　　　　　　　　(b)

图 5.27　基于网格的环境相似性测度

$$S_{\text{envi}} = \sum_{i=1}^{4} \text{Sim}(G_i) / 4 \qquad (5\text{-}27)$$

4) RVM 结合主动学习构建分类器

(1) 基于 RVM 的分类方法。

计算得到候选匹配要素的每个特征相似度之后，常用的方法是进行特征相似度加权求和得到综合相似度，再通过阈值判断确定匹配结果(付仲良和逯跃锋，2013；郝燕玲等，2008)，这些方法进行权重及阈值设置时需要进行过多的人工干预，在不同数据场景中使用起来较为麻烦。本章设计了基于 RVM 的模式分类方法来进行空间实体的匹配。

RVM 是近年来发展起来的一种新的机器学习方法，它与 SVM 类似，特别适合于小样本的二值分类。与 SVM 相比，其优势是由于引入稀疏贝叶斯学习理论，利用概率模型来解释数据中的噪声，使得 RVM 具备了预测结果概率的能力。RVM 所具备的概率输出功能特别适用于对分类结果进行分析与评价。

本章中，RVM 的输入向量定义为一个 5 维向量，将距离、方向、形状、面积、环境这五个特征相似度作为输入向量。定义类别为"匹配"与"不匹配"。RVM 的输出可以用作分类结果可靠性的评估，其输出函数值为

$$\sigma(y) = 1 / (1 + e^{-z}) \qquad (5\text{-}28)$$

式中，$y \in [0,1]$，z 的值计算方法如式(5-29)所示，$Q(x, x_n)$ 为核函数，w_n 为权重模型。

$$z = f(x; W) = \sum_{n=1}^{N} w_n Q(x, x_n) + w_0 \qquad (5\text{-}29)$$

样本集的似然估计概率为

$$p(t \mid W) = \prod_{n=1}^{N} \sigma\{f(x_n; W)\}^{t_n} [1 - \sigma\{f(x_n; W)\}]^{1-t_n} \qquad (5\text{-}30)$$

式中，$t = (t_1, \cdots, t_N)^{\text{T}}$，$w = (w_0, \cdots, w_N)^{\text{T}}$，在贝叶斯框架下，权重 W 可以通过极大似然法获得，但为避免过学习现象，RVM 为每个权值定义了高斯先验概率分布来约束参数。虽然不能计算出该权值的后验概率，但可以通过拉普拉斯理论近似求解，对当前固定的 α 值，求最大可能的权值 W_{MP}。因 $p(w \mid t, \alpha) \propto p(t \mid w) p(w \mid \alpha)$，这相当于求式(5-32)最大时的 W_{MP} 值。

$$p(w \mid \alpha) = \prod_{i=0}^{n} N(w_i \mid 0, \alpha_i^{-1}) \qquad (5\text{-}31)$$

$$\log\{p(t \mid w) p(w \mid \alpha)\} = \sum_{n=1}^{N} [t_n \log y_n + (1 - t_n) \log(1 - y_n)] - \frac{1}{2} w^{\text{T}} A w \qquad (5\text{-}32)$$

式中，α 为 $N+1$ 维超参数，当求得最大可能的 W_{MP} 时，$\frac{1}{2}w^{\mathrm{T}}Aw$ 是一个常数，当样本匹配时，$t_n=1$，y_n 趋向 1 可以使式(5-32)的结果趋向最大值，当样本不匹配时，$t_n=0$，y_n 趋向 0 可以使式(5-32)趋向最大值。

（2）主动学习方法。

在进行机器学习过程中，样本的选取是一项耗时的工作。居民地数据的匹配样本需要通过人工识别来选取，为了能使训练的人工标记样本尽可能少，提高匹配工作的效率，本章采用了主动学习方法。主动学习方法的主要思想是通过多次迭代抽样，选取有利于提高分类性能的样本，通过小规模标记样本进行训练，得到性能接近大量标记样本所得到的学习性能。学习过程如下。

①从候选样本集 U 中选择 n 个样本并通过人工进行类别标记，构成初始的训练样本集 D，每个类别在 D 中至少要有一个样本。

②根据 D 中的样本进行训练，建立初始分类器 F。

③对 U 中的所有样本使用分类器 F 进行分类，并对可靠性不高的分类结果进行人工标记后加入 D 中。

④重新训练分类器，直到达到分类器训练结束的标准。这个标准是循环次数达到预先定义的值或是标记样本的数量达到了期望值。

RVM 与主动学习构建分类器的流程如图 5.28 所示。

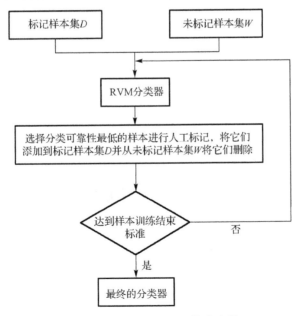

图 5.28　RVM 与主动学习构建分类器

(3)匹配策略。

①数据预处理。

数据预处理首先要进行匹配候选要素的确定，使用的方法是通过对小比例尺面状居民地生成缓冲区，与该缓冲区相交的大比例尺要素作为候选要素，采用正反双向搜索确定候选要素，实现多对多候选匹配关系的识别。由于多尺度居民地实体存在大量 $1:n$、$m:n$ 的匹配关系，在获取候选要素集合后，需要用排列组合方法将候选要素生成候选匹配对象组合来进行匹配关系的识别。

在候选匹配对象组合确定以后，根据候选匹配对象组合要素的数目，基于多尺度面状居民地的匹配关系类型，将不可能存在的匹配关系，如大小比例尺对象数量关系为 $1:n$、$m:n(m<n)$ 的对象确定为"不匹配"，并将该对象组合从候选匹配对象中删除。为便于相似性测度计算，利用实体合并方法将要素组合中的多个实体合并为一个实体。

②样本选取。

训练样本采用人机结合的方法，采用源要素生成缓冲区搜索候选匹配对象，通过人工识别确定候选要素中与源要素的"匹配"与"不匹配"关系，并加以标记。未标记样本的获取采用源要素生成缓冲区，搜索候选匹配对象。

③多重匹配关系处理。

经分类器输出的分类结果可能会出现多重匹配的情况，如图 5.29 所示，实体 A
与 B、A 与 C 都被划分为"匹配"一类，如何确定最终的匹配关系就需要依赖于 RVM 的分类可靠性。具体的处理方法是在用分类器进行分类后，查找"匹配"类别中包含同一要素的多个匹配组合，通过式(5-33)，选取可靠性最大的组合作为最终的匹配结果。

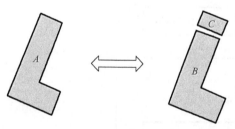

图 5.29　多重匹配示例

$$R = \max(p_1, p_2 \cdots, p_n) \tag{5-33}$$

5.3　实验与分析

5.3.1　多尺度道路匹配实验

1. 实验数据

为验证所提方法的有效性，选取了两份同一地区但不同生产单位，比例尺分别为 $1:5000$ 与 $1:25000$ 的广州市增城区道路网数据，如图 5.30 所示。在 Visual Studio

2010 与 ArcGIS Engine 10.0 开发环境下进行实验，实验区以城市道路为主。相比 1∶25000 道路数据，1∶5000 道路数据的现势性较高，但缺少属性信息，两份数据的空间表达存在非线性差异。经过数据预处理后，1∶5000 道路网共包含路段 612 条，1∶25000 道路网共包含路段 298 条，如表 5.2 所示。

(a) 1∶5000 道路　　　　　　　　　　　(b) 1∶25000 道路

图 5.30　实验数据

表 5.2　道路匹配实验数据(预处理后)

比例尺	年份	路段数量	道路总长度/m
1∶5000	2012	612	118945.9
1∶25000	2009	298	89469.24

　　结合数据精度特征，采用半径为 50m 的缓冲区来随机搜索候选匹配路段，然后结合人工识别，生成了一组包含 89 个匹配组合的样本集。

　　对实验效果的评估，采用专业制图人员的人工匹配结果与自动匹配实验所得结果进行比较。自动匹配与人工匹配都为"匹配"的对象记为正确匹配数(TP)，人工识别为"匹配"而未被自动匹配识别的对象为漏匹配数(NP)，自动匹配识别为"匹配"但未被人工识别的对象为错误匹配(FP)。实验评价的指标为准确率、召回率，如式(5-34)与式(5-35)所示。为了更好地评估匹配性能，采用综合指数 F 来对准确率与召回率进行综合评估，如式(5-36)所示。

$$\text{Precision} = \frac{\text{TP}}{\text{TP} + \text{FP}} \tag{5-34}$$

$$\text{Recall} = \frac{\text{TP}}{\text{TP} + \text{NP}} \tag{5-35}$$

$$F = \frac{2 \times \text{Precision} \times \text{Recall}}{\text{Precision} + \text{Recall}} \tag{5-36}$$

2. 特征相似性分析

(1)距离相似度。

通过对样本的距离指标进行统计，如图 5.31 所示，发现所有样本的中值 Hausdorff 距离都在 5～50m 区间范围内，其中在 25～45m 范围内的样本数量超过了样本总数的 80%。采用式 (5-8) 将相似度限定在 0～1，式 (5-8) 中的 $D_{\max}$ 值设为 200m，样本的距离相似度分布如图 5.32 所示。

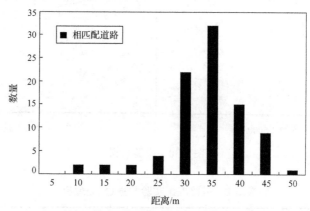

图 5.31　样本距离分布

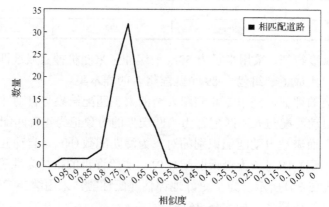

图 5.32　距离相似度

(2)形状相似度。

形状距离描述指标统计如图 5.33 所示，全部样本的形状差异指标值在 0～7，其中超过70%的样本形状差异指标值小于1.5。采用D_{shape}/D_{max}来计算道路形状相似度，其中D_{max}取值为 20，样本的形状相似度分布如图 5.34 所示。

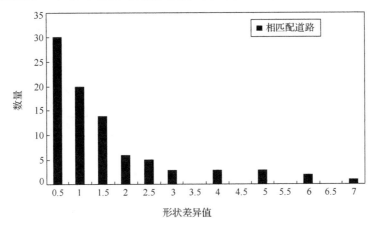

图 5.33　样本形状差异分布

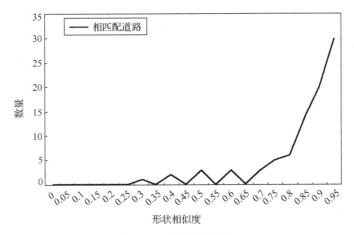

图 5.34　形状相似度

(3) 节点相似度。

路段的首尾节点相似度指标如图 5.35 所示，相似度在 0.85 以上的路段占了 88%以上，其中 66%的匹配路段相似度达到了 0.95。

3．特征权重确定

将各特征相似度归一化后，运用式(5-17)计算得到的三项信息熵如表 5.3 所示。再根据式(5-19)计算，得到各项特征权重如表 5.4 所示，其中距离特征所占的权重最大，道路节点特征所占的权重最小，由此得到适合这两份数据实体间的相似度计算模型 $Sim = 0.516 S_{distance} + 0.262 S_{shape} + 0.222 S_{node}$。

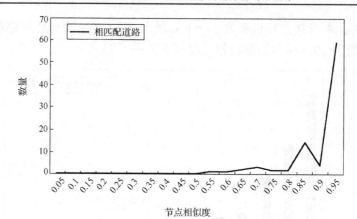

图 5.35　路段首尾节点相似度

表 5.3　道路各项特征的信息熵

	距离	形状	首尾节点
信息熵	0.97804	0.988858	0.99052

表 5.4　道路各项特征的权重

	距离	形状	首尾节点
权重	0.516	0.262	0.222

　　在计算完候选匹配对象的相似度之后，还需要通过与匹配阈值的比较来确定匹配结果。阈值的确定方法：①将匹配样本的候选要素集中的匹配对象删除后生成不匹配要素对集合，并通过相似度计算模型计算它们的相似度；②分析匹配要素集合与不匹配要素集合的相似度值的交集区间，如图 5.36 所示，当阈值选择 0.83 时，样本的准确率与召回率均达到较高水平。

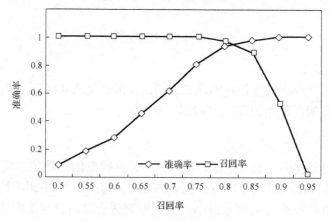

图 5.36　阈值与匹配精度的关系

4.　实验结果对比

这里分别采用了本章提出方法、缓冲区增长法、基于关键点距离的道路匹配方法、层次分析法进行实验。实验结果如表 5.5 所示，本章所提方法在准确率与召回率均超过了 95%，优于其他几种方法。缓冲区增长法仅依靠道路缓冲区重叠比来进行测度，由于多源多尺度道路网之间位置上存在较大差异，该方法的测度效果不理想，精度较低。基于关键点距离的道路匹配方法只考虑了道路的距离关系，而没有考虑道路形状及节点这两个重要特征，匹配精度也不高。层次分析法是通过对专家经验数据进行分析来确定多特征权重因子设置的方法，但其需要专家的经验知识，使用起来较麻烦，且具有一定的主观性。为便于对比，进行层次分析法实验时采用与所提出方法同样的特征，实验结果显示，所提方法在精度上要优于层次分析法。

表 5.5　道路匹配实验结果

方法	正确匹配数	误匹配数	漏匹配数	准确率/%	召回率/%	*F*/%
缓冲区增长法	435	169	177	72.0	71.1	71.5
距离匹配法	517	101	95	83.7	84.5	84.1
层次分析法	556	60	56	90.3	90.8	90.5
本章方法	582	27	30	95.6	95.1	95.3

如图 5.37 所示道路的匹配示例，其中黑色实线表示小比例尺数据，灰色实线表示大比例尺数据，箭头表示匹配关系；(a)是道路网密集区域的道路匹配，(b)是相

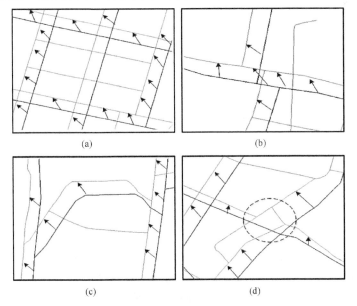

(a)　　　　　　　　　　　　　　　　(b)

(c)　　　　　　　　　　　　　　　　(d)

图 5.37　道路的匹配示例

交点周边的道路匹配，(c)是路网稀疏区域的道路匹配，(d)是城中村区域道路匹配，由于两份数据之间表达上的差异很大，在虚线圆圈标记处出现了错误匹配。

5.3.2　多尺度居民地匹配实验

1. 实验设计

为验证所提方法的有效性，选取了不同时期生产的广州市天河区 1：5000 与 1：25000 居民地数据进行匹配实验，如图 5.38 所示，其中 1：5000 居民地包含面实体 4275 个，1：25000 居民地包含 1023 个面实体。实验环境是采用 Visual Studio 2010 结合 ArcGIS Engine 10.0 进行空间实体的相似度计算，使用 RVM_MATLAB 工具箱进行分类。

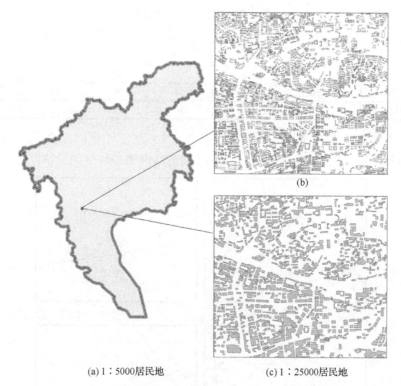

(a) 1：5000居民地　　　　　　　　(c) 1：25000居民地

图 5.38　实验数据（见彩图）

实验运用程序以小比例尺居民地为源要素生成缓冲区自动选择构建了一个包含 503 条记录的数据集，其中，训练样本占 70%，测试样本占 30%。从训练样本中选取了人工标记的分类样本共 76 个进行训练构建初始分类器，标记的样本中 1：1 匹配关系的为 21 对，1：m 匹配关系的 28 对，m：n 匹配关系的 7 对，不匹配的 20

对，利用主动学习的方法不断优化分类器，主动学习迭代次数设为 10。初始训练样本如表 5.6 所示，其中，SOURID 与 TARUD 列分别为小比例尺居民地与大比例尺居民地的要素编号，LOCAL、ORIEN、AREA、SHAPE、ENVI 列分别为位置、方向、面积、形状、环境这五个特征相似度，RESAUT 列为人工识别的分类结果，1 代表匹配，0 代表不匹配。设定[0.1，0.9]为分类概率的置疑区间。所谓置疑区间是对于某一区间内的值，其分类结果存在较大的不确定性，分类错误的概率增大。当对未标记样本进行分类训练，输出结果处于置疑区间时，选取 10 个分类可靠性最低的样本通过人工判定属于"匹配"或"不匹配"，将人工判定的分类结果加入已标记样本集进行重新训练形成新的分类器，然后继续用测试集进行测试，以此方法重复操作至分类结果收敛，形成了最终的分类器。在形成最终分类器后，将缓冲区选择的候选匹配对的特征相似度输入分类器，得到输出的二值分类结果，最后通过分类的可靠性进行最终匹配对象确定。

表 5.6　居民地匹配初始训练样本示例

SOURID	TARID	LOCAL	ORIEN	AREA	SHAPE	ENVI	RESULT
73	352353	0.98	1	0.97	0.95	0.75	1
170	528529530	0.94	0.98	0.86	0.76	0.95	1
195	685687	0.93	0.96	0.94	0.80	0.63	1
803	1307	0.86	0.95	0.98	0.76	0.83	1
...	...	...	...	...	...	...	...
161	334335	0.35	0.49	0.57	0.60	0.63	0
463	725	0.31	0.96	0.66	0.69	0.51	0
532	240624072409	0.52	0.92	0.65	0.62	0.37	0
697	29082910	0.38	0.11	0.53	0.59	0.40	0

对实验效果的评估，采用专业制图人员的人工匹配与自动匹配实验所得结果比较。

2.　实验结果与讨论

1)居民地合并方法实验

采用所提出的合并方法与传统的凸包合并方法对已选取的匹配样本进行合并实验，合并后的实体与小比例尺实体的位置、方向、面积、形状相似度如表 5.7 与图 5.39～图 5.42 所示。结果显示：采用本章方法进行合并，所得的实体与小比例尺实体之间的相似度平均值更高；匹配对象之间的位置、面积、形状相似度更为平稳。由此可见所提出的匹配方法，在将对象从一对多、多对多关系转化为一对一关系时，在图形上与传统的凸包生成方法相比，更有利于相似性测度，使得所选取的相似性特征及测度方法更适用于多尺度对象匹配。

表 5.7 匹配样本采用不同合并方法的相似度平均值

	平均位置相似度	平均方向相似度	平均面积相似度	平均形状相似度
凸包法	0.79	0.99	0.66	0.51
本章方法	0.95	0.99	0.94	0.90

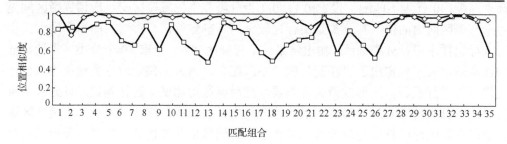

图 5.39 基于不同合并方法的位置相似度

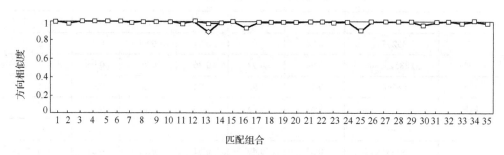

图 5.40 基于不同合并方法的方向相似度

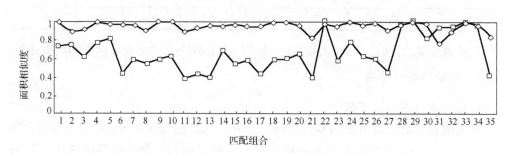

图 5.41 基于不同合并方法的面积相似度

图 5.43 为要素合并实验示例，(a)、(b) 为待匹配的大小比例尺居民地，视觉上判断具有匹配关系，采用简单的凸包法对图 5.43(a) 进行合并得到图 5.43(c)，

图 5.43（c）与图 5.43（a）之间的几何差异很大；采用本章合并方法合并对图 5.43（a）合并得到图 5.43（d），图 5.43（d）与图 5.43（a）之间具有较高的几何相似性。

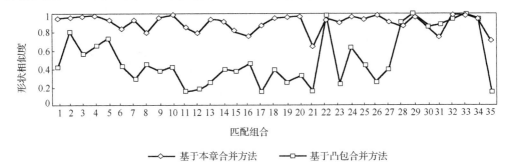

图 5.42 基于不同合并方法的形状相似度

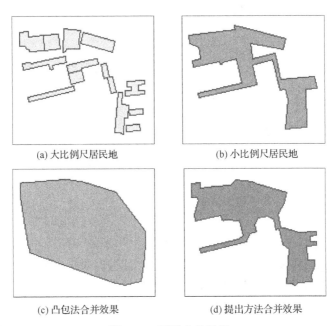

(a) 大比例尺居民地

(b) 小比例尺居民地

(c) 凸包法合并效果

(d) 提出方法合并效果

图 5.43 要素合并示例

2）特征相似性测度实验

在居民地方向相似度的计算方面，如图 5.44 所示，通过外包矩形长轴方向计算，已有的方法（Wang et al., 2015）会认为编号为 2625 与 2626 的实体合并后的方向与编号为 2629 的实体方向相同，且它们都与编号为 729 的小比例尺居民地方向基本相同。而采用本章所提的方向相似性测度方法能够识别编号为 2629 的实体与编号为 729 的实体方向相反，方向相似度值为 0；编号为 2625 与 2626 的对象合并后的实体与编号为 729 的实体方向相似度值接近 1，与人工识别相符。

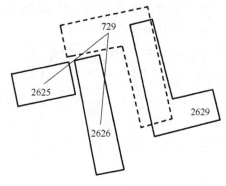

图 5.44　方向相似性测度实例

3）匹配方法实验结果对比

在利用 RVM 与主动学习构建分类器的过程中，对 151 个测试样本的正确分类数量进行了统计。如图 5.45 所示，测试集中正确分类样本的数量随着迭代次数的增加而增加，经过 8 次迭代后，分类正确的样本数达到了一个稳定值。采用同样数量的标记样本进行被动学习（从样本集中随机选取），分类的精度（10 次实验后的平均值）要低于主动学习方法。如图 5.45 所示，主动学习方法能够用更少的标记样本实现更好的分类效果。

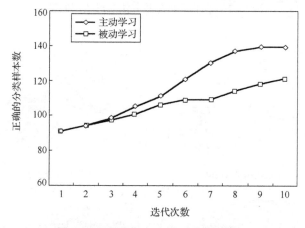

图 5.45　测试集中分类正确数量统计

采用了本章所提出的 RVM 匹配方法、缓冲区重叠法、基于特征相似性加权匹配方法（郝燕玲等，2008）、SVM 匹配方法进行实验，实验时对于一对多、多对多的匹配情况，统一采用所提出的实体合并方法进行实体合并。实验中，相似性特征的选取分别利用 Zhang 等（2014）采用的四个相似性特征与本章所提的 5 个相似性特征。

实验结果如表 5.8 所示，缓冲区重叠法在同尺度数据匹配中比较常用，由于多尺度空间数据中制图综合对数据进行位移、合并、化简、夸大等操作，大小比例尺对象的缓冲区面积重叠率较低，且该方法的重叠阈值难以确定，导致该方法具有较低的匹配成功率。基于特征相似性权重方法、SVM 方法及本章所提 RVM 方法中，采用所选特征的匹配精度要高于采用 Zhang 等（2014）所选特征的匹配精度。基于相似性特征权重的匹配方法受特征权重及匹配阈值的影响较大，而且通过人工确定特征权重及匹配阈值比较困难，因此其匹配成功率不高。SVM 方法进行匹配能够避免特征权重及匹配阈值的人工设置，重要的是 SVM 非常适于二分类问题，但当多尺度对象匹配中存在多重匹配的情况时，该方法无法进一步识别，因此会将一些不匹配的对象误判断为匹配。采用所提出 RVM 方法结合所选特征，匹配准确率达到了 92.1%，召回率到达了 91.8%，与其他方法相比具有明显的优势。

表 5.8　本章方法与其他方法的精度对比

匹配方法	特征选取	正确匹配数	误匹配数	漏匹配数	准确率/%	召回率/%	F/%
缓冲区重叠	—	2351	1205	1112	66.1	67.9	67.0
特征相似性加权	Zhang 等(2014)采用特征	2715	689	748	79.8	78.4	79.1
特征相似性加权	采用特征	2790	631	673	81.6	80.6	81.1
SVM	Zhang 等(2014)采用特征	3071	509	392	85.8	88.7	87.2
SVM	采用特征	3111	457	352	87.2	89.8	88.5
本章方法	Zhang 等(2014)采用特征	3119	338	344	90.2	90.0	90.1
本章方法	采用特征	3177	271	286	92.1	91.8	91.9

所采用的主动学习方法在保证分类准确率的情况下，减少人工标记样本的工作量，RVM 中输出的分类概率能够对多重匹配关系进一步识别，以确定最终的匹配关系。因此，本章方法具有较高的匹配成功率且人工干预工作量较少。匹配效果如图 5.46 所示，(c)展示的是简单形状对象的匹配效果，(b)展示的是复杂形状对象的

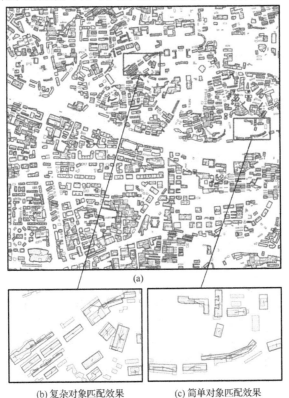

(a)

(b) 复杂对象匹配效果　　　　　(c) 简单对象匹配效果

图 5.46　匹配效果展示(见彩图)

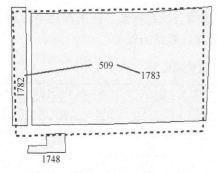

图 5.47　多重匹配图例(见彩图)

匹配效果。图中灰色实边实体为大比例尺数据,蓝色虚线实体为对应匹配的小比例尺数据,红色实线表示匹配关系。

多重匹配如图 5.47 所示,编号为 509 的小比例尺居民地(蓝色虚线边框)通过缓冲区搜索到编号为 1782、1783、1784 三个大比例尺候选要素(灰色实线边框),通过分类器判别存在三个组合都被判断为匹配。SVM 方法常常会将编号为 1784 的实体误判为与编号为 509 的实体的匹配对象之一。本章方法通过对分类可靠性进行对比,选取匹配可靠性最大的组合 1782、1783 为 509 的最终匹配对象,与人工识别结果相吻合,如表 5.9 所示。

表 5.9　多重匹配判别示例

大比例尺要素 ID	小比例尺要素 ID	匹配结果	输出值
509	1783	匹配	0.903
509	1782、1783	匹配	0.987
509	1782、1783、1784	匹配	0.815

本章方法实验结果按照 $1:1$、$1:m$、$m:n$ 三种匹配类型统计如图 5.48 所示。一对一的匹配精度最高,准确率到达了 95.5%,召回率达到了 96%,综合指数 F 值达到了 95.7%。一对多的匹配需要进行合并操作,合并方法会产生一些复杂的形状(如带孔洞),给相似性测度带来困难,匹配精度比一对一匹配稍低(准确率=91.9%,召回率=91.9%,F=91.4%)。多对多的匹配类型的数量较少,但其情况比较复杂,候

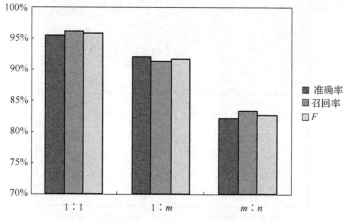

图 5.48　所提方法在各种匹配类型中的精度统计

选匹配实体数量较多，在候选匹配对象的选择过程中会引入部分错误，同时测度方法也会受到复杂形状的影响，其匹配准确率为 82.2%，召回率为 83.3%，综合指数 F 值为 82.7%。

5.4　本　章　小　结

本章以居民地和道路为例，主要介绍了单要素多尺度地理实体的匹配。首先，基于空间相似性提出了一种多尺度居民地面实体自动匹配方法。根据"只合并、不化简"的原则，通过三角网生成与处理将面状居民地匹配中的一对多、多对多关系转化为一对一关系以方便空间相似性的度量。然后根据多尺度面对象的特点，选取了距离、大小、形状、方向、环境五个特征来进行相似性测度，结合面积投影直方图来改进了原有的最小外包矩形长轴方向相似性度量方法，设计了通过计算与周围实体的空间关系相似度来进行环境相似性度量的方法。运用 RVM 分类技术，通过机器学习方法来避免了各种权重及阈值的人工设定；采用主动学习的方法降低了人工参与的工作量，提升了多尺度空间实体匹配的自动化与智能化水平，在实体合并、相似性测度、匹配方法上均具有明显的优势，总体匹配精度超过了 90%，其中 1∶1 的匹配情况准确率最高，1∶m、$m∶n$ 关系也具备较高的匹配精度。但是该方法还存在不足之处有待进一步解决：①对少部分形状极度复杂的面实体相似性度量（如空洞过多），形状相似性测度方法有待改进。②当 1∶m、$m∶n$ 匹配关系中 m、n 值较大时，生成的候选匹配组合比较多，计算量大，运算时间长，需要进一步研究匹配组合的筛选以提高方法的效率。

道路匹配方面，为更好地描述道路特征的相似度，选取了距离、形状、节点三个特征描述因子，提出了基于投影高度的形状描述及顾及周边环境的节点描述方法。针对多特征因子权重设置问题，采用熵权法根据各项特征的变异性大小来确定权重，避免人工设置权重带来的主观因素对匹配结果的影响。采用的动态权重确定方法同样适用于其他类型空间实体如居民地要素的匹配，只需将特征描述因子变化为相应实体的特征。此方法存在一些不足之处有待完善：①对表达差异较大的道路（如城中村道路）匹配识别有待加强；②样本的选取、匹配阈值的设置需要的人工干预过多，自动化水平有待进一步提高。

参 考 文 献

安晓亚, 孙群, 尉伯虎. 2012. 利用相似性度量的不同比例尺地图数据网状要素匹配算法. 武汉大学学报(信息科学版), 37(2): 224-228.

付仲良, 逯跃锋. 2013. 利用弯曲度半径复函数构建综合面实体相似度模型. 测绘学报, 42(1):

145-151.

付仲良, 杨元维, 高贤君, 等. 2016. 道路网多特征匹配优化算法. 测绘学报, 45(5): 608-615.

巩现勇, 武芳, 姬存伟, 等. 2014. 道路网匹配的蚁群算法求解模型. 武汉大学学报(信息科学版), 39(2): 191-195.

郝燕玲, 唐文静, 赵玉新, 等. 2008. 基于空间相似性的面实体匹配算法研究. 测绘学报, 37(4): 501-506.

姜大伟, 范剑超, 黄凤荣. 2016. SAR 图像海岸线检测的区域距离正则化几何主动轮廓模型. 测绘学报, 45(9): 1096-1103.

刘坡, 张宇, 龚建华. 2014. 中误差和邻近关系的多尺度面实体匹配算法研究. 测绘学报, 43(4): 419-425.

罗国玮, 张新长, 齐立新, 等. 2014. 矢量数据变化对象的快速定位与最优组合匹配方法. 测绘学报, 43(12): 1285-1292.

许俊奎, 武芳. 2013. 影响域渐进扩展的居民地增量综合. 中国图象图形学报, 18(6): 687-691.

张朋东, 邓敏, 赵玲, 等. 2011. 集成不同类型特征的城市道路选取方法研究. 地理与地理信息科学, 27(5): 16-20.

张桥平, 李德仁, 龚健雅. 2004. 城市地图数据库面实体匹配技术. 遥感学报, 8(2): 107-112.

朱蕊. 2012. 多源空间矢量数据一致性处理技术研究. 郑州: 中国人民解放军信息工程大学.

Bobzien M, Burghardt D, Petzold I, et al. 2008. Multi-representation databases with explicitly modeled horizontal, vertical, and update relations. Cartography and Geographic Information Science, 35(1): 3-16.

Fisher J. 2004. Visualizing the connection among convex hull, Voronoi diagram and Delaunay triangulation//The 37th Midwest Instruction and Computing Symposium, Morris.

Kabolizade M, Ebadi H, Ahmadi S. 2010. An improved snake model for automatic extraction of buildings from urban aerial images and LiDAR data. Computers, Environment and Urban Systems, 34(5): 435-441.

Li W, Goodchild M F, Church R. 2013. An efficient measure of compactness for two-dimensional shapes and its application in regionalization problems. International Journal of Geographical Information Science, 27(6): 1227-1250.

Lotfi F H, Fallahnejad R. 2010. Imprecise Shannon's entropy and multi attribute decision making. Entropy, 12(1): 53-62.

Machado J T. 2014. Fractional order generalized information. Entropy, 16(4): 2350-2361.

Parent C, Spaccapietra S, Zimányi E. 2006. The MurMur project: modeling and querying multi-representation spatio-temporal databases. Information Systems, 31(8): 733-769.

Peter B, Weibel R. 1999. Using vector and raster-based techniques in categorical map generalization//The 3rd ICA Workshop on Progress in Automated Map Generalization, Ottawa.

Tong X, Liang D, Jin Y. 2014. A linear road object matching method for conflation based on optimization and logistic regression. International Journal of Geographical Information Science, 28(4): 824-846.

Wang W, Du S, Guo Z, et al. 2015. Polygonal clustering analysis using multilevel graph-partition. Transactions in GIS, 19(5): 716-736.

Zandbergen P A. 2008. Positional accuracy of spatial data: non-normal distributions and a critique of the national standard for spatial data accuracy. Transactions in GIS, 12(1): 103-130.

Zhang M, Meng L. 2008. Delimited stroke oriented algorithm-working principle and implementation for the matching of road networks. Geographic Information Sciences, 14(1): 44-53.

Zhang X, Ai T, Stoter J, et al. 2014. Data matching of building polygons at multiple map scales improved by contextual information and relaxation. ISPRS Journal of Photogrammetry and Remote Sensing, 92: 147-163.

第 6 章　多要素辅助下的地理空间实体匹配

目前关于地理空间实体匹配的策略大多基于局部最优的匹配，而局部最优未必是全局最优。由于制图综合的影响，居民地的位置特征会出现比较大的变化，加上居民地的形态往往具有同质性，给同名实体的识别带来了很大困难。关于居民地的匹配，学者们已经做了很多的研究工作，提出了各种匹配方法。但是，这些匹配方法大多要求两份待匹配数据中地物间的定位精度近似一致，当地理空间数据的参考坐标系不同时，利用空间对象的位置作为匹配参考比较困难。由于地理空间数据的多源性，在空间数据更新与融合的过程中，经常会碰到空间参考坐标系不一致且因转换参数未知不能将它们转换到同一坐标系下进行匹配的情况。本章将着重阐述道路网约束下的多尺度居民地全局自适应匹配方法和地标辅助下的多尺度居民地匹配方法，通过实验与分析来详细讲解方法的实现步骤和效果。

6.1　道路网约束下的多尺度居民地全局自适应匹配

居民位置特征变化和形态的同质性，导致同名实体识别存在较大困难。近年来，一些学者采用了概率松弛法(Song et al.，2011)、整数规划(Tong et al.，2014)来进行空间对象的全局寻优匹配，但是存在数据分块及计算耗时等问题(付仲良等，2016)。

道路网与居民地之间的约束关系在对象快速索引、协同匹配(王骁等，2016)等方面得到了应用。本章在利用第 5 章所提出的方法对道路进行匹配的基础上，设计了一种道路网约束下的多尺度居民地全局自适应匹配策略，并对其中的关键技术进行探讨。

6.1.1　道路网眼的构建

纵横交错的道路围成的闭合区域称为道路网眼，道路网眼将居民地划分为不同的集合，具有匹配关系的居民地必定包含在具有匹配关系的道路网眼中。有学者采用小比例尺道路网眼来约束两个尺度下的居民地，但不同尺度下对象位置表达的变化可能会出现同名对象落入不同网眼中的情况，导致误匹配。

不同比例尺中道路网眼的匹配关系构建方法为：①利用第 5 章所提出的方法完成多尺度道路网的匹配；②通过拓扑处理将小比例尺道路网数据生成道路网眼；③提取构成小比例尺道路网眼的路段，道路匹配结果(经人工检验)找出对应的大比例尺路段；④将对应的大比例尺路段经过拓扑处理生成与小比例尺网眼相匹配的大比例尺网眼。

如图 6.1 所示，大比例尺地图中路段 *AB*、*BC*、*CD*、*DA* 合围构成的道路网眼与小比例尺地图中路段 $A'E'$、$E'B'$、$B'C'$、$C'F'$、$F'D'$、$D'A'$ 合围构成的道路网眼匹配。

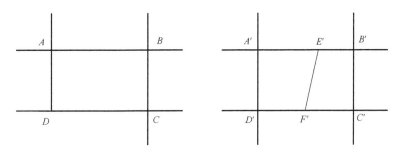

图 6.1　道路网眼匹配

6.1.2　潜在匹配对象的获取

道路网眼对居民地的分割相当于对居民地进行了粗匹配，我们认为两份数据中具备匹配关系的道路网眼包含的居民地之间具有潜在的匹配关系，将通过特征相似度计算进一步识别。本章具有潜在匹配关系的居民地相似度计算，采用距离、面积、方向、形状四个常用相似度指标(计算方法见第 5 章)，通过加权求和获取总相似度，特征相似度的权重采用第 5 章介绍的熵权法来确定。

多尺度居民地存在非一对一的匹配关系，在进行一对多相似度计算时需要对候选要素进行组合。当包含在匹配网眼中的居民地对象数量较多时，采用遍历组合方法会产生数量很大的候选匹配对象，计算耗时量会非常大。为避免这个问题，采用自动分组的方法来生成一对多关系的候选匹配对象，首先根据数据的比例尺特征结合地图图示规范来确定对象合并的最大距离 D，当 m 个($m \geqslant 2$)大比例尺居民地之间的距离小于 D 时，其小比例尺地图中存在合并的可能，需将这 m 个对象组合作为候选匹配对象。

具体方法如图 6.2 所示，对网眼内的大比例尺居民地生成 Delaunay 三角网(Fisher，2004)，通过计算连接居民地之间的三角网的高来获取两个居民地之间的最小距离。经计算，居民地 *A* 与 *B*、*C* 与 *D*、*E* 与 *F* 之间的距离小于给定的阈值 D，在小比例尺地图中可能会进行合并，因此采用第 5 章提出的居民地合并方法分别对这三组要素进行合并且作为潜在的匹配对象。

制图综合的典型化操作会产生多对多的匹配关系，常见典型化的多个居民地形态呈线型或格网型。潜在匹配对象的识别方法如下。

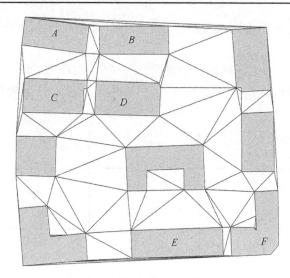

图 6.2　Delaunay 三角网的生成

　　利用三角网进行邻近搜索，识别形状、大小、方向相同的居民地，如发现具有同质性的居民地之间的距离小于阈值，且在大比例尺地图中数量大于等于 3 或在小比例尺地图中数量大于等于 2，则对其进行聚类。

　　获取聚类后的每个居民地的质心，利用质心构建连接图（巩现勇等，2014），然后按以下规则进行识别：①如连接图的各条边均接近平行（角度差异小于给定的阈值），则该组居民地形态成线型，可作为潜在的匹配对象。②如连接图的存在不接近平行关系的边，则如图 6.3 所示，通过迭代处理将连接图（图 6.3(a)）中连接度小于 2 的节点删除，若连接图（图 6.3(b)）中的任一边与其他边均呈接近平行或接近垂直关系，则其符合进行典型化的特征。该组居民地作为潜在的匹配对象。

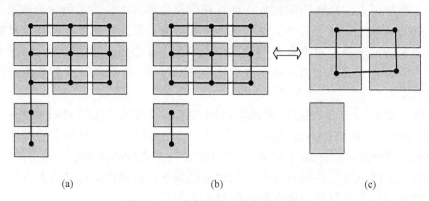

　　(a)　　　　　　　　　　　(b)　　　　　　　　　　　(c)

图 6.3　通过连接图识别典型化特征

道路网眼内候选匹配居民地相似度计算伪代码如下。

```
For (int i=1; i<小比例尺居民地数量; i++)
  {
    For (int j=1; j<大比例尺居民地候选匹配对象数量; j++)
      {
        Sim(小比例尺居民地[i],大比例尺居民地[j]);      //计算相似度
        Save_sim();                                //将相似度结果持久化保存
      }
  }
```

6.1.3　基于整数规划的全局优化匹配方法

通过对潜在匹配对象的相似度计算之后，下一步工作就是从中找出最合适的匹配对。以道路网眼为单元，所采用的匹配策略顾及全局匹配的最优化。整数规划是规划论的一个重要分支，其原理是在有限个可供选择的方案中，寻找满足一定标准的最优方案。而本章中的匹配问题正是实现区域内居民地相似度的最大化，定义匹配道路网眼中包含的小比例尺潜在匹配对象集合为 $A = \{a_1, a_2, \cdots, a_m\}$，大比例尺潜在匹配对象集合为 $B = \{b_1, b_2, \cdots, b_n\}$，通过式 (6-1) 计算整体相似度的最大化

$$Z = \max \sum_{i=1}^{m} \sum_{j=1}^{n} s_{ij} x_{ij} \tag{6-1}$$

式中，s_{ij} 表示对象间的相似度值，x_{ij} 计算方法为

$$x_{ij} = \begin{cases} 1, & \text{match}(a_i, b_i) = \text{true} \\ 0, & \text{其他} \end{cases} \tag{6-2}$$

当两份居民地数据的现势性一致时，小比例尺地图中的每一个对象均能在大比例尺地图中找到与之相匹配的对象。由此可以将空间实体的匹配问题转化为运筹学中的指派问题。指派问题是将 M 项任务分配给 M 个人完成，每个人完成的效率不同，目的是使完成的时间最短。基于研究的问题，将小比例尺地图中的 M 个对象分配给大比例尺地图中的 M 个对象，使匹配对象之间的差异度最小。对象之间的差异度为 |1−相似度|。

此指派问题可用匈牙利算法求解，构建潜在匹配对象之间的特征差异度矩阵(m 行 n 列)，如式 (6-3) 所示，当大比例尺居民地中潜在匹配对象数量大于小比例尺居民地中潜在匹配对象数量时 ($n > m$)，则将矩阵添加 $n-m$ 行，赋予差异度值为 0，构建成 n 行 n 列的矩阵，如式 (6-4) 所示。

$$C = \begin{bmatrix} a_{11} & a_{12} & \cdots & a_{1n} \\ a_{21} & a_{22} & \cdots & a_{2n} \\ \vdots & \vdots & & \vdots \\ a_{m1} & a_{m2} & \cdots & a_{mn} \end{bmatrix} \tag{6-3}$$

$$D = \begin{bmatrix} a_{11} & a_{12} & \cdots & a_{1n} \\ a_{21} & a_{22} & \cdots & a_{2n} \\ \vdots & \vdots & & \vdots \\ a_{n1} & a_{n2} & \cdots & a_{nn} \end{bmatrix} \qquad (6\text{-}4)$$

算法求解步骤如下。

(1)将矩阵中每一行的元素减去该行中的最小元素值。

(2)将矩阵中每一列的元素减去该列中的最小元素值。

(3)在矩阵中做水平线或垂直线,利用最少的直线覆盖矩阵中值为 0 的元素。

(4)最优检测判断:①如最少覆盖直线的数量为 n(n 为矩阵行列数),值为 0 的元素所处的行列即为最优的分配结果;②如最少覆盖直线的数量小于 n,表示还没有获得最优的分配结果,进入步骤(5)。

(5)检测没有被直线覆盖的最小元素,在没有被直线覆盖的每一行减去该元素,同时将该元素添加到被直线覆盖的每一列,返回步骤(3)继续处理。

6.2　地标辅助下的多尺度居民地匹配

近年来,一些学者对不同参考坐标系下的空间实体匹配进行了研究。针对道路网的匹配,有学者提出根据道路节点相似性构建坐标系转换方程的方法,也有基于结构模式的城市道路节点匹配方法(Chen et al.,2006)。

在居民地匹配方面,Kim 等(2010)提出了一种基于地理环境的匹配方法,该方法通过对比待匹配的两份数据空间实体的属性信息,找出同名实体,以同名实体作为地标,再以地标构建 Voronoi 图,通过 Voronoi 图发现地标之间的相邻关系,以同一个 Voronoi 单元内的空间实体作为候选匹配对象,再分别将候选匹配对象与相邻地标生成三角网(如图 6.4 所示),通过计算三角网的几何特征进行对比,确定最终的匹配对象。该方法的局限性包括:①只适用于精度较高、长度单位一致、范围一致的数据之间匹配;②只能对存在一对一匹配关系的实体位置关系进行识别,不适用于比例尺不同、存在非一对一匹配关系的数据匹配;③对空间实体属性信息的完整性要求比较高,当能选取的地标数量较少时无法保证匹配精度。

针对多源多尺度居民地坐标系不同、长度单位不同、位置差异大等问题,本章提出了一种利用少量存在的实体属性信息进行语义相似性计算确定同名地标,通过同名地标进行居民地空间信息的自动转换来完善多尺度面状居民地匹配的方法。

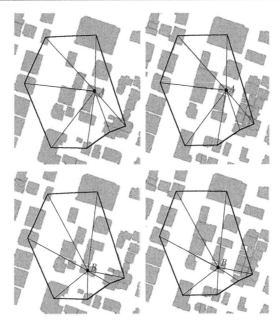

图 6.4　候选匹配要素与相邻地标构建三角网(Kim et al.，2010)

6.2.1　适应不同坐标系的居民地匹配策略

由于源数据与目标数据之间的空间参考差异，两份数据不能直接通过位置信息及几何信息进行比较。本章方法首先将进行空间参考的统一，再通过相似度计算完成匹配，总体设计流程如图 6.5 所示，具体方法如下。

(1)提取两份居民地数据中残缺的属性信息进行语义相似度计算,结合居民地的几何信息获取候选匹配地标。

(2)为确保同名地标之间的一一对应关系,采用单应性矩阵结合随机抽样一致性检测，进行候选匹配地标的筛选，确定匹配地标。

(3)以同名地标为特征点,采用单应性矩阵结合随机抽样一致性检测将居民地转换到同一空间参考下。

(4)以地标作为位置参考，进行实体的空间特征相似度计算。

(5)对居民地特征相似度进行总体评价，确定最终匹配对象。

6.2.2　居民地公共地标的自动获取

1. 初步获取公共地标

1)居民地语义相似度的计算方法
不同的数据来源、不同的采集标准导致多尺度居民地属性信息表达的差异，且

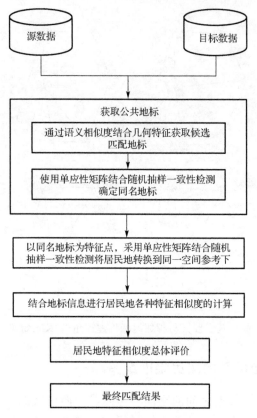

图 6.5　地标辅助下的居民地总体设计流程

属性信息普遍存在空字段多、完整性差的情况。为能够进行居民地语义相似性的测度，本章根据不同的属性字段类型，采用相应的计算方法。

(1) 字符型字段。

居民地属性信息中字符型字段主要用于描述实体的名称、类型、地名地址等信息。

①一般字符串相似度计算。

字符串相似度最常用的方法是编辑距离(刘纪平等，2013)，该方法是从字符串的字符组成上比较相似度，即

$$\text{Sim}(s,l) = 1 - \frac{\text{edit}(s,l)}{\max(\text{len}(s), \text{len}(l))} \tag{6-5}$$

式中，edit 是两个字符串相互转换的最小编辑操作数量，len 为字符串的长度。

②类型字段相似度计算。

编辑距离往往不能准确反映居民地类型的相似度，目前，针对地理信息的集成与共享，学者们基于本体论开展了地理概念语义的研究。利用本体论进行居民地类型匹配首先需要构建本体语义树，采用已经构建好的居民地本体语义树，如图 6.6

所示。根据本体语义树，采用 Leacock 和 Chodorow(1998)提出的语义相似度计算模型来计算两个概念的相似度，即

$$\text{Sim}(A,B) = -\log\frac{\text{comdis}(A,B)}{2\max\text{depth}} \tag{6-6}$$

$$\text{comdis}(A,B) = \text{dis}(A,\text{com}(A,B)) + \text{dis}(B,\text{com}(A,B)) \tag{6-7}$$

式中，maxdepth 为语义树的最大深度，com(A,B) 为节点 A 与节点 B 在语义树中的最近共同祖先，dis(A,com(A,B)) 与 dis(B,com(A,B)) 分别计算 A、B 到最近共同祖先的有向边距离(罗国玮等，2014)。

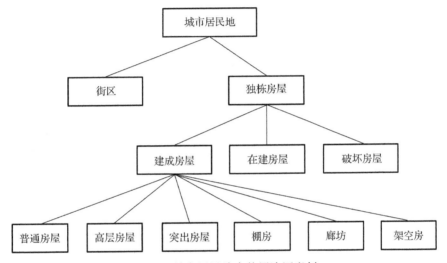

图 6.6　城市居民地本体层次语义树

③地名信息相似度。

较大比例尺居民地中的属性字段往往包含部分地名信息。地名信息能够在一定程度上反映居民地的相似度。关于地名信息的匹配，学者们开展了许多研究工作，采用了一种适于汉语地名的匹配方法。分别求取专名及通名的相似度，再按式(6-8)加权得到地名的综合相似度。地名中用于区分每个地理实体的部分称为"专名"，用以区分地理实体类别的部分称为"通名"。

$$\text{Sim}(a,b) = \text{sim}\_u(a_1,b_1)w_1 + \text{sim}\_s(a_2,b_2)w_2 \tag{6-8}$$

式中，$\text{sim}\_u(a_1,b_1)$ 为两个地名的通名相似度，$\text{sim}\_s(a_2,b_2)$ 为两个地名的专名相似度，w_1、w_2 为权重，且 $w_1+w_2=1$。在进行地名的专名及通名区分时，需要采用中文分词法对地名进行分割。对于专名相似度的计算，一般采用字符串编辑距离来计算，如式(6-1)所示。通用地名的计算采用本节介绍的类型相似度计算方法。

(2) 数值型字段相似度。

对于数值型字段如楼层数、高度、建筑面积等，认为数值在一定差异阈值内存在相似性，差异超出阈值则相似度为 0，阈值的选取根据不同的字段内容设定。数值型字段相似度计算方法为

$$Q(v,v') = \begin{cases} 1-\left|(v'-v)\right|/v, & \left|v-v'\right| < \varepsilon, \ \varepsilon < v \\ 0, & \left|v-v'\right| \geq \varepsilon, \ \varepsilon < v \end{cases} \tag{6-9}$$

式中，v 与 v' 为相比较的字段值，ε 为阈值，且 $\varepsilon < v$。

(3) 空间实体属性信息相似度综合计算。

两个居民地对象的属性相似度为非空属性字段相似性的加权求和 (Cobb et al., 1998)，即

$$\mathrm{Sim}(A,B) = \frac{\sum_{i=1}^{N}[\mathrm{sem}_i(A,B)w_i]}{N} \tag{6-10}$$

式中，sem_i 为第 i 项字段属性值的相似度，w_i 为第 i 项字段的权重，且 $\sum_{i=1}^{i=n} w_i = 1$。

2) 计算居民地的空间相似度

由于两份数据存在空间坐标系及长度单位的不一致，无法通过实体的位置、大小、方向来进行相似度的计算，采用形状紧凑度来度量两个居民地的空间相似度。形状紧凑度不会受到实体的缩放、旋转及移动的影响，计算方法为

$$\mathrm{Sim}_{\mathrm{compass}} = 4\pi \mathrm{Area} / P^2 \tag{6-11}$$

式中，Area 为居民地的面积，P 为居民地的周长。

3) 公共地标的初步选择

进行公共地标的选择流程如图 6.7 所示，首先将两份居民地数据中属性信息不为空的实体筛选出来，然后对这些属性信息完整的居民地实体进行语义相似度计算，从中筛选出语义相似度较大的居民地对，再对这些具备较大语义相似度的对象进行空间相似度计算，并通过式(6-8)加权求和得到综合相似度，最后进行综合相似度判别，将综合相似度大于阈值的两个实体看成候选匹配居民地，候选匹配居民地必须为一对一的匹配关系，以这两个居民地的质心点坐标作为候选匹配地标保存，并将匹配关系存入候选地标匹配关系表，如表 6.1 所示。

$$\mathrm{Sim}_{\mathrm{total}} = \mathrm{Sim}_g w_1 + \mathrm{Sim}_s w_2 \tag{6-12}$$

式中，Sim_g 为空间相似度，Sim_s 为语义相似度，且 $w_1 + w_2 = 1$。

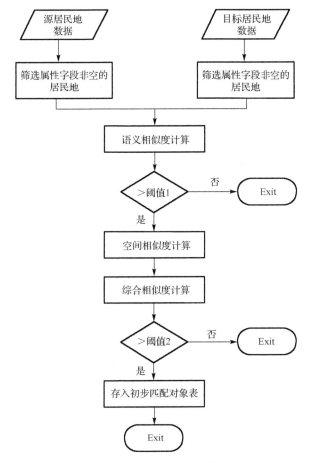

图 6.7　公共地标的选择流程

表 6.1　候选地标匹配关系存储表结构

字段	字段类型	描述
MatchID	整型	匹配关系标识
RefID	字符型	源数据地标点 ID
TarID	字符型	目标数据地标点 ID
SimValue	数值型	相似度

2. 地标的进一步筛选

通过语义及形状相似度建立的地标匹配关系无法保证准确性，地标的错误会对坐标变换造成影响。采用单应性矩阵与随机抽样一致性检测的方法对地标进一步筛选。

1)单应性矩阵

根据计算机视觉中的成像原理，两幅相关联的图像通过单应性矩阵，一幅图像上任意一点可以在另一幅图像上找到对应的点(Kanatani et al.，2000)。单应性矩阵在遥感图像配准等研究领域得到了广泛的应用(Cai et al.，2013)，同样也适用于矢量地图的匹配。可以将不同坐标系下的实体可以看成现实地理实体在不同平面上的映射，地图实体在不同的空间参考下可能出现平移、旋转、缩放等变化。如图 6.8所示，M_0 为地球平面 P_0 上任意一点，P_1 与 P_2 为平面 P_0 在不同坐标系下的映射，M_1 与 M_2 分别是 M_0 在两幅地图中点的齐次坐标。

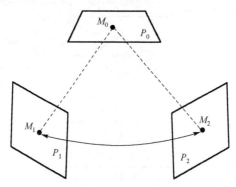

图 6.8　单应性矩阵原理

设 $M_1=(x,y,1)^{\mathrm{T}}$，$M_2=(u,v,1)^{\mathrm{T}}$，通过式(6-13)实现点 M_1 到 M_2 的变换。

$$M_1 H = M_2 \tag{6-13}$$

式中，H 是一个 3×3 的矩阵，表示为

$$H = \begin{pmatrix} h_{11} & h_{12} & h_{13} \\ h_{21} & h_{22} & h_{23} \\ h_{31} & h_{32} & h_{33} \end{pmatrix} \tag{6-14}$$

将 H 利用 h_{33} 归一化后存在八个未知参数。如果已知平面上的四组对应点坐标，且任意三点不共线，便可以求取出单应性矩阵 H。

2) 随机抽样一致性检测

随机抽样一致性算法(Fischler and Bolles，1981)在计算机视觉领域中常用于计算图像间对应点集基础矩阵的估计。本章将采用该算法通过多个地标点对的一致性来排除匹配效果不好的地标点。设 $U = \{(a_1,b_1),(a_2,b_2),\cdots,(a_n,b_n)\}$ 表示两个数据库中所有匹配地标点对构成的集合，a、b 分别表示同一个点在两个数据库中的位置，H 表示待确定的单应性矩阵，则符合单应性矩阵 H 的一致性点集 V 满足条件为

$$\mathrm{dist}(H_a,b) < d \tag{6-15}$$

式中，函数 dist 表示平面上两匹配地标点 a、b 的欧氏距离，d 为预先给定的距离阈值。

具体的算法步骤如下。

(1) 从集合 U 中随机抽取一定比例的地标点构造初始的样本模型，设随机抽取的地标点为 m 个 $(m \geq 4)$，分别构建矩阵 H_1 与 H_2 如下

$$H_1 = \begin{pmatrix} p_{x1} & p_{x2} & \cdots & p_{xm} \\ p_{y1} & p_{y2} & & p_{ym} \\ 1 & 1 & \cdots & 1 \end{pmatrix} \tag{6-16}$$

$$H_2 = \begin{pmatrix} q_{x1} & q_{x2} & \cdots & q_{xm} \\ q_{y1} & q_{y2} & & q_{ym} \\ 1 & 1 & \cdots & 1 \end{pmatrix} \tag{6-17}$$

式中，(p_x, p_y) 为源数据中的平面坐标，(q_x, q_y) 为目标数据中的平面坐标。

运用式 (6-18) 计算得到单应性矩阵 TH，对 TH 取前 3 行 3 列构成的矩阵 H 即为待确定的单应性矩阵。

$$TH = H_2 H_1^T (H_1 H_1^T)^{-1} \tag{6-18}$$

(2) 从集合 U 中抽取其他地标点对拟合结果进行验证。将源数据中的地标点 O 采用步骤 (1) 中的单应性矩阵 H 进行坐标变换得到目标点 O'，如点 O' 与目标数据中的匹配地标点距离小于阈值 d，则该地标点 O 通过验证，如通过验证点的比例较高 (大于阈值)，H 为最优解。如通过验证点的比例较低 (小于阈值)，则重新选择地标点构建待确定的单应性矩阵。

(3) 将源数据中的地标通过单应性矩阵 H 变换到目标数据中，比较变换后的地标与目标数据中匹配地标的位置关系，如欧氏距离较大则认为该对地标点的匹配关系不成立，将该对点从匹配地标表中删除。

该算法只需匹配地标表中的匹配关系正确率高于 50% 便可实现对地标的有效筛选 (钟灵等，2011)。

6.2.3　地标辅助居民地匹配

1. 居民地坐标系的统一

利用构建好的地标点匹配关系生成单应性矩阵，就可以将源数据中的面状居民地变换到与目标数据相同的坐标系下。具体流程如图 6.9 所示。逐一将源数据中面状居民地提取折点坐标，生成有序点集 P；将 P 中的点通过单应性矩阵变换到目标数据的坐标系下；按照原次序将点集重构面对象。运用该方法，可以有效实现空间数据坐标系、长度单位的统一。

2. 基于地标的方向关系相似性

将两份居民地数据统一坐标系后便可通过实体缓冲区查询，获取候选匹配要素，

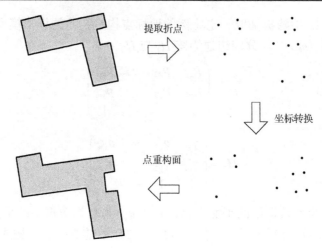

提取折点

坐标转换

点重构面

图 6.9　居民地面坐标系统一流程

然后采用位置、面积、方向、形状及环境相似度计算方法获取特征相似度。由于地标匹配关系已经确定，居民地与地标的空间关系可以作为空间相似性的特征。方向关系是空间关系的一种，不同于第 5 章提到的实体延伸方向，它存在于地理空间的两个目标之间，是在一定的方向参考系中从一个空间目标到另一个空间目标的指向（郭黎等，2008）。

方向关系相似性的描述方法分为定性与定量两种（闫浩文和郭仁忠，2002）。定性的描述模型常用于空间推理、空间一致性检测、模糊空间关系查询等方面（唐雪华等，2014），而定量的描述方法更利于与空间相似性的度量，采用定量的空间关系方向描述方法，以地标为参考点来计算居民地与地标方向关系的相似性。为方便计算，将居民地面取质心，将两个面实体的方向关系转化为两个点之间的方向关系，分别以匹配地标为起始点，待匹配的居民地为终点构建方向向量，如图 6.10 所示，方向向量相似度计算方法为

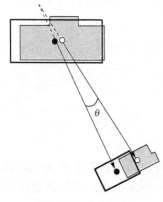

图 6.10　方向夹角

$$\begin{cases} \mathrm{sim_{DR}} = 1 - \dfrac{\theta}{\pi/2}, & \theta < \dfrac{\pi}{2} \\ \mathrm{sim_{DR}} = 0, & \theta \geqslant \dfrac{\pi}{2} \end{cases} \tag{6-19}$$

式中，θ 为两个方向向量的夹角。

在参考地标选择前，先以地标匹配表中的全部点集生成 Voronoi 图，通过地标点的对应关系，建立两份数据中 Voronoi 单元对应关系，查找与每个 Voronoi 单元存在拓扑包含关系的居民地，选择该单元中的地标点为方向关系参考点。

　　实体间的方向关系与距离大小存在关系，距离地标点较远的两个实体，尽管它们之间的位置差异较大，但它们与地标点的方向夹角可能很小，不利于方向相似度的计算。为避免距离不同对方向关系的影响，本章提出了统一距离的方向相似度计算方法：①如图 6.11(a) 所示，在源数据中，以地标为参考点 O_1，构建待匹配居民地的方向向量，计算该向量与正北方向的夹角 a 及参考点与居民地质心的欧氏距离 L，沿该方向向量的方向，将地标点移至与待匹配居民地质心欧氏距离为 L' 的位置，得到点 O_1'，L' 的值取小比例尺数据中单个居民地轮廓两点之间的距离最大值。②如图 6.11(b) 所示，在目标数据中将地标参考点 O_2 沿与正北方向的夹角为 a 的方向上位移 $L-L'$ 个距离单位，得到点 O_2'。③分别以 O_1' 与 O_2' 为参考点构建源数据与目标数据中候选匹配要素的方向向量，计算两个向量的角度差异，然后用式(6-15)求得两个居民地的方向关系相似度。

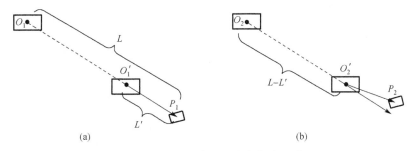

图 6.11　统一距离的方向相似度测度

3. 实体匹配关系的确定

　　通过计算得到居民地实体与候选匹配对象的位置、面积、延伸方向、形状、环境及方向关系相似度之后，按照第 5 章提出的基于 RVM 与主动学习的多尺度居民地匹配方法进行实体匹配关系的确定。

6.3　实验与分析

6.3.1　道路网约束下的多尺度居民地全局自适应匹配实验

　　为验证所提方法的有效性，选取了两个实验区域进行实验，两个实验区域的对应大小比例尺均为 1:10000 与 1:25000。其中，实验区 1 中的两个比例尺数据中要素数量分别为 381 与 252，如图 6.12 所示，实验区 2 中的两个比例尺数据中要素数量分别为 269 与 207，如图 6.13 所示。两个实验区的居民地分别被 17 个、9 个相匹配的道路网眼分割。在实验前已将两份数据进行预处理，保证了空间坐系系及投影的一致性。

(a) 1︰10000居民地　　　　　　(b) 1︰25000居民地

(c) 道路网眼约束下的1︰10000居民地　　(d) 道路网眼约束下的1︰25000居民地

图 6.12　实验区域 1 数据

(a) 1︰10000居民地　　　　　　(b) 1︰25000居民地

(c) 道路网眼约束下的1︰10000居民地　　(d) 道路网眼约束下的1︰25000居民地

图 6.13　实验区域 2 数据

　　为获得居民地各项特征的权重,对两个实验区数据分别选取了 **20%** 的匹配样本, 对其特征相似度值进行计算,得到各项特征权重如表 6.2 所示。

表 6.2　居民地特征权重

	距离	形状	面积	方向
实验区 1	0.331	0.237	0.225	0.207
实验区 2	0.176	0.323	0.326	0.175

对于实验结果，本章采用了准确率(P)、召回率(R)及综合指数(F)来评价。实验结果与同样基于道路网约束的居民地局部最优匹配(罗俊沣等，2014)进行对比。实验统计结果如表 6.3 所示，采用的全局优化匹配方法相比局部优化匹配方法，准确率与召回率均有较大的提升。

表 6.3　居民地匹配实验结果

实验区	方法	正确匹配数	错误匹配数	漏匹配数	准确率/%	召回率/%	F/%
实验区 1	局部最优	338	39	43	89.66	88.71	89.18
实验区 1	全局最优	370	14	11	96.35	97.11	96.73
实验区 2	局部最优	242	26	27	90.30	89.96	90.13
实验区 2	全局最优	261	10	8	95.96	97.03	96.49

如图 6.14 所示，包含在一个道路网眼中的匹配效果，蓝色实线边框实体(中空)表示的是大比例尺居民地，黄色背景的实体表示小比例尺居民地，红色连接线表示匹配关系。可以看出，1∶1 与 1∶m 的匹配关系都能正确地识别。

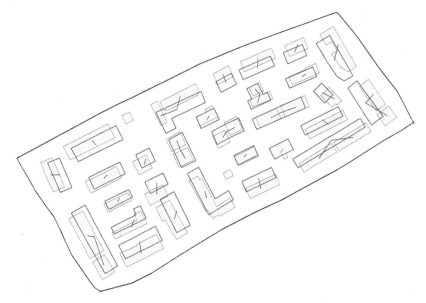

图 6.14　一对一及一对多匹配效果(见彩图)

居民地多对多的匹配效果如图6.15所示,虚线圆圈标注区域为两个居民地群组,对于该多对多的匹配关系,本章方法也能够准确地识别。

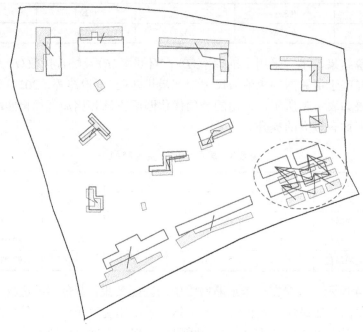

图 6.15　多对多的匹配效果(见彩图)

图 6.16 为部分局部最优与全局最优匹配的结果差异,其中,(a)与(d)、(b)与(e)、(c)与(f)是对相同数据分别采用局部寻优与全局寻优识别的结果。实验数据中两个比例尺地图在位置上有一定的差异,这是由于在制图综合过程中,为保证视觉上的一致性,将居民地进行位移操作产生的,当周边的居民地几何特征非常相似的情况下,局部寻优的方法很容易产生误匹配。与图6.16(a)、(b)、(c)相比,图6.16(d)、(e)、(f)的匹配结果更符合人工识别的结果。

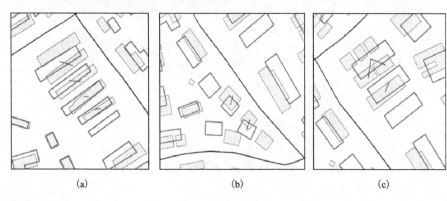

　　　　(a)　　　　　　　　　　　　(b)　　　　　　　　　　　　(c)

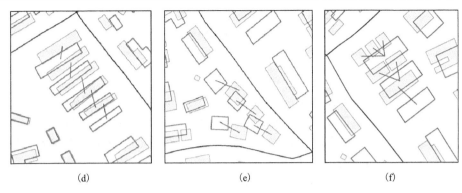

图 6.16　局部最优与全局最优匹配结果对比(见彩图)

采用全局寻优的方法需要计算道路网眼内每个潜在匹配对象之间的相似度，耗费较长的时间，完成这两个实验区算法(不含权重确定过程)分别耗时 41min55s、79min15s。表 6.4 与表 6.5 为各道路网眼中要素匹配所花费的时间，可以看出，包含要素数量较多的道路网眼匹配过程所花的时间较长。

表 6.4　实验区 1 道路网眼中要素匹配算法耗时

道路网眼 ID	包含要素数量	耗时/s	道路网眼 ID	包含要素数量	耗时/s
1	34×24	306	10	34×22	296
2	39×29	399	11	26×15	151
3	11×9	50	12	17×9	69
4	13×9	52	13	19×12	99
5	18×16	115	14	21×13	111
6	30×22	233	15	16×11	84
7	17×11	96	16	20×13	108
8	24×11	113	17	18×11	88
9	24×15	145			

表 6.5　实验区 2 道路网眼中要素匹配算法耗时

道路网眼 ID	包含要素数量	耗时/s	道路网眼 ID	包含要素数量	耗时/s
1	25×23	349	6	12×10	106
2	37×26	590	7	24×16	288
3	21×18	261	8	66×56	1983
4	26×18	312	9	36×22	559
5	22×18	307			

6.3.2　地标辅助下的多尺度居民地匹配实验

1. 实验设计

为了验证本章方法的有效性，选取了不同空间坐标系的两份面状居民地数据进行匹配实验。两份数据的比例尺分别为 1∶5000 与 1∶25000，要素数量分别为 4275 与 1023，假设因数据加密不能进行坐标系的统一。实验的开发工具为 Visual Studio 2010 结合 ArcGIS Engine 10.0 开发包。

由于数据中只有少量的居民地具备属性信息，在进行地标初选时，先将属性信息较完整的实体筛选出来。根据实验数据的特征，选取了属性字段中的地名、建筑类型、建筑结构、建筑高度、楼层数进行语义相似度计算，然后结合形状特征计算综合相似度，对于权重因子的选择，语义相似度权重为 0.7，空间相似度权重为 0.3，匹配阈值设定为 0.8。通过计算筛选出了 25 对初步匹配地标存入地标表，如表 6.6 所示。

表 6.6　初步匹配地标

源要素 ID	目标要素 ID	语义相似度	空间相似度	综合相似度
#1114	#183	0.902	0.888	0.898
#1163	#701	0.927	0.873	0.911
#693	#641	0.864	0.933	0.885
#1639	#707	0.803	0.948	0.847
#624	#657	0.938	0.850	0.912
#2729	#550	0.876	0.912	0.887
#2954	#534	0.945	0.982	0.956
#2751	#526	0.836	0.960	0.873
...	...	...	...	...

采用单应性矩阵结合随机抽样一致性检测方法对初始地标表中的点进一步筛选，设置位置一致性阈值为 30m，排除了 6 对地标点，最终确定 19 对匹配地标点。如图 6.17(a)、(b)所示，圆圈标识的点分别是源数据与目标数据中被排除的地标点。图 6.17(c)、(d)分别为源数据与目标数据中最终确定的匹配地标点。

将源数据转换到目标数据相同坐标系之后，分别以转换后的地标点生成 Voronoi 图，如图 6.18 所示。计算方向关系选取参考地标时，如源要素与候选匹配要素分别属于不同的 Voronoi 单元，以源要素质心点所属单元的地标点为参考点。

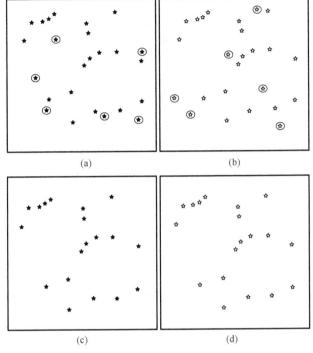

图 6.17　地标筛选结果

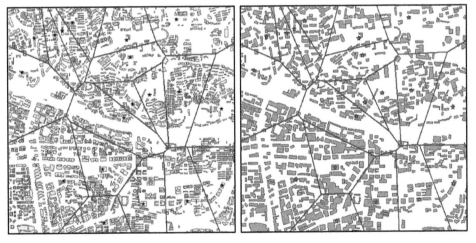

图 6.18　生成 Voronoi 图

2. 实验分析

经过坐标转换后的局部效果如图 6.19 所示,源数据与目标数据的位置差异不大,完全可以通过缓冲区来获取候选匹配要素。实验精度评价的指标为准确率与召回率,实验结果如表 6.7 所示。由于空间数据在坐标转换过程中会损失一定的精度，实验结果会比同一坐标系下的地图匹配精度稍低，但准确率与召回率都超过了 90%。表 6.8 中将提出本章方法与相关方法做了对比，相对 Kim 等 (2010) 所提出的方法，本章方法不仅能够支持不同坐标系下的空间实体匹配，还能够支持不同长度单位、不同比例尺下的实体匹配，且在地标选取时对实体属性信息的完整度要求很低。

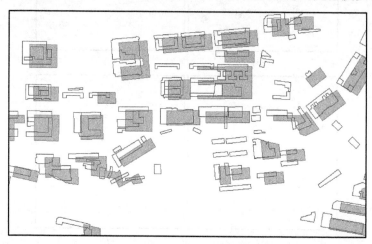

图 6.19　坐标转换后局部效果显示(灰色为小比例尺要素，白色为大比例尺要素)

表 6.7　实验结果统计

匹配方法	正确匹配数	错误匹配数	漏匹配数	准确率/%	召回率/%
本章方法	3146	310	317	91.0	90.8

表 6.8　方法对比

数据条件	Kim 的方法	本章方法
不同坐标系	支持不同坐标系匹配	支持不同坐标系匹配
不同长度单位	不支持不同长度单位	支持不同长度单位
多尺度实体	不支持多尺度实体匹配	支持多尺度实体匹配
实体属性信息完整度	对属性信息的完整度要求较高，需较多地标点的支持	对属性信息的完整度要求比较低，只需少量地标点的支持

6.4　本　章　小　结

本章提出了一种道路网约束下的多尺度居民地全局自适应匹配方法。通过道路网眼将居民地分割，将居民地的匹配问题转化为分配问题，利用匈牙利算法实现了最优分配。此方法适合相邻比例尺、具有相近现势性的居民地匹配。当居民地的尺度差异较大时，居民地聚类的难度增加，从而影响匹配的精度。另外，当两份数据的现势性差异较大时，可能出现小比例尺中的居民地在大比例尺地图中没有相应的匹配对象，如何对该情况进行识别需要在下一步工作中完善。

　　针对多源地理空间数据存在坐标系不一致导致的实体难以匹配的问题，本章提出了一种基于地标的面状居民地匹配方法。通过两份数据中的公共地标，实现坐标系、长度单位的统一，便于进行实体间相似性测度。在地标的确定过程中，本章提出了二次筛选方法，通过融合多种语义相似度算法，结合实体的空间相似度，构建地标初步匹配关系；运用单应性矩阵结合随机抽样一致性检测算法对错误的初匹配地标进行排除。实验表明，该方法实现了对地标的有效筛选。在实体相似性测度方面，本章提出基于地标空间方向关系的测度方法，该特征是对已有特征的一个有益补充。该方法在进行居民地坐标统一的同时，也可以对道路的坐标进行统一，具体的方法是将提取道路的折点坐标进行转换后再重构道路。本章方法能够实现不同坐标系、不同长度单位、不同比例尺的矢量空间数据的匹配，有助于提升多源地理空间数据之间的更新与融合自动化水平。

参 考 文 献

付仲良, 杨元维, 高贤君, 等. 2016. 道路网多特征匹配优化算法. 测绘学报, 45(5): 608-615.

巩现勇, 武芳, 姬存伟, 等. 2014. 道路网匹配的蚁群算法求解模型. 武汉大学学报(信息科学版), 39(2): 191-195.

郭黎, 崔铁军, 郑海鹰, 等. 2008. 基于空间方向相似性的面状矢量空间数据匹配算法. 测绘科学技术学报, 25(5): 380-382.

罗国玮, 张新长, 齐立新, 等. 2014. 矢量数据变化对象的快速定位与最优组合匹配方法. 测绘学报, 43(12): 1285-1292.

罗俊沣, 朱欣焰, 陈迪, 等. 2014. 道路网约束下的多尺度面状要素自动匹配. 计算机应用研究, 31(11): 3247-3249.

唐雪华, 秦昆, 孟令奎. 2014. 基于拓扑参考的定性方向关系矩阵描述模型. 测绘学报, 43(4): 396-403.

王晓, 钱海忠, 何海威, 等. 2016. 顾及邻域居民地群组相似性的道路网匹配方法. 测绘学报, 45(1): 103-111.

闫浩文, 郭仁忠. 2002. 空间方向关系基础性问题研究. 测绘学报, 31(4): 357-360.

钟灵, 章云, 许哲民. 2011. 近邻点一致性的随机抽样一致性算法. 应用光学, 32(6): 1145-1149.

Cai G R, Jodoin P M, Li S Z, et al. 2013. Perspective-SIFT: an efficient tool for low-altitude remote sensing image registration. Signal Processing, 93(11): 3088-3110.

Chen C C, Shahabi C, Knoblock C A, et al. 2006. Automatically and efficiently matching road networks with spatial attributes in unknown geometry systems// Proceedings of the 3rd Workshop on Spatio-Temporal Database Management, Seoul.

Fischler M A, Bolles R C. 1981. Random sample consensus: a paradigm for model fitting with applications to image analysis and automated cartography. Communications of the ACM, 24(6): 381-395.

Fisher J. 2004. Visualizing the connection among convex hull, Voronoi diagram and Delaunay triangulation//The 37th Midwest Instruction and Computing Symposium, Morris.

Kanatani K, Ohta N, Kanazawa Y. 2000. Optimal homography computation with a reliability measure. IEICE Transactions on Information and Systems, 83(7): 1369-1374.

Kim J O, Yu K, Heo J, et al. 2010. A new method for matching objects in two different geospatial datasets based on the geographic context. Computers and Geosciences, 36(9): 1115-1122.

Leacock C, Chodorow M. 1998. Combining local context and WordNet similarity for word sense identification. WordNet: An Electronic Lexical Database, 49(2): 265-283.

Song W, Keller J M, Haithcoat T L, et al. 2011. Relaxation-based point feature matching for vector map conflation. Transactions in GIS, 15(1): 43-60.

Tong X, Liang D, Jin Y. 2014. A linear road object matching method for conflation based on optimization and logistic regression. International Journal of Geographical Information Science, 28(4): 824-846.

第7章 地图实体匹配的时空级联关系构建

地图实体匹配技术在空间数据更新、多源空间数据融合方面发挥着重要作用。本书在前面的章节中已经以多尺度居民地及道路为研究对象，深入探讨了地理空间数据匹配的方法。在匹配中，需要根据不同的数据条件选择合适的匹配方法，如图 7.1 所示，根据待匹配多尺度居民地数据特征选择匹配方法的建议，本章将重点介绍地图实体匹配技术在多尺度要素级联更新中的应用。

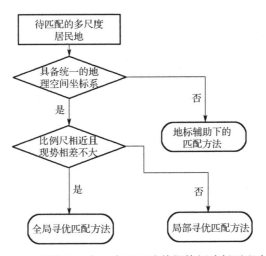

图 7.1 根据待匹配多尺度居民地数据特征选择匹配方法

数据动态更新是保持地理空间信息现势性的主要手段，也是 GIS 业界与学界关心的重要技术问题（陈军等，2007）。面向不同的应用需求，地理空间数据需要按不同的比例尺存储，因此保证各比例尺空间数据的现势性与一致性是数据管理的重要任务。为实现多尺度数据的快速联动更新，学者们开展了诸多研究工作，目前，全局缩编更新与要素级联更新是学界研究多尺度空间数据更新的两个方向，相对于传统的全局地图缩编更新方法，要素级联更新具有更新速度快、工作量小、一致性好等特点，是学界研究的热点（许俊奎和武芳，2013）。在多尺度要素级联机制中，如图 7.2 所示，实体匹配是变化检测、要素级联关系构建的基础。

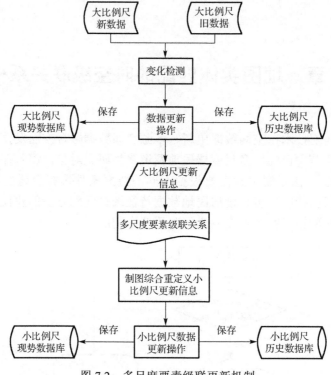

图 7.2　多尺度要素级联更新机制

7.1　地图要素的时空级联关系

地理空间数据的更新是采用现势性强的数据对 GIS 数据库中的非现势性数据进行替换的操作。同一比例尺下的新旧数据实际上是地理实体在不同时态下的表现，将不同时态下地理实体的关联关系定义为时间级联关系；多尺度空间数据是地理实体在不同粒度下的表达，将不同比例尺下地理实体关联关系定义为空间级联关系。

7.1.1　多尺度要素级联关系

级联关系将不同时相、不同尺度的空间实体关联在一起。为更好地描述多尺度级联更新中地理实体的状态，学者们提出了树型关系(许俊奎和武芳，2013)、有向无环图关系(Timpf and Frank，1995)来表达级联关系。通过对地图实体的时空演化关系来描述地图要素的级联关系(Ying et.al.，2016)。如图 7.3 所示，地物 A 在 2010 年时 1∶5000 比例尺地图中表达为 V_1，在 1∶10000 比例尺地图中经过制图综合表达为 V_3；随着时间的变化，地物 A 在 2012 年发生了变化，在 1∶5000 比例尺地图中进行更新后表达为 V_2，为使 1∶10000 比例尺地图能够反映地物 A 的最新状态，

需要利用 V_1 与 V_2 的时间级联关系获取更新信息,结合利用 V_1 与 V_3 的空间级联关系进行目标定位,对 V_3 进行更新操作生成能反映地物最新状态的 V_4。

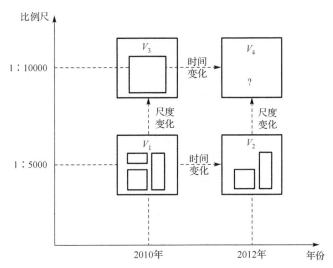

图 7.3　多尺度要素级联更新中地理实体的状态

7.1.2　地图要素时空级联模型

地图要素时空级联信息可以用六元组的模型表达为

$$M = \{E, T, S, V, H, P\} \tag{7-1}$$

式中,E 表示空间实体的自身信息,包括空间信息与属性信息;T 表示时间信息,也就是空间实体信息的采集时间;S 表示实体的尺度信息;V 表示多尺度空间实体之间的垂直关联关系;H 表示同尺度下实体之间的水平关联关系;P 表示数据的来源,不同用途(来源)的数据表达上可能会有差异。

相邻比例尺居民地要素之间的垂直关联关系与同比例尺下要素的水平关联关系如图 7.4 所示,1∶5000 比例尺地图中的两个居民地要素在 1∶10000 比例尺地图中经过合并与化简综合成一个要素,这两个大比例尺对象与相匹配的一个小比例尺对象之间的关联关系就是垂直关系;两个大比例尺对象之间的关系就是水平关系。在级联更新中,大比例尺的某个要素进行更新之

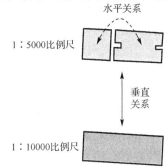

图 7.4　相邻比例尺居民地之间垂直关系与水平关系

后，需要与其具有水平关联关系的要素进行重新综合，再将综合后的结果来更新与其具有垂直关联关系的小比例尺要素。该定义方法对其他类型的地物如多尺度道路网数据也同样适用。

为方便地图要素级联关系的应用，在进行对象匹配工作之后需要将其保存到关系型数据库中将其持久化，数据表结构如表 7.1 所示。在关系检索中，以大比例尺要素标识(FID)为查询条件，可获取与其成垂直关系的小比例尺要素标识(MFID)，然后以小比例尺要素标识为查询条件进行反向查询，便可获取与其大比例尺要素成水平关系的对象。

表 7.1　要素级联关系表

序号	字段名称	描述	字段类型
1	RID	级联关系 ID(主键)	数值
2	FID	要素标识	字符
3	UPDATETIME	更新时间	时间
4	SCALE	本级比例尺	字符
5	LAYER	本级图层名	字符
6	MFID	相匹配的下一级小比例尺要素标识	字符
7	NSCALE	下一级比例尺	字符
8	NLAYER	下一级比例尺图层名	字符

7.2　时空级联关系的管理与应用

地图要素时空级联关系有助于空间数据的管理与应用，但为确保其可用性，需要对其进行常态化的更新与维护。时空级联关系的管理工作包括：变化信息检测与匹配、多时态信息的管理、多尺度级联信息的更新。变化信息检测与匹配的目的是发现新旧数据中的变化信息，并对变化前后地物的关联关系进行识别，便于地物生命周期的跟踪。多时态信息的管理是在数据库保存地理要素的全部历史状态信息，以便于数据的回溯。多尺度级联信息的更新是在地理要素更新的同时更新要素之间关联关系信息，以便于级联信息在下一次增量信息传递中的应用。

7.2.1　基于格网的更新信息快速提取

地理空间数据更新信息提取的目的是发现新旧数据中的变化信息，以便于要素更新操作及时空级联关系的维护。对于矢量空间数据，传统的变化检测方法是通过实体匹配技术对要素进行逐一比较来发现变化信息，需要进行大量的空间查询与属性对比，对于大数据量的更新来说十分费时。为提高变化信息检测的速度，赵彬彬等(2010)提出了基于城市形态学原理的快速空间检索方法，但该方法仍需要对每一要素进行变化检测；郭泰圣等(2013)提出了基于四叉树的变化信息快速检测方法，采用四叉树层次分割来过滤没有发生变化的区域，通过减少检测对象来提高速度，但其效率受变化信息分布区域的影响大，且不能探测出只发生属性信息变化的要素。针对上述问题，本章提出了一种基于格网划分的变化信息快速定位方法，可以对新旧数据中的空间信息和属性信息变化进行快速而准确的定位(罗国玮等，2014)。

通过检测确保新旧数据是同一比例尺及采用同一坐标系，分别对新旧数据增加特征点坐标属性字段(Center_X、Center_Y)及存储要素属性汇总信息的属性字段(TotalStr)。

分别对新旧数据进行全局查询，计算要素特征点坐标、要素属性汇总信息、并确定新旧数据对比的范围(X_{min}, X_{max}, Y_{min}, Y_{max})。特征点坐标代表要素所处的位置，道路要素取其中点，居民地要素取其质心。要素属性汇总信息是将要素属性字段的字段值按字段名的字符串匹配排序进行拼接，每个字段值之间用特殊符号分隔，即

$$\begin{aligned} Totalstr.value = Fields(0).value + \\ "|"+ Fields(1).value + "|"+ \cdots + \\ "|"+ Fields(n).value + "|" \end{aligned} \tag{7-2}$$

式中，将变化检测范围按统一的宽度和高度划分为 $m \times n$ 个规则的格网，m 与 n 的计算如式(7-3)所示，格网的宽度记为 Gwidth，高度记为 Ghight。如图 7.5 所示，格网的宽度根据检测范围和要素总数由系统自动确定。

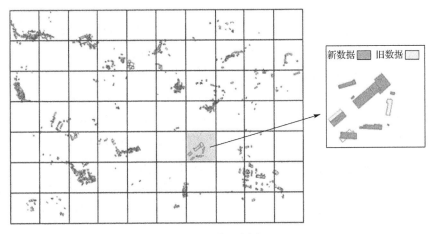

图 7.5　格网划分

根据格网的总数定义数组变量来存储格网中要素的汇总信息。

$$\begin{cases} m = (X_{max} - X_{min}) / Gwidth \\ n = (Y_{max} - Y_{min}) / Ghight \end{cases} \tag{7-3}$$

分别对新旧数据按特征点坐标（Center_X、Center_Y）进行排序查询，并按特征点坐标将要素匹配到相应的格网，如出现要素特征点正好落在格网边界上，解决的方法是统一将格网左右边界上的特征点统一归左边网格，上下格网边界上的特征点统一归上边网格。

格网编号与特征点坐标匹配方法按式（7-4）计算，INT 为向下取整。基于式（7-5）对格网内要素的特征点坐标（Center_X、Center_Y）、几何值信息、属性汇总信息按排序结果依次累加到相应的网格变量。线要素和面要素的几何信息为要素的弧段长度。

$$\begin{cases} p = \text{INT}((\text{Center}\_X - X_{\min}) / \text{Gwidth}) \\ q = \text{INT}((\text{Center}\_Y - Y_{\min}) / \text{Ghight}) \end{cases} \tag{7-4}$$

$$\begin{cases} \text{gridcenx}(p,q) = \sum_{i=1}^{k} \text{Center}\_X_i \\[2mm] \text{gridceny}(p,q) = \sum_{i=1}^{k} \text{Center}\_Y_i \\[2mm] \text{gridlen}(p,q) = \sum_{i=1}^{k} \text{length}_i \\[2mm] \text{gridstr}(p,q) = \sum_{i=1}^{k} \text{TotalStr}_i \\[2mm] \text{gridcount}(p,q) = k \end{cases} \tag{7-5}$$

式中，gridcenx、gridceny 分别表示网格中要素特征点 X 坐标及 Y 坐标的和，gridlen 表示网格中要素的弧段长度和，gridstr 表示网格中要素属性值字符串拼接，gridcount 为行号网格中要素个数，k 为格网中要素的数量。对新旧数据中编号相同网格中的特征点 X 坐标、特征点 Y 坐标、弧段长度、属性值拼接字符串进行对比，即

$$\begin{cases} \text{changecenx}(p,q) = |N(\text{gridcenx}(p,q)) - O(\text{gridcenx}(p,q))| / O(\text{gridcenx}(p,q)) \\ \text{changeceny}(p,q) = |N(\text{gridceny}(p,q)) - O(\text{gridceny}(p,q))| / O(\text{gridceny}(p,q)) \\ \text{changelen}(p,q) = |N(\text{gridlen}(p,q)) - O(\text{gridlen}(p,q))| / O(\text{gridlen}(p,q)) \end{cases} \tag{7-6}$$

式中，changecenx 为格网中要素特征点 X 坐标和的变化率，changeceny 为格网中要素特征点 y 坐标和的变化率，changelen 为格网中弧段长度的变化率，N 与 O 分别代表新旧数据。当新旧数据中的对应网格满足以下条件之一，该网格中的要素存在变化情况，需要对网格内的要素逐一做变化检测。

（1）要素特征点 X 坐标和的变化率 changecenx 大于给定阈值，或要素特征点 Y 坐标和的变化率 changeceny 大于给定阈值，阈值由测量点坐标误差许可范围确定。

（2）要素弧段长度和变化率 changelen 大于给定阈值，阈值由边长测量误差许可范围确定。

（3）要素数量不同。

（4）要素属性值拼接字符串 gridstr 不同。

变化要素的发现方法是在目标数据中运用搜索与源数据空间特征与语义特征相同（差异小于阈值）的对象，当搜索结果为空时，说明要素发生了变化。在做新旧要素逐一变化对比时，需要通过大量的空间查询，当数据范围较大时，花费时间较多。由于已对查询空间进行了格网划分，且要素属性中记录了该要素的重心坐标，进行要素空间查询时通过属性过滤（$Center\_X \geqslant GridX_{左}$　AND　$Center\_X \leqslant GridX_{右}$　AND　$Center\_Y \geqslant GridY_{下}$　AND　$Center\_Y \leqslant GridY_{上}$），只对要素所在格网内的要素进行查询，大大缩小了查询的范围，提高了查询的效率。

对于发生了变化的要素，采用基于相似度的匹配方法来识别地物的变化类型，并构建变化前后空间实体的关联关系。道路与居民地要素变化类型及匹配关系如表 7.2 所示。实体匹配方法在前面的章节已经做了详细介绍，这里不做过多的描述。

表 7.2　要素变化类型及匹配关系

要素类型	变化类型	匹配关系
道路	新增	$1:0$
	删除	$0:1$
	位移、延长、缩短、属性变化	$1:1$
	合并	$1:n$
	分裂	$m:1$
	聚合	$m:n$
居民地	新增	$1:0$
	删除	$0:1$
	位移、扩张、缩小、属性变化	$1:1$
	合并	$1:n$
	分裂	$m:1$
	聚合	$m:n$

7.2.2　多时态要素关联关系管理与应用

现实世界中，地理实体总数在不停地产生、变化、消亡（黄勇奇等，2006）。地理空间数据的更新就是一个将地理实体的新状态替换旧状态的过程，在空间数据应用方面，不仅需要现势性强的数据，历史数据以及地理实体的变化过程同样重要。因此，数据的更新与管理不仅仅是新旧数据的简单替换，还需要对历史数据以及地物的变化过程进行记录。

针对多时态空间数据的管理，本章采用现势库结合历史库的管理模式，通过变

化关系信息将多时态要素进行关联。历史数据库的构建参考了时空数据模型，历史信息表达式为

$$HistoryInfo=\{\ Spatialinfo,Attributeinfo,StartTime,EndTime,UpdateTime\}$$

式中，Spatialinfo 为空间信息，Attributeinfo 为属性信息，StartTime 和 EndTime 代表该历史数据存在的开始时间和结束时间，UpdateTime 为被更新时间。

变化关系数据表结构设计如表 7.3 所示。在数据更新操作时，将被替换的要素存入历史库，并在变化关系数据表中，将被更新的要素变化信息由现势库中的要素信息修改为历史库中的要素信息，然后再将插入现势库中的新要素与被替换到历史库中旧要素建立关联关系。

表 7.3　变化关系数据表结构

序号	字段名称	描述	字段类型
1	CHGID	变化关系 ID(主键)	数值
2	NID	新要素标识(外键)	字符
3	NLAYER	新要素所在图层名称	字符
4	OID	旧要素标识(外键)	字符
5	OLAYER	旧要素所在图层名称	字符
6	CHGTIME	变化时间	时间
7	CHGTYPE	变化类型	字符

通过变化关系数据表的递归查询，可以掌握地理要素的生命周期，包括地理要素发生了哪些变化，变化前后地理要素的匹配关系(罗国玮等，2014)。查询算法伪代码如下。

```
SelectFeatureInfo(string FeatureID)      //FeatureID为地理要素的ID号
{
//查询变化信息库中 NewOID=FeatureID 的要素信息
  Featureclass tb= Searchchangeinfo(FeatureID);
  If(tb!=null)                           //判断查询结果是否为空
  {
    For(i=0; i<tb.count; i++)
    {
        Saveinfo(tb.row);                //将变化信息存入查询结果队列
        SelectFeatureInfo(tb[OldID]);    //递归调用，将下一状态的OldID
                                         //作为上一状态的NewID传入函数
    }
  }
  Else
```

```
    Outputinfo();                                        //完成查询后输出结果
}
```

图 7.6 为一组居民地在 2004 年~2013 年的变化周期，在此过程中经历了新增、扩张与合并变化。

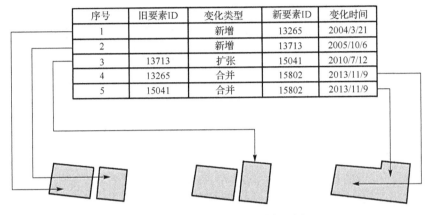

序号	旧要素ID	变化类型	新要素ID	变化时间
1		新增	13265	2004/3/21
2		新增	13713	2005/10/6
3	13713	扩张	15041	2010/7/12
4	13265	合并	15802	2013/11/9
5	15041	合并	15802	2013/11/9

图 7.6　居民地变化过程回溯示例

图 7.7 为一条道路在 2007 年~2014 年的变化周期，在此过程中经历了新增、延长与路段分割变化。

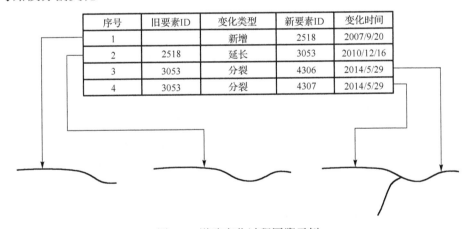

序号	旧要素ID	变化类型	新要素ID	变化时间
1		新增	2518	2007/9/20
2	2518	延长	3053	2010/12/16
3	3053	分裂	4306	2014/5/29
4	3053	分裂	4307	2014/5/29

图 7.7　道路变化过程回溯示例

7.2.3　多尺度级联关系在数据更新中的应用

在多尺度要素级联更新过程中，大比例尺的更新信息通过空间级联关系向小比例尺地图传递。地物类型、更新信息类型的不同，传递机制也有所区别，本章将针对不同的更新类型，以多尺度居民地及道路来介绍级联关系在更新信息传递中的作用。

1. 新增操作

在居民地更新中，当大比例尺数据中新增了一个对象，先通过构建三角网探测该对象与周围居民地之间的距离关系，然后结合新增要素几何特征按以下情况对小比例尺居民地进行操作。

(1)居民地舍弃。新增居民地的大小没有达到制图综合的选取标准，则不将该更新信息传递到下一级小比例尺，同时将 $1:0$ 的垂直关系保存到级联关系表。

(2)居民地新增。新增居民地的大小达到了制图综合的选取标准，但其与周围的居民地距离较远(大于阈值)时，则进行必要的化简之后，通过新建操作将更新信息传递到小比例尺地图，同时将 $1:1$ 的垂直关系保存。

(3)居民地合并。新增居民地的大小达到了制图综合的选取标准且周围的居民地距离较近(小于阈值)，如图 7.8 所示，E_1 与 E_2 之间是水平级联关系，E_1、E_2 与 F_1 之间是垂直级联关系。当大比例尺中新增要素 E_3 与 E_1 或 E_2 距离非常近，且 E_3 的大小达到了制图综合的选取标准时，则将 E_1、E_2、E_3 重新进行综合操作生成 F_2；在小比例尺地图中将 F_2 替换 F_1，并对级联关系信息进行更新。

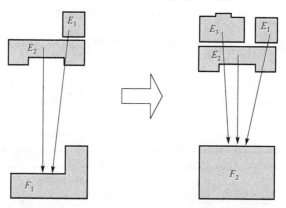

图 7.8　多尺度居民地级联更新新增要素处理

道路网更新中，以路段为单位，当大比例尺道路中新增了一条路段后，对小比例尺道路网的操作需要根据该路段的拓扑关系与道路等级信息来进行以下处理。

(1)路段舍弃。当新增路段因道路等级较低、通达性不高没有达到选取标准时，则不将该更新信息传递到下一级小比例尺，同时将 $1:0$ 的垂直关系保存到级联关系表。

(2)路段新增。新增路段达到了选取标准，当该路段与其他路段不存在拓扑相接关系时，则进行必要的化简之后，通过新建操作将该更新信息传递到小比例尺地图，同时将 $1:1$ 的垂直关系保存；当新增路段与其他路段拓扑相接，如图 7.9(a)所示，在大比例尺地图中，新增的路段 L_4 与路段 L_1、L_2、L_3 拓扑相接，因 L_1、L_2 与相邻小比例尺地图中的 R_1 成垂直关系，在小比例尺地图新增路段 R_4 时，需保持 R_4 与 R_1

的拓扑相接关系，当新增路段 R_4 相接于路段 R_1 的内部，需要在相接点处将路段 R_1 分割，级联关系更新为 L_1 与 R_2、L_2 与 R_3、L_4 与 R_4 均为垂直关联。

（3）路段合并。如图 7.9(b) 所示，L_1 与 R_1 成垂直关系，当大比例尺地图新增路段 L_4，且 L_4 与 L_1 相接于端点，在小比例尺地图中，L_1 与 L_4 合并后经过必要的化简生成 R_2 来替换 R_1，级联关系更新为 L_1、L_4 与 R_2 成垂直关联关系。

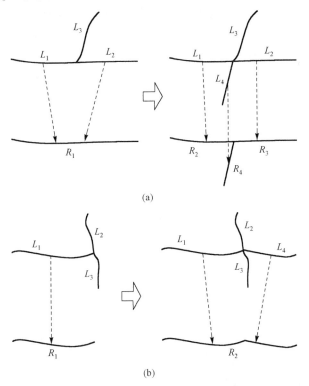

图 7.9　多尺度道路级联更新新增要素处理

2. 修改操作

随着时间的变化，居民地的形态、位置、属性等信息可能会发生变化，因此在数据更新时需要对居民地进行修改操作，当大比例尺居民地要素进行了修改后，相邻小比例尺地图按以下几种方式处理。

（1）舍弃居民地。如果在大比地图中，居民地要素经历了缩小变化而小于被选取的标准，且变化前的居民地没有其他水平关联的要素，则在小比例尺地图中该居民地被舍弃，同时将关联关系更新为 1∶0 垂直关系。

（2）新增居民地。如果在大比地图中面积较小，居民地要素经历了扩张变化而达到了选取标准，且该居民地距离其他居民地较远时，则经过必要的化简后在小比例尺地图中新增该对象，同时将关联关系更新为 1∶1 垂直关系。

(3)重新综合后替换居民地。当大比例尺居民地要素发生了空间信息变化，则需将与该变化居民地成水平关系的邻近居民地重新进行综合，然后将综合后的对象在小比例尺地图中替换与变化要素成垂直关系的居民地。如图 7.10(a)所示，在更新前居民地 E_1、E_2 与 F_1 成垂直关系；如图 7.10(b)所示，当大比例尺更新后，E_2 发生了缩小，具有水平关系的 E_1 与 E_2 重新进行综合，E_2 的变化导致与 E_1 之间的距离变大，达不到合并的标准，因此不能进行合并，E_1、E_2 分别化简后得到的要素 F_2 与 F_3 在小比例尺地图中对要素 F_1 进行替换；如图 7.10(c)所示，当大比例尺地图更新后，E_2 发生了扩大，则对 E_1 与 E_2 重新综合得到 F_4，在小比例尺地图替换要素 F_1。

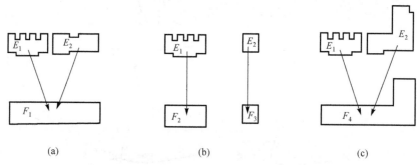

图 7.10　多尺度居民地级联更新居民地修改要素处理

道路网更新时，当大比例尺地图要素进行修改后，相邻小比例尺地图按以下情形处理。

(1)舍弃路段。若大比例尺地图中发生路段等级降低变化，没有达到选取标准，且变化前的路段没有其他水平关联的要素，则在小比例尺地图中舍弃该路段，同时将关联关系更新为 1∶0 垂直关系。

(2)新增路段。当大比例尺地图中路段等级提高，达到了选取标准时，通过新建道路中的路段新增方法向小比例尺传递更新信息，新增路段需保持与其他路段的拓扑关系一致性。

(3)重新综合后替换。当大比例尺地图的路段发生了延伸、收缩或形状改变时，需要将与该路段成水平关系的其他路段重新进行综合，然后在小比例尺地图中将综合后的对象替换与变化要素成垂直关系的路段。

3. 删除操作

随着人口的迁徙，会出现居民地消失的现象，为确保数据库与地理现象的一致性，需要在数据库中删除消失的居民地。当大比例尺居民地要素进行了删除操作后，相邻小比例尺地图按以下几种方式处理。

(1)不处理。当大比例尺地图中被删除的居民地垂直关联关系为 1 : 0 时，小比例尺地图中不需要做任何操作，但需要将此级联关系删除。

(2)删除。当大比例尺地图中被删除的居民地垂直关联关系为 1 : 1 时，在小比例尺地图中删除与其成垂直关系的要素，同时将级联关系删除。

(3)重新综合后替换居民地。当大比例尺居民地要素被删除，则需要将与被删除居民地成水平关系的其他邻近居民地重新进行综合，然后根据综合后的对象在小比例尺地图中替换与被删除要素成垂直关系的居民地，此外还需要更新级联关系信息。

道路的消失操作与居民地类似，按以下几种方法处理。

(1)不处理。当大比例尺地图中被删除的路段与相邻小比例尺匹配对象的垂直关联关系为 1 : 0 时，小比例尺地图中将不需要做任何操作，但大比例尺地图中路段的删除可能会导致路段的合并，因此级联关系会发生变化。

(2)删除路段。当大比例尺地图中被删除的路段与相邻小比例尺匹配对象的垂直关联关系为 1 : 1 时，在小比例尺地图中与其成垂直关系的要素删除，同时将级联关系删除，如路段删除导致邻接路段的合并，需更新邻接路段的级联关系。

(3)重新综合后替换路段。当大比例尺路段要素被删除，则需将与被删除路段成水平关系的其他路段重新进行综合，然后在小比例尺地图中将综合后的对象替换与被删除要素成垂直关系的路段，此外还需要更新级联关系信息。

相对于居民地，道路网的更新信息传递更复杂。为方便对象级联，道路的存储一般以路段为单位，而路段的更新会导致相邻路段分割或合并操作，造成较多的级联关系变化。

7.3 实验与分析

7.3.1 变化信息快速定位实验

实验选取数量不同的三组道路及居民地数据作为测试数据(如表 7.4 所示)，分别采用逐个检测法、四叉树快速检测法(郭泰圣等，2013)及本章所提出的格网快速检测法进行实验。实验数据中的变化信息分布较广，且存在较多只发生属性信息变化的情况。实验结果如表 7.5 所示。

表 7.4 实验数据

实验数据	地物类型	检测要素	变化要素	变化率/%
数据一	线状道路	2136	409	19.15
数据二	线状道路	4533	449	9.91
数据三	线状道路	7653	809	10.57

续表

实验数据	地物类型	检测要素	变化要素	变化率/%
数据四	面状居民地	3342	443	13.26
数据五	面状居民地	5264	733	13.92
数据六	面状居民地	9922	1354	13.65

表 7.5　变化信息快速检测实验结果

实验数据	地物类型	全局逐个检测时间/s	四叉树方法		本章方法	
			耗时/s	加速比	耗时/s	加速比
数据一	线状道路	67	31	2.16	10	6.70
数据二	线状道路	187	58	3.22	15	12.47
数据三	线状道路	425	77	5.52	27	15.74
数据四	面状居民地	141	48	2.94	19	7.42
数据五	面状居民地	335	72	4.65	30	11.17
数据六	面状居民地	1339	189	7.08	57	23.49

下面将本章提出的基于网格的快速检测方法与全局遍历法及四叉树层次检测法对比分析。

(1)尽管在全局遍历法实验中采用了商业数据库公司提供的 R 树索引，能够提高查询速度，但需要对每一个要素进行逐一检测，因此耗时量非常大。

(2)四叉树层次检测法能够过滤掉一些没有发生变化的区域，检测速度有所提高，适合于变化要素分布范围比较集中的情况；当数据量较大时，在初始划分中，每一支树中包含的要素较多，累计误差可能会对空间汇总信息造成影响。

(3)本章提出的基于格网的快速检测法，能够过滤掉没有发生变化的区域且受到变化要素分布范围的影响很小，可以准确识别空间信息与属性信息的变化。实验显示该方法具有很高的加速比，且检测数据量越大加速效果越明显。

关于格网大小选择对检测速度的影响，也用同样的数据做了相应的对比实验。实验结果如图 7.11 所示，只要将格网宽度控制在一定范围内，检测的速度就会保持稳定。为减少数据误差对检测结果的影响，格网宽度选择应考虑单个网格内对象的数量，避免对象过多造成累计误差较大。

基于格网的变化信息快速定位方法对于点、线、面要素都适用，因格网条件下非常适合于并行处理，在下一步工作中将考虑采用并行算法进一步提升检测速度。

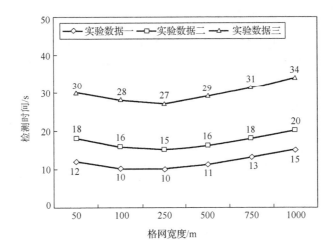

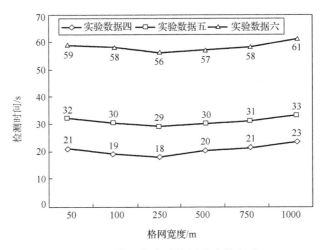

图 7.11　格网宽度对检测速度的影响

7.3.2　多尺度要素级联更新应用

1. 系统开发与运行环境

系统开发工具：Visual Studio 2010。

GIS 二次开发平台：ArcGIS Engine 10.0、AutoCAD。

数据库：Oracle 11g。

系统运行环境：Windows 8/Windows 7。

2. 空间实体级联关系检查与维护

级联关系已经根据数据特征采用前面章节中介绍的相应匹配方法构建。为保证数据更新的质量，在进行要素级联更新之前，需要确保实体级联关系的正确性，因此对实体间的匹配关系检查与维护必不可少，该部分工作必须由计算机结合人工参与完成，如图 7.12 所示。

图 7.12　实体级联关系维护

3. 制图综合参数设定

大比例尺要素更新到小比例尺数据时需要进行自动综合，因此，在多尺度数据更新之前需要进行制图综合规则的设定。系统构建了制图综合规则库，实现了综合规则的动态管理，如图 7.13 所示。

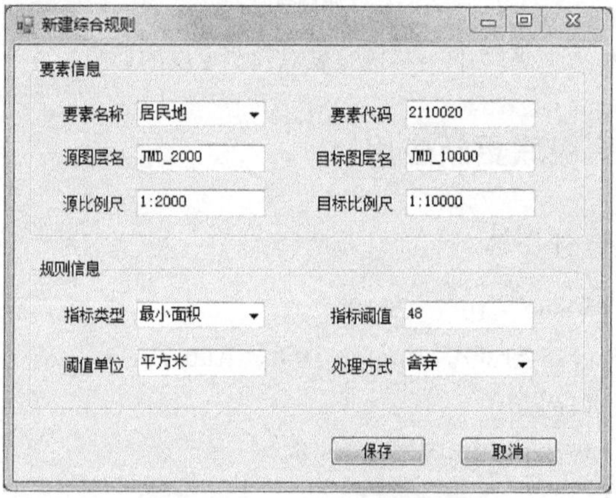

图 7.13　制图综合规则管理

4. 更新数据预处理

为确保新数据与旧数据在坐标投影、格式、结构的一致性，必须对更新数据进行预处理，预处理工作包括数据的规整(如图 7.14 所示)、数据的检查(如图 7.15 所示)和数据的转换等。

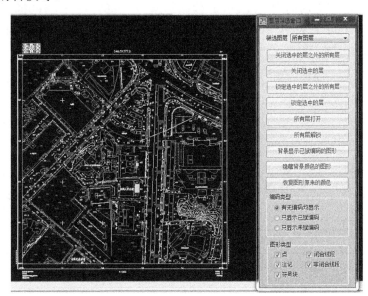

图 7.14　基于 CAD 平台的数据规整

图 7.15　拓扑关系检查

5. 更新效果

1)多尺度居民地要素级联更新

该部分实验数据选择了某市 1∶2000 比例尺新数据来对同一区域的 1∶2000、

1：10000、1：25000 比例尺居民地旧数据进行更新；该数据中部分区域的居民地分布密度较大且形态较为复杂。旧数据的 1：2000 居民地包含1370 个要素，1：10000 居民地包含 592 个要素，1：25000 居民地包含 156 个要素。更新的效果如图 7.16 所示，各级比例尺更新操作统计如表 7.6 所示。统计数据显示，基于实体匹配的要素级联更新方法在更新时对 1：2000 数据总量的 10.07%、1：10000 数据总量的 11.82%、1：25000 数据总量的 23.72%进行了操作，相比全局要素缩编的方法更新效率能够得到很大的提升。

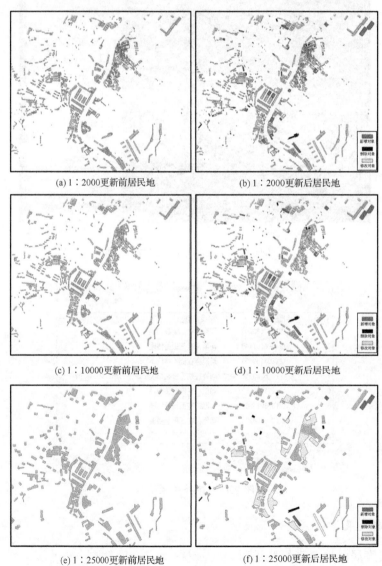

(a) 1：2000更新前居民地　　　　　　　(b) 1：2000更新后居民地

(c) 1：10000更新前居民地　　　　　(d) 1：10000更新后居民地

(e) 1：25000更新前居民地　　　　　(f) 1：25000更新后居民地

图 7.16　多尺度居民地级联更新示例（见彩图）

表 7.6　居民地级联更新变化数量统计

	1∶2000	1∶10000	1∶25000
新增数量	86	44	9
删除数量	41	16	8
修改数量	11	10	20
变化总数	138	70	37

2) 多尺度道路要素级联更新

道路更新实验同样选择了某市 1∶2000 比例尺新数据来对同一区域的 1∶2000、1∶10000、1∶25000 比例尺旧数据进行更新。旧数据三个比例尺地图中分别包含要素数量为 1179、482、137 个。道路更新的效果如图 7.17 所示，各级比例尺更新操作统计如表 7.7 所示。经统计，基于实体匹配的要素级联更新方法在更新时对 1∶2000 数据总量的 12.04%、1∶10000 数据总量的 17.43%、1∶25000 数据总量的 41.67%进行了操作，相比全局要素缩编的方法更新效率能够得到较大的提升。

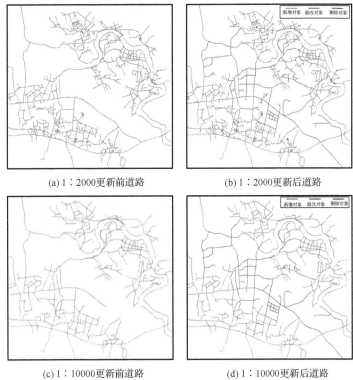

(a) 1∶2000更新前道路　　　　　　　　　(b) 1∶2000更新后道路

(c) 1∶10000更新前道路　　　　　　　　　(d) 1∶10000更新后道路

(e) 1∶25000更新前道路　　　　　　　　(f) 1∶25000更新后道路

图7.17　多尺度居民地级联更新示例(见彩图)

表7.7　道路级联更新变化数量统计

	1∶2000	1∶10000	1∶25000
新增数量	72	46	33
删除数量	17	1	0
修改数量	53	37	32
变化总数	142	84	65

7.4　本 章 小 结

地图实体匹配技术是空间数据的更新与融合、变化信息统计等诸多地理信息应用的关键,本章以多尺度要素级联更新为例,介绍了实体匹配在变化信息检测、时空级联关系构建及更新信息传递中的应用。在实验中验证了提出的基于格网的变化信息快速检测方法的有效性,并对基于实体匹配的要素级联更新方法进行了总体实验,说明了所研究技术的应用前景。

参 考 文 献

陈军, 胡云岗, 赵仁亮, 等. 2007. 道路数据缩编更新的自动综合方法研究. 武汉大学学报(信息科学版), 32(11): 1022-1027.

郭泰圣, 张新长, 梁志宇. 2013. 神经网络决策树的矢量数据变化信息快速识别方法. 测绘学报, 42(6): 937-944.

黄勇奇, 赵追, 徐幸福. 2006. 4D 产品的空间数据库结构设计. 地球科学与环境学报, 28(3): 103-105.

罗国玮, 张新长, 齐立新, 等. 2014. 矢量数据变化对象的快速定位与最优组合匹配方法. 测绘学报, 43 (12): 1285-1292.

许俊奎, 武芳. 2013. 影响域渐进扩展的居民地增量综合. 中国图象图形学报, 18 (6): 687-691.

赵彬彬, 邓敏, 李光强. 2010. 基于城市形态学原理的面状地物层次索引方法. 测绘学报, 39 (4): 435-440.

Timpf S, Frank A U. 1995. A multi-scale DAG for cartographic objects//International Symposium on Computer-Assisted Cartography (Auto-Carto XII), Vienna.

Ying S, Wen W, Wan Y, et al. 2016. Modelling the spatial evolution of map objects by map agents. Geocarto International, 31 (4): 408-427.

第8章　建筑物多尺度变换

地理空间数据尺度变换作为模拟与认识地理现象的一种重要手段，是实现空间数据多尺度表达的关键技术，对于实现真正意义上的数字地球至关重要。目前而言，虽然基于地图综合的尺度转换模式得到了广泛的研究，但该模式对于实现建筑物的尺度变换(尺度上推)仍存在多方面的问题。例如，由于该模式面向特定尺度与应用目的，难以满足连续表达应用需求，缺乏可获取各类建筑物群组模式的统一计算模型，空间关系模型对邻近对象间的邻近度描述不足等。这些问题使得基于地图综合的尺度转换模式仍停留在大量的实验研究阶段，远不能满足实际的应用需求。本章将建筑物多尺度变换分解为两个问题：①如何获取多尺度建筑物群组模式；②如何将多尺度群组转换为多尺度表达。

8.1　建筑物群组模式

8.1.1　建筑物群组模式定义

现代认知心理学认为，模式就是一组刺激或者刺激特性，这些刺激或特性按照一定的关系(如空间、时间关系)构成一个有结构整体(龄聃龄和张必隐，2004)。如由相互垂直的四条边构成的矩形，在视觉中是一种模式。根据上述定义，可以认为建筑物群组模式是由一群建筑物按照一定的空间关系(如距离、方向、大小)所形成的排列或形式，包括直线排列、曲线排列、矩形轮廓等模式。一个模式中由于其元素通常具有若干个相同特征(如距离、方向、大小等)或一些互补特征而识别为一个整体，格式塔心理学常采用邻近性、连续性、连通性、完整性等组织律进行概括(Hochberg and McAlister，1953；Wertheimer，1923)。这导致大量有关群组模式的研究采用了格式塔原则进行模式识别模型的设计(Nan et al.，2011；Wang et al.，2015b；艾廷华和郭仁忠，2007)。

一个建筑物群组模式即一个视觉对象。有关视觉感知研究认为，不能简单地根据物理属性去定义视觉对象，而应该根据其所在的视觉场景解译的层次组织去认识理解视觉对象。心理学与计算机视觉研究也认为知觉组织倾向于根据不同尺度空间关系而形成一个层次组织结构(Baylis and Driver，1993；Marr，1982；Palmer，1977；Pomerantz et al.，1977)。因此，对于建筑物群组模式，不应该仅限于单一尺度上对其进行认识，而可将其放置更大范围(如一个街区)，并通过构建各尺度模式之间的纵向关系对其进行理解和认识。

8.1.2 建筑物群组模式分类

对于小尺度建筑物尺度转换，建筑物群组模式一般限制在一定范围内，比如街区或者更小的单元区域内(如飞地)，本章研究的群组模式分类仅限于街区内的群组模式。在进行建筑物群组模式识别的研究过程中，学者们提出很多关于建筑物模式分类体系。Anders(2006)在地图综合过程中将建筑物群组模式分为线性模式、圆形模式、星型和不规则型模式，并将这些模式进行典型化操作转换。这种分类仅仅针对于需要进行典型化操作的建筑物模式而忽略了其他类型。同样，Yang(2008)也是针对特定类型的群组模式识别，包括星型、T-型、L 型、E-型、Z-型和 H-型。在建筑物群组模式识别过程中，Zhang 等(2012)将建筑物模式分为三个层次：最高层为建筑物群组，在中间层将建筑物模式分为线性和非线性模式，而在最底层将线性模式细分为共线模式、曲线模式、沿道路排列模式，将非线性模式分为格网模式和非结构模式。在最近的研究中，Du 等(2016a)将线性模式分为垂线模式和平行模式，并根据这两种模式进行网格模式识别。

上述群组模式分类仍是针对于特定类型识别来划分，而地图综合涉及的类型要多得多。综合上述分类，这里的分类如图 8.1 所示。首先将群组模式分为规则和非规则类型，非规则类型包括 T-型、L 型、E-型、Z-型和 H-型等，而规则类型则包括线性和规则形状类型，线性则可以细分为共线和曲线类型，规则形状类型则包括网格型和其他类型。对于网格类型模式的识别与典型化，学者们进行了较多的研究(Anders，2006；Burghardt and Cecconi，2007；Du et al.，2016b；Regnauld，2001；Sandro et al.，2011)，如图 8.1 所示虚线框内模式。

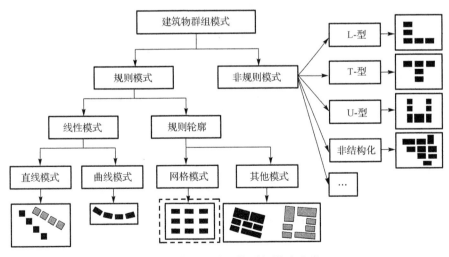

图 8.1 街区内建筑物群组模式分类

8.2 空间关系计算

利用生成的约束三角网，可以计算的空间关系包括邻近关系、平均距离、骨架
线长度、可视域面积和邻近度等指标。

1. 邻近关系

邻近关系探测即定性描述两个对象是相接、相邻还是相离关系。目前关于邻近
关系探测的主流方法为基于约束三角网（Constrained Delaunay Triangulation，CDT）
的探测方法（Du et al.，2016a；Regnauld，2001；Zhang，2013）。为了避免多边形边
与三角形边界相交和提高邻近关系探测精确度，首先对所有建筑物的边和围绕道路
进行插值（艾廷华和郭仁忠，2007），然后根据所有节点并以多边形的边作为约束条
件构造约束三角网（如图 8.2（a）所示）。由于并不是所有三角形都可用于计算邻近关
系、邻近度及邻近对象间其他参数指标，如连接道路的三角形、只链接一个建筑的
三角形（如图 8.2（a）所示），可将这些三角形删除得到修剪后的约束三角网（如
图 8.2（b）所示）。邻近关系探测通过探测连接建筑物间的三角形来实现，即具有至少
一个连接三角形的两个对象为邻近关系，没有则为相离关系，若两个对象共边，则
是邻接关系。这些邻近关系存储于 $k×k$ 的矩阵中（k 表示建筑物个数），计算方法为

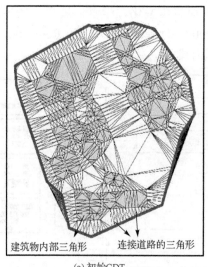

建筑物内部三角形　　　连接道路的三角形

(a) 初始CDT

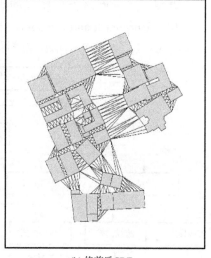

(b) 修剪后CDT

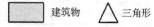

建筑物　　　△ 三角形

图 8.2　基于 Delaunay 三角网的邻近关系探测

$$R = R_{i,j} \tag{8-1}$$

式中，i、j 分别表示第 i、j 个建筑，$R_{i,j}$ 表示其邻近关系，$R_{i,j}=1$ 表示相邻关系，$R_{i,j}=2$ 表示相接关系，$R_{i,j}=0$ 表示相离关系。

2. 骨架线长度

骨架线由连接两个对象间三角形边的中点连线构成，本章将其用于随后的邻近对象间平均距离计算，其计算方法为

$$L = L_{i,j} = \sum l_{i,j,k} \tag{8-2}$$

式中，$L_{i,j}$ 表示建筑物 i 与 j 之间的骨架线长度，$l_{i,j,k}$ 表达第 k 个三角形连接两个建筑物的两条边的中心连线长度。

3. 平均距离

由于邻近对象间每个地方的距离都可能存在差异，单独使用最大或最小距离并不能很好地度量其视觉邻近度，需要将其平均化（艾廷华和郭仁忠，2007），计算方法为

$$d = d_{i,j} = \frac{\sum h_{i,j,k} \times l_{i,j,k}}{\sum l_{i,j,k}} \tag{8-3}$$

式中，$d_{i,j}$ 表示建筑物 i 与 j 之间的平均距离，$h_{i,j,k}$ 表示第 k 个三角形以其两个顶点在同一建筑物上的边为底的三角形的高。

4. 平均可视域面积

可视域面积由两个对象间的三角网构成。可视域面积是一个总量指标，两个距离很近但对立面很长的建筑物其可视域面积会很大，这样会形成相反的结果。本章采用平均可视域来度量邻近关系，计算方法为

$$s = s_{i,j} = \frac{\sum s_{i,j,k}}{L_{i,j}} \tag{8-4}$$

式中，$s_{i,j}$ 表示建筑物 i 与 j 之间的平均可视域面积，$s_{i,j,k}$ 表示第 k 个三角形的面积。

5. 邻近度

在现有的建筑物群组模式识别研究中，对于单个邻近对象间邻近度表达主要采用与邻近对象间的邻近性、相似性、方向性有关的指标。邻近性常用各种距离来度量，包括中心距离（Wang et al.，2015a）、最近距离（Regnauld，2001；Zhang，2013）、平均距离（Ai and Guo，2007；Du et al.，2016a）等。相似性则有大小、形状相似性

(Du et al.，2016a；Wang et al.，2015b)。方向性可用两个对象合并后其最小外接矩形长轴的夹角来度量。在城市环境中，由于城区经过城市规划，建筑物分布排列具体明显的规律性，如直线排列、群组形状较为规则等。另外，建筑物属于人造地物，其形状多趋向于简单图形，如矩形。在进行建筑物群组识别过程中，受上述两个特征影响，或许应该更加关注于待组合的两个对象间的对立面而不是整个建筑形状。

　　大量的研究表明 Delaunay 三角网对于探测邻近关系、场景构建是一个非常优秀的工具(Deng et al.，2011；Estivill-Castro and Lee，2002a，2002b；Liu et al.，2008)。通过实验发现，在根据建筑物构造的 Delaunay 三角网中邻近建筑物间的三角网数量与其空间关系有很大的联系，特别是将边长大于某阈值的三角形删除后，剩余三角形数量占原三角网数量的比重(R_i)能直接反映出两个邻近对象的多种空间关系。这里的原始三角网指的是仅根据两个建筑物边界生成的三角网，如图 8.3(a)所示，剩余三角形指的是在考虑其他邻近对象生成的三角网在图的切割过程中边长较长的三角形被删除后所剩下的三角形如图 8.3(b)所示。在没有受到其他建筑的影响下，原始三角网数量较多，但是当有其他邻近建筑参与生成三角网时，原始三角网中的部分三角形位置似乎是被其他邻近建筑的三角形所占，如建筑物 1 与建筑物 26 之间的三角网数量在修剪后 CDT 中相对于原始三角网减少了些。当邻近建筑物在形状或方向有较大差异时，原始三角网被占领的情况会更加严重，如建筑物 1 与建筑物 24

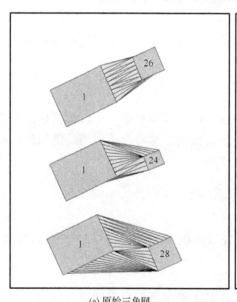

(a) 原始三角网

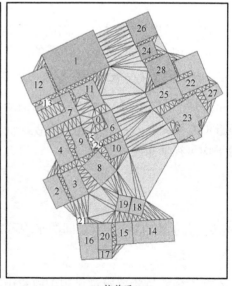

(b) 修剪后CDT

建筑物　　　△ 三角形

图 8.3　建筑物原始三角网与修剪后 CDT

之间(面积差异大)、建筑物 1 与建筑物 28 之间(方向差异大)的三角网。在上述三对邻近建筑物中,其修剪后 CDT 中邻近建筑物间的三角网数量与其原始三角网数量的比重大小关系为 $R_{t(1-26)} > R_{t(1-24)} > R_{t(1-28)}$。

8.3　基于随机森林的建筑物群组模式识别

在实际的应用需求中,需要选择一些关键尺度来表达地理要素。地形图常用的大比例尺包括 1:500、1:2000、1:5000 和 1:10000 等。而对于日常生活、科学研究等活动,1:500 的地形图数据过于详细、数据冗余,并不适合分析统计。下面主要介绍如何从地形图数据中识别关键尺度建筑物群组模式,目标比例尺为1:10000,即识别适合于综合 1:10000 地形图的建筑物群组模式。关键过程包括:①如何从地形图中获取正确的潜在群组模式;②如何判断提取的潜在群组模式符合目标尺度要求。

8.3.1　基于图的分割的潜在群组模式获取

首先通过基于图的分割方法获取潜在群组模式,该过程主要包括两个阶段,即图的构造和图的分割。

1. 图的构造

根据 8.2 节计算的指标值,首先构造邻近图,即将建筑物看成图的节点,节点之间的边用其空间拓扑关系来表达。如果是具有邻接或邻近关系的两个建筑,其被代表的节点之间存在一条边,否则不存在边,并以邻近度(该指数需要动态计算)作为图边的权重。通过上述方法所构造的邻近图为连通图。

2. 图的分割

分割思路:从最开始构造的连通图开始,如果一个连通图在通过分类器时,若判断结果为否,即该在连通图中不存在群组模式,这时就需要对其进行分割,可生产多个联通子图;若判断结果为真,则将其归为群组模式。循环该过程,直至没有输入连通子图(即潜在组合)。该过程中,分割的控制为关键步骤,具体如下。

首先获取连通图所有三角形边长的最大值 L_{max} 和边权重的最大值 R_{max}(式(8-5)),然后以某速率(比如长度以 0.1 递减,权重以 0.01 速率递减)递减后的值作为三角形边长阈值和权重阈值(式(8-6))。边长 $L_{Length} > L_{max}$ 的三角形将被删除,并重新计算邻近对象的 T_{Ratio}(即边的权重),若 $T_{Ratio} > R_{max}$,该边将被删除。经过切边后的连通图有可能由多个连通子图构成,将其连通子图放入分类器进行判断,符合要求则将其加入到分组结果中,不符合要求的子图则进入下一层分割。循环上述过程，直到所有联通子图都通过分类器。

$$\begin{cases} L_{\max} = \max\{L_{\Delta_i}^{G_j}\} \\ R_{\max} = \max\{T_{\mathrm{Ratio}_{\mathrm{Adj}B_i}^{G_j}}\} \end{cases} \tag{8-5}$$

$$\begin{cases} L = L_{\max} - a \\ R = R_{\max} - b \end{cases} \tag{8-6}$$

式中，$L_{\max}$ 为连通子图 G_j 中所有邻近居建筑物三角形边长的最大值，Δ_i 为所有邻近建筑物间三角形中的第 i 个三角形，$L_{\Delta_i}^{G_j}$ 为第 j 个联通子图中第 i 个三角形最大的边长（三边最长的边）。$R_{\max}$ 为连通子图 G_j 中所有边权重的最大值，$\mathrm{Adj}B_i$ 为连通子图 G_j 中第 i 对邻近建筑物，$T_{\mathrm{Ratio}_{\mathrm{Adj}B_i}^{G_j}}$ 为第 j 个联通子图中第 i 对邻近建筑物间的 T_{Ratio}；L 为边长分割阈值，a 为其递减速率；R 为连通子图边权重切割阈值，b 为其递减速率。

8.3.2　基于随机森林的建筑物群组模式判别

判断某群组模式是否符合某一尺度要求本质上可以看成一个分类问题。对于这类问题学者们提出了很多方法。例如，采用经验标准去评估群组是否符合要求，这种方法一般是针对某些特定群组（Delong et al.，2012；Nan et al.，2011；Wang et al.，2015a），例如，直线排列组合。这些方法需要设置较多的经验参数，然而在不同区域进行不同尺度的模式转换时，这些参数通常是不一样的。因此不能够使用经验标准从尺度集中提取各种群组模式。机器学习方法能够根据样本生成多个决策规则，使用它们可以识别不同类型的群组模式，这样就可以避免进行大量的人工干预。Steiniger 等（2010）通过利用机器学习方法缩小搜索范围而提高制图综合的效率。Zhang（2013）采用基于支持向量机算法的机器学习方法提取特定群组模式。有学者基于随机森林算法构造了一个二元分类器来获取群组模式。随机森林算法采用随机的方式建立一个决策森林，森林由多棵决策树组成（比如 200 棵），每一棵决策树之间是没有关联的。在得到森林之后，当有一个新的实例对象进入时，就让森林中的每一棵决策树分别对其进行判断，然后根据所有决策树判断结果最多那类，确定该实例对象属于这一类。每个决策树决策过程如图 8.4 所示（一个决策树例子，其中的值为假设值），即可以先从最重要的属性开始，根据样本的该属性先进行一轮分类，当被判断为"是"则进行下一个次要属性判断，以此类推，直到获得最终的判断结果。当判断为"否"，则结束判断并进入其子群组进行判断。随机森林分类器已被证明其适合于处理多个场景问题（Du et al.，2016a）。

用于训练和测试分类器的样本包括两类，即正样本（群组模式）和负样本（非群组模式），由人工在不同的建筑物分布场景中选取。

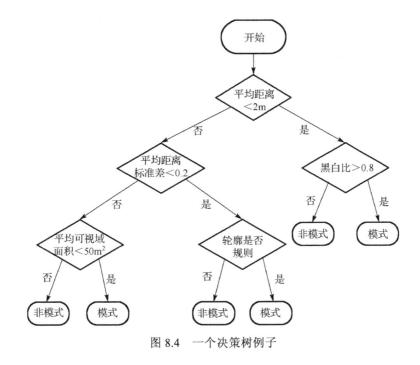

图 8.4　一个决策树例子

8.3.3　建筑物群组模式特征描述

　　使用分类器进行判断，需要对样本的特征进行计算。目前关于建筑物群组模式的特征描述大都来自于格式塔理论。该理论最早由 Wertheimer(1923)提出，主要研究人类视觉系统如何将单个对象识别成群组并使用单个对象进行替换。该理论的组织律原则包括邻近性、连续性、相似性和共同方向原则，常被学者们在群组识别的研究过程中用于描述两个邻近对象的邻近度，特别是相似性和共同方向原则用于描述规则排列的建筑模式(如线性模式、格网模式)(Du et al.，2016a；Zhang et al.，2013)。然而，格式塔理论还认为视觉系统倾向于将识别对象化简为一个简单对象，如矩形、圆形对象，这样可以减少人们心理负担(图形越复杂识别的心理压力越大)(Wertheimer，1923)。随后的研究也认为视觉系统倾向于从多个潜在候选模式中选择最简单的一个(Attneave，1954；Hochberg and McAlister，1953)。这种偏好被格式塔理论称为完整性原则，是格式塔理论中的核心原则，但在当前关于群组模式识别的研究中常被忽略掉(Cetinkaya et al.，2015；Wang et al.，2015a；Wang et al.，2015b)。该原则表明不相似的对象也可以组合成一个群组对象，只需要它们能够构造一个完整的整体。本章采用的格式塔组织律及其相对应的指标如表 8.1 所示。

表 8.1　基于格式塔理论的群组模式特征描述

组织律	含义	指标
邻近性	越相近的对象越有可能组合在一起	平均距离
		平均距离标准差
连续性	组合对象具有线条知觉倾向	平均可视域面积
完整性	彼此相属的对象，容易组合成整体	黑白比
		完整率

1. 群组平均距离

根据 8.2 节计算的骨架线长度和平均距离来计算群组的平均距离，具体计算方法为

$$\bar{D} = \frac{\sum l_{i,j} \times d_{i,j}}{\sum l_{i,j}} \tag{8-7}$$

式中，$l_{i,j}$ 表示邻近对象 i 和 j 间的骨架线长度，由式(8-2)来计算，$d_{i,j}$ 表示它们之间的平均距离，由式(8-3)来计算。

2. 平均距离标准差

该指标主要用于指示群组的均质性，如果该值较大说明可以进行再次分割，计算方法为

$$S_d = \sqrt{\frac{1}{n}\sum_{i=1}^{n}(d_i - \bar{D})^2} \tag{8-8}$$

式中，n 表示有 n 对邻近对象，d_i 表示某对邻近对象间的平均距离，$\bar{D}$ 即群组平均距离由式(8-7)计算获取。

3. 黑白比

该指标由 Zhang 等(2012)提出，用于识别非结构群组模式。该指标可指示群组的紧凑度，建筑物越紧凑越可能组合在一起，计算方法为

$$R_{bw} = \frac{\sum A_i}{A_{CH}} \tag{8-9}$$

式中，A_i 表示第 i 个建筑物的面积，A_{CH} 表示群组合并后其凸包面积。

4. 平均可视域面积

邻近对象间的空隙大小也常用于衡量邻近度(Yan et al., 2008)，计算常使用邻近对象间的可视域面积进行量化。对于群组来说，可以使用平均可视域面积来表达群组的紧凑度，计算方法为

$$R_{\mathrm{gb}} = \frac{\sum A_{ti}}{\sum A_i} \tag{8-10}$$

式中，A_i 表示第 i 个建筑物的面积，A_{ti} 表示第 i 个三角形的面积。

5. 完整率

由于建筑物形状具有直角化特征，其组成的群组也存在一定的矩形特性。该指标主要用来反映群组的整体性，群组轮廓越趋向于矩形，完整性越高，即轮廓系数越大，计算方法为

$$R_{\mathrm{bmbr}} = \frac{\sum A_i}{A_{\mathrm{bmr}}} \tag{8-11}$$

式中，A_i 表示第 i 个建筑物的面积，A_{bmr} 表示群组的最小外接矩形面积。

8.3.4　实验与分析

1. 建筑物群组模式识别结果

图 8.5～图 8.7 为不同方法识别的 1∶10000 比例尺下的建筑物群组。正确识别的群组模式用相同颜色标识，错误的群组则以红色标识，并用蓝色轮廓加以区分。视觉上看，基于图的空间随机森林聚类方法 (Graph-based Spatial Clustering Application with Random Forest，GSCARF) 方法能够有效地识别各种群组模式。比较发现，基于密度的空间聚类算法 (Density-Based Spatial Clustering of Applications with Noise，DBSCAN) 方法得到的建筑物群组与参考数据有较大的差异 (较多红色区域)。该方法在群组识别过程中主要以距离作为判断标准而忽视了群组模式的形状特征，从而导致群组模式尽可能地合并。最小生成树 (Minimum Spanning Tree，MST) 方法在图的分割过程对图边的权重较为敏感而导致其识别结果趋于过分割 (较多的破碎组合)。这两种方法在建筑物相似性较高、分布较为均匀的 ZC 实验区表现更加不尽人意。

(a) 人工综合结果　　　　　　　　　　　　　　　　(b) GSCARF

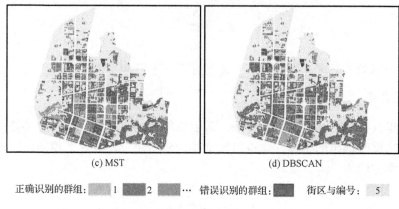

(c) MST　　　　　　　　　　　　　(d) DBSCAN

正确识别的群组：█ 1 █ 2 █ … 错误识别的群组：█ 街区与编号：5

图 8.5　实验区 HZ 的建筑物群组模式识别结果（见彩图）

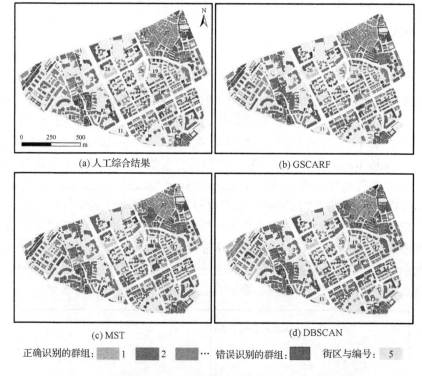

(a) 人工综合结果　　　　　　　　　　　(b) GSCARF

(c) MST　　　　　　　　　　　　　(d) DBSCAN

正确识别的群组：█ 1 █ 2 █ … 错误识别的群组：█ 街区与编号：5

图 8.6　实验区 ZC 的建筑物群组模式识别结果（见彩图）

图 8.8 为 GSCARF 识别的建筑物群组模式类型，规则和非规则群组模式都能够很好地被识别出来。规则群组模式，例如，直线排列模式、曲线排列群组和规则形状模式构成了良好规划设计区域的主要建筑物分布类型模式。而非规则模式（图 8.8 中的 D 模式类型），例如，高密度分布模式常出现在城中村中（一种在中国城市化进

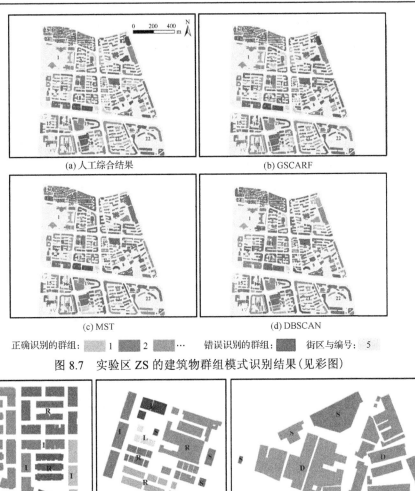

正确识别的群组：█ 1 █ 2 ⋯　错误识别的群组：█　街区与编号：5

图 8.7 实验区 ZS 的建筑物群组模式识别结果（见彩图）

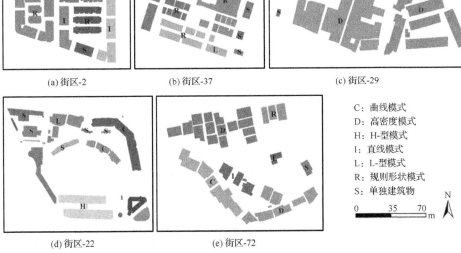

(a) 街区-2　　　　　　(b) 街区-37　　　　　　(c) 街区-29

(d) 街区-22　　　　(e) 街区-72

C：曲线模式
D：高密度模式
H：H-型模式
I：直线模式
L：L-型模式
R：规则形状模式
S：单独建筑物

0　35　70 m

图 8.8 GSCARF 方法提取的建筑物群组模式类型（街区-2 和街区-37 来自 ZC 实验区，
街区-29 来自 GZ 实验区，街区-22 和街区-72 来自 ZS 实验区）（见彩图）

程中出现的滞后于时代发展步伐、游离于现代城市管理之外、生活水平低下的居民区)。高密度分布模式由穿越街区间的狭小道路来划分,很容易在视觉上进行识别。

2. 精度评价

对于建筑物群组识别方法的精度评价,目前主要还是采用自动识别结果与人工识别结果进行对比评价。在评价过程中,与人工识别群组对比自动识别结果常会出现四种类型群组:①正确群组,即自动识别结果与人工识别结果一致的群组;②包含群组,即一个自动识别群组包含多个人工识别群组;③被包含群组,即一个人工识别群组包含多个自动识别群组;④交叉群组,即自动识别群组与人工识别群组有重叠部分,但存在不一样部分。对上述结果采用两种参数进行精度评价,即正确率和完整率。正确率即自动识别结果中正确的群组数量占自动识别群组数量的比重。完整率为自动识别结果中正确群组数量占人工识别群组数量的比重。另外,采用Kaufman 和 Rousseeuw(2009)提出的群组轮廓系数对群组进行评价,该系数是一个能够既考虑群组内部紧凑性又兼顾群组间距离的指标。首先需要计算群组内每个成员的轮廓系数,即

$$s_i = \frac{b(i) - a(i)}{\max\{a(i), b(i)\}} \tag{8-12}$$

式中,s_i 表示群组成员 i 的轮廓系数,$a(i)$ 表示第 i 个成员到群组内邻近对象间的平均距离,$b(i)$ 表示群组成员 i 到其邻近群组成员的最小距离。

轮廓系数 s_i 越大,表示群组成员 i 越靠近所在群组而离其邻近群组越远,这里的距离为邻近对象间的平均距离(式(8-3))。为了评估群组的一致性,采用轮廓系数的平均值进行评价,计算方法为

$$s_m = \frac{1}{n} \sum_{i=1}^{n} s_i \tag{8-13}$$

式中,s_m 表示群组 m 的轮廓系数,n 表示群组成员个数。

根据上述评价方法,表 8.2 描述了不同识别方法在三个实验区所识别的群组模式精度情况。对于 GSCARF 方法,实验区 GZ 和实验区 ZC 在正确率和完整率方面都具有较高精度,而在实验区 ZC 中完整率明显高于正确率,表明该方法在图的分割过程中产生了过分割现象。总体上,GSCARF 方法的识别正确率超过 89%,完整率超过 91%。比较发现,MST 方法在群组识别方面要比DBSCAN 方法好,并且其识别的群组数量明显多于人工识别的群组,缘于其容易出现过分割现象,而 DBSCAN 则容易出现欠分割导致其识别群组要少于人工识别群组。

表 8.2　不同方法群组模式识别精度比较

区域	方法	模型识别群组数量	参考数据群组数量	正确识别群组数量	正确率/%	完整率/%
HZ	GSCARF*	322	318	297	92.23**	93.40**
	MST	318	318	267	83.96	83.96
	DBSCAN	304	318	240	78.94	75.47
ZC	GSCARF*	532	511	486	91.35**	95.11**
	MST	606	511	412	67.98	80.62
	DBSCAN	554	511	353	63.71	69.08
ZS	GSCARF*	305	300	274	89.83**	91.33**
	MST	322	300	260	80.74	86.67
	DBSCAN	294	300	231	78.57	77.00

注：* 表示所提出的方法；** 表示三种方法识别精度的最高值。

图 8.9 为三个实验区每个街区不同方法的建筑物群组识别精度。GSCARF 方法在绝大部分街区获得了较高的识别精度，而部分街区的识别精度特别低(例如，HZ 实验区的街区-6、ZC 实验区的街区-23 和 ZS 实验区的街区-24)，缘于这些街区仅存在几个或更少建筑物群组模式。另外，在另外两种方法表现不好的街区中(例如，HZ 实验区的街区-32、ZC 实验区的街区-36 和 ZS 实验区的街区-0)，GSCARF 方法仍获取较高的识别精度，表明该方法明显优于其他两种识别方法。

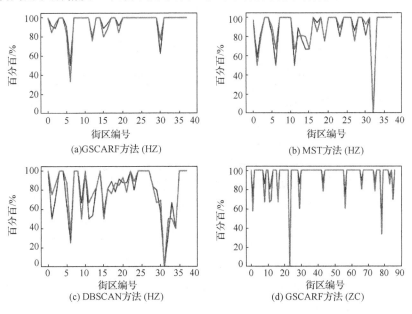

(a)GSCARF方法 (HZ)

(b) MST方法 (HZ)

(c) DBSCAN方法 (HZ)

(d) GSCARF方法 (ZC)

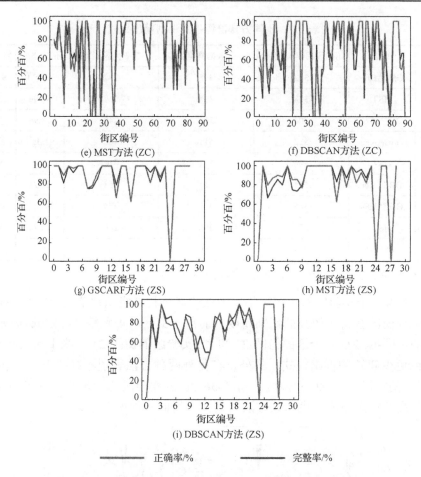

图 8.9　不同方法每个街区群组模式识别精度比较（见彩图）

图 8.10 绘制了 GSCARF 方法在三个实验区所识别的四种建筑物群组模式类型分布情况。与另外两个实验区相比，ZC 实验区识别结果中存在较多的被包含群组（即一个人工识别群组包含多个自动识别群组），这进一步证实了表 8.2 中错误群组的产生是由过分割所导致，这也是该方法需要进行改进的地方。

下面通过群组轮廓系数从群组本身分析识别方法的优缺点。图 8.11 绘制了三个实验区每个街区平均轮廓系数以及其与人工识别群组轮廓系数的差值。由于建筑物群组存在一定的尺度效应，群组的轮廓系数高低并不能够反映出算法的优劣。可通过与人工识别的结果进行对比来判别算法优缺点。可以看出，GSCARF 方法得到的街区平均轮廓系数更加靠近参数数据，表明识别结果与人工识别结果较为一致。有些街区的轮廓系数差值较大，如 HZ 实验区的街区-31、ZS 实验区的街区-23 和街区-27，这缘于这些街区出现了过分割或者前分割。

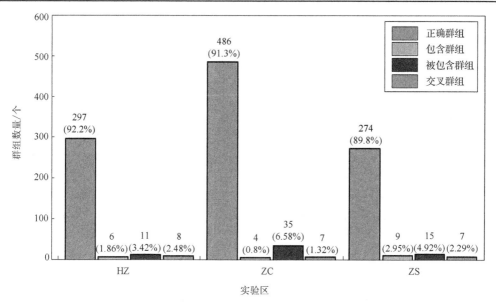

图 8.10　GSCARF 方法识别的四种群组模式类型统计分布(见彩图)

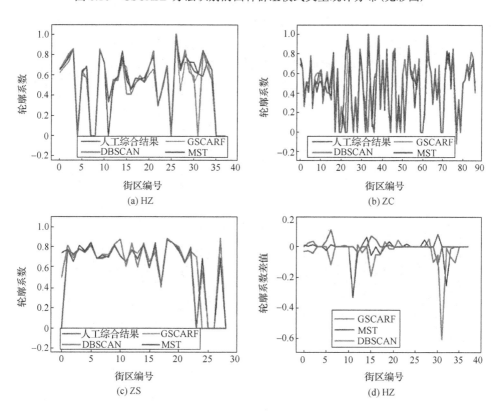

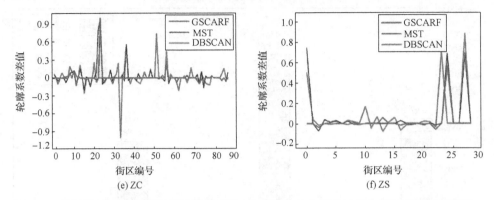

图 8.11　不同街区建筑物群组平均轮廓系数(前一排为三个实验区每个街区平均轮廓系数,
后一排为三个实验区每个街区平均轮廓系数与人工识别群组轮廓系数的差值)(见彩图)

3. 参数敏感性分析

　　影响 GSCARF 方法性能的关键因素包括随机森林算法参数及样本特征,本章对这两个参数分别进行了实验并分析其对群组识别的敏感性。在随机森林算法中,对预测精度产生影响的主要参数是决策树数量而对其他参数并不敏感(Cutler et al.,2007；Du et al.,2015),本章将决策树数量 50 增加到 300 分别进行了实验。图 8.12 是在其他变量不变的情况下不同决策树数量的建筑物群组识别精度。随着决策树数量的增加,识别精度并没有发生很大变化,但在 100 时识别正确率和完整率都获得了最大值,因此以此参数值作为其他研究分析参数。

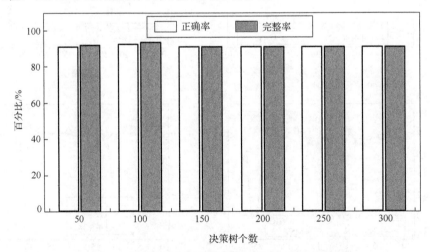

图 8.12　不同决策树数量的随机森林分类器识别精度

　　本章共采用了五个指标描述所有建筑物群组特征,根据不同的特征组合进行了相应实验。图 8.13 为不同特征组合的随机森林算法识别精度。显然,当采用所有特征时，GSCARF 方法在正确率和完整率方面获得最高精度。然而，当缺少平均距离指标时，正确率和完整率都有较大的下降，表明该因素为建筑物群组识别的最重要因素之一。这与 Wang 等(2015a)对于建筑物群组识别的研究结果保持一致，在该研究中距离因素被设置了最高的权重。平均距离标准差作为距离的相关指标以第二重要因素对群组识别结果产生影响。该指标对于建筑物群组分布差异性较为敏感，以至于其对识别结果影响较大。

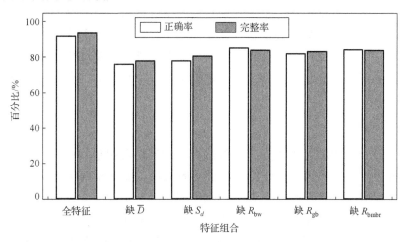

图 8.13　不同特征组合的随机森林分类器识别精度

　　另外，虽然本章仅用了五个指标，但能够识别多种类型群组模式，这可以从以下两个方面进行解释。一方面，每种群组类型存在关键特征和次要特征。对于规则形状群组模式，规则轮廓是其主要特征，用群组建筑物面积与其最小外接矩形面积比重来表达；对于高密度群组模式，紧凑性是其主要特征，采用黑白比指标进行度量；其他群组模式如 L-型、T-型、U-型等，其主要特征可以认为是连续性，这可以用平均距离指标来表达。另一方面，采用的随机森林分类器由多个决策树组成能够处理多种场景(这里可以认为是多种群组模式)，并且决策树在判断的时候首先是根据最重要的特征(群组模式的主要特征)来判断。

8.4　基于地图综合的建筑物多尺度变换

　　基于地图综合的空间数据尺度转换模式的核心在于地图综合操作的执行，包括综合操作的参数设置和执行顺序。对于建筑物群组，在综合过程中涉及的综合操作主要有删除、合并、典型化、化简和直角化。删除操作根据应用尺度可视化要求、群组属性(重要程度)等决定群组的去留，执行过程较为简单；化简与直角化属于合并后的操作，针对单个对象，目前国内外研究得较多且技术已很成熟(Cheng et al.,

2013；Qian et al.，2016；艾廷华等，2001；童小华和熊国锋，2007；许文帅等，2013)；典型化操作针对于特殊建筑物群组，如格网排列群组；合并操作即将所有群组对象融合为一个对象，是地图生成过程中不可或缺的综合操作(Ware et al.，1995)，受到制图研究者的广泛关注(Ai and Zhang，2007；Allouche and Moulin，2005；Guercke et al.，2011)。

8.4.1　渐进式地图综合方法

针对于建筑物群组模式，本章提出采用渐进式综合方法。该方法涉及的地图综合操作包括合并与合并后处理操作，即化简和直角化。对于每个建筑物群组，操作执行顺序为：合并→化简→直角化，即首先需要将建筑物群组中离散对象融合为一个对象，然后对其进行化简操作去掉冗余细节，最后进行直角化操作以保持建筑物固有的特征。

1. 渐进式综合思想

渐进式综合思想即首先对建筑物群组集中的底层群组进行合并、化简等综合操作，然后将综合对象作为下一层待综合群组的成员，如图 8.14(c)所示，循环迭代这个过程直到没有待处理的群组对象。在基于图割的群组模式识别过程中，形成了不同尺度群组之间的层次结构关系，即上一层次的群组是下一层次群组的父对象，如图 8.14(a)所示，并且最底层群组均质性较高(邻近建筑物间的距离较为相似)。理论上，由子群组综合结果组成的父群组也为均质性较高的群组。对于均质性较高的群组合并，合并距离作为关键参数直接影响合并效果。如果合并距离设置过大，合并结果就会过于简单，导致很多符合尺度要求的细节被舍弃，从而影响群组合并前后面积的平衡性。相反，如果合并距离过小，合并结果会保留冗余信息，甚至群组内有些对象可能没有被融合到合并对象中去。为了克服上述缺点，采用动态的合并距离可能更加合理。本章采用的策略是在每次迭代合并过程中，以待合并群组中最大邻近对象间的平均距离作为合并距离。为了能够高效地获取最大的邻近距离，采用 MST 的数据结构表达建筑物群组(图 8.14(c))，即 MST 中的节点表示建筑物，其边表示邻近建筑物间的邻近关系，边的权重表示邻近对象间的平均距离。

2. 同质性群组综合

将同质性群组综合过程分为三个大步骤：①生成约束三角网，首先对建筑物多边形的边和道路以固定步长进行插值，根据所有节点生成初始三角网如图 8.15(a)所示。并非所有三角形都可用于群组对象合并综合，如连接道路的三角形，可将其删除得到修剪后约束三角网，如图 8.15(b)所示。②对同质性群组构造最小生成树

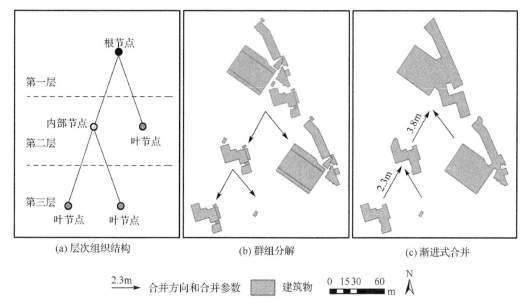

(a) 层次组织结构　　　　　　　(b) 群组分解　　　　　　　(c) 渐进式合并

2.3m →　合并方向和合并参数　　▢ 建筑物　　0 15 30 60 m　　N↑

图 8.14　渐进式综合思想示意图

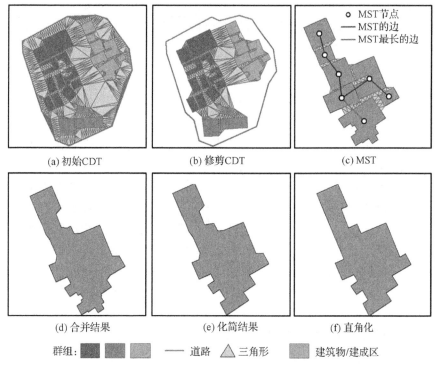

(a) 初始CDT　　　　　　　(b) 修剪CDT　　　　　　　(c) MST

(d) 合并结果　　　　　　　(e) 化简结果　　　　　　　(f) 直角化

群组：▪ ▪ ▪　—— 道路　△ 三角形　▢ 建筑物/建成区

图 8.15　同质性群组综合过程示例(见彩图)

并获取最大邻近距离，如图 8.15(c)所示。③以最大邻近距离作为删除三角形阈值，即对于连接同质性群组对象的三角形，若三角形的高大于最大邻近距离则将该三角形删除。最后将剩余三角形作为链接对象与邻近建筑进行合并即可得到合并对象，如图 8.15(d)所示。随后对合并对象进行化简(图 8.15(e))与直角化(图 8.15(f))。

3. 化简与直角化

建筑物群组合并为一个对象后，轮廓处会产生一些粒度较小的几何元素(如短的边、面积较小的凸包、凹槽)，为了使其符合可视化要求以及保持建筑物的直角特征，需要对合并对象进行化简与直角化，可以调用 ArcGIS Engine 中的化简和直角化工具实现。

8.4.2 综合结果与评价

1. 对比方法

为了验证上述方法的有效性，将上述方法获取的综合结果与现有方法的综合结果进行对比。参与比较的结果包括采用相同合并算法但合并距离采用顶层群组最大邻近距离的综合结果、来自 ArcMap Aggregate Polygons 工具(ArcMap)的综合结果和人工综合结果。采用顶层群组最大邻近距离作为合并距离是为了保证群组内所有成员能够合并为一个对象，这种方法在现有的研究中被广泛采用(Regnauld and Revell，2007)。

2. 综合结果评价方法

综合结果的评价分析包括最小距离分析、综合前后面积平衡分析、群组模式保持分析以及直角化特征分析等。这几个方面的评价本质上是根据制图约束对综合结果的几何质量与完整性进行评价。而制图约束主要包括保持性约束条件和可读性约束条件(Burghardt and Schmid,2009)。综合考虑我国相关的地图制图规范(SAC,2006)和当前关于地图综合评价研究，综合结果评估主要采用可读性约束条件和形状保持约束条件对综合结果进行评价。具体而言，对于 1∶10000 的地图要素表达，可读性约束条件包括：要素最小面积不小于 200 m²，邻近对象间最小距离需要大于 2 m，要素最小孔面积大于 600 m²，要素多边形最小边长要大于 3 m。对于形状保持约束评价主要是基于拟合几何对象的轮廓对其进行评价，因为其形状主要由其轮廓确定。首先对多边形节点按照一定距离生成缓冲区，然后统计其缓冲区与群组内建筑物相交的点数量百分比。对于 1∶10000 的地图要素表达，缓冲区距离小于 2.3 m，其缓冲区与群组内建筑物相交的点的比重需要超过 90%。

3. 结果与分析

图 8.16 为使用上述不同合并方法获取的综合结果。与人工综合结果对比(图 8.16(a))，

从自动综合结果中可以发现几个重要的区别。首先，很多符合可视要求的细节在本章方法的综合结果得到了尽可能的保留，而基于群组最大邻近距离的综合方法却将其消除掉。这些细节使得综合对象的轮廓与群组边界更加贴近。除此之外，一些连接道路的较大开放空间也得到了很好的保持，而基于群组最大邻近距离的方法容易将这些区域给填充了(图 8.16(c)中黑色边框矩形内建筑物)。由于没有进行群组划分，ArcMap 合并工具会导致一些应该分开的群组合并在一起，从而形成面积很大的对象(图 8.16(d)中红色标记建筑区)，这表明分组对于建筑物合并是一个很重要的步骤。因此，后面的分析主要关注于前面两种方法的综合结果。

(a) 人工综合结果　　　　　　　　　　　　　　　　　　(b) 本章方法

(c) 最大邻近距离　　　　　　　　　　　　　　　　　　(d) ArcMap

■ 独立建筑物　　▨ 建筑区　　⬚5 街区与编号　　▨ 基于错误分组的综合结果
◯ 凹槽被填充　　◯ 轮廓毛刺　　⬚ 细节保持

图 8.16　由不同方法得到的综合结果(见彩图)

表 8.3 对不同方法的综合结果进行了统计。除了 ArcMap 合并工具外，其他方法的综合结果建筑物数量是一样的，因为 ArcMap 合并工具容易导致本应该分开的群组合并为一个群组而形成数量较少的综合结果(图 8.16(d))中红色标记建筑区)。另外，由 ArcMap 合并工具生成的综合结果，最小邻近对象距离(0.36m)明显小于可

视化要求的最小距离（1∶10000 为 2m）。所有综合结果中，面积最小的接近 200m²，基本符合最小面积约束要求。根据均方根误差的比较，本章方法的综合结果要显著好于基于群组最大邻近距离方法的综合结果。

表 8.3　综合结果统计

方法	综合结果数量	最小邻近距离/m	面积/m²			
			最小值	最大值	平均值	均方根误差
本章方法	280	2.03	212.67	37439.73	1597.88	44.47
最大邻近距离	280	2.03	212.67	37439.73	1600.79	135.26
ArcMap	260	0.36	193.31	37320.84	1726.28	—
人工综合结果	280	1.98	208.05	37738.60	1589.37	—

　　在建筑物群组模式识别过程中可以构建建筑物群组之间在纵向上的关系。图 8.17 为 1∶10000 比例尺下各群组模式尺度集所包含的子群组层数。从视觉上看，群组的层次越多，其数量越少。在最小尺度上，只有一层结构（也就是在综合过程中该群组要么组合在一起合并为一个对象，要么应该是单独显示；或者说在群组识别过程中这些群组不需要进行再次分割）的群组数量最多，六层的群组数量最少。初步观察发现，具有多层结构的建筑物群组的轮廓要比具有一层结构的群组的轮廓复杂。通过对比发现，由具有一层结构的群组模式通过不同方法综合得到的结果几乎是一样的，这样可以认为如果这几种综合方法得的综合结果存在差异，那这些差异应该来自于具有多层次结构的群组。例如，街区 0 中具有四层结构的群组如图 8.17 所示，

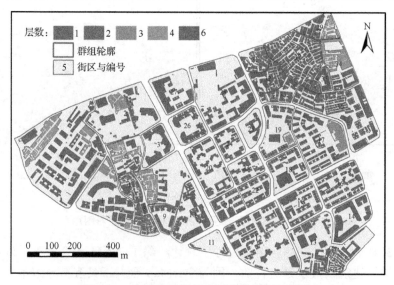

图 8.17　建筑物群组尺度层次数量（见彩图）

通过上述综合方法得到的综合结果如图 8.16(b) 所示, 与基于最大距离得到的综合结果(图 8.16(c)) 在细节上是有差异的, 更多的定量分析在后面给出。

　　根据上面的分析, 不同方法的综合结果差异主要来自于具有多层结果的群组模式。图 8.18 为不同方法综合结果的平均差值, 即具有相同层次结构的群组其所有对象面积和与其综合结果面积差值的绝对值与群组所有对象面积和的比重, 这对不同方法综合结果之间的差异有更好的解释。总体上, 随着层次数量的增加, 两种方法的综合结果平均差值逐渐增加。对于具有一层结果的群组, 两种综合方法得到的综合结果的平均差值是一样的而且是最小的, 再次说明了两种方法得到的结果之间的差异主要来自于具有多层结构的群组模式。随着群组模式变得复杂(即层次数量的增加), 两种方法得到的综合结果平均差值的距离也在扩大, 表明当与群组所有对象面积和进行对比时, 由基于最大距离的综合结果更容易失衡。因此, 在综合过程中应该更关注于具有多层次结构的群组模式, 可以采用渐进的方式对其进行综合。

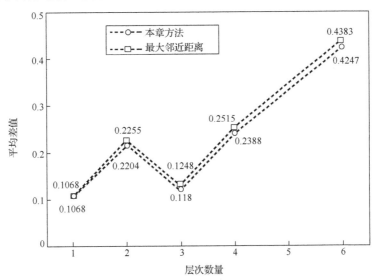

图 8.18　不同层次结构的群组模式综合结果平均差值

　　前面的对比分析主要通过不同群组(群组具有的层次结构不一样)的综合结果之间进行了比较, 下面从总体上分析综合结果对群组的拟合程度。图 8.19 为两种不同方法的综合结果面积与群组对象面积的直线回归拟合, 用于拟合的群组仅包括其层次结构多于一层的群组。总体上两种方法取得了较高的拟合可决系数(即 $R^2=0.983$, $R^2=0.982$), 说明综合结果对群组的拟合效果是不错的。两种方法的均方根误差分别为 $358m^2$ 和 $367m^2$, 均小于地形图居民地最小面积取舍面积($400\sim900m^2$), 并且本章方法要优于基于群组最大邻近距离方法, 说明渐进式综合是一种适合于面状群组对象的综合策略。

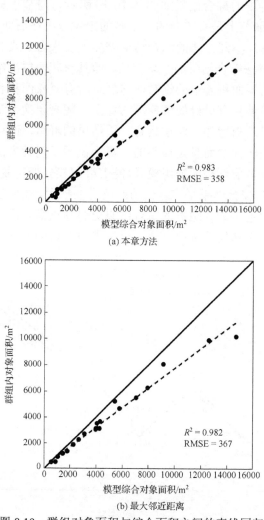

(a) 本章方法

(b) 最大邻近距离

图 8.19　群组对象面积与综合面积之间的直线回归

　　为了使地图表达要素具有较高的可读性，地图对象的各个部分需要有最小尺寸限制。图 8.20 对两种方法综合的多边形的边长度进行了统计。两种方法综合的多边形中仍存在部分边的长度小于 3m，所占比重分别为 18.0% 和 16.1%，表明两种方法在化简操作方面仍需要进行改进。不过本章方法要优于基于最大距离的方法。由图 8.20 可知，本章方法综合的多边形具有更低的面积偏离（与群组对象面积比较）。而通常情况下，在拟合多边形面积必须接近群组对象面积的情况下，多边形较短的边越多，多边形对群组轮廓拟合得越好。通过统计分析，可以合理地推断出由基于最大距离方法产生的较短的边为偏离群组轮廓的边。这些边可能是由于群组轮廓中较大的 V-型槽被填充而产生的，如图 8.21(c) 所示，它们可被称为拟合多边形"假"的边。

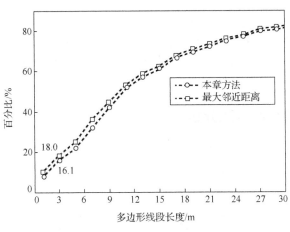

图 8.20　多边形线段比重

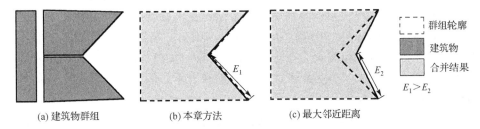

图 8.21　不同方法拟合多边形优劣分析示意图

在建筑物合并过程中，需要尽量保持拟合多边形的轮廓与群组轮廓一致。理论上靠近群组轮廓的拟合多边形的节点越多，该多边形对群组的拟合效果越好。图 8.22 为不同缓冲距离下，多边形节点缓冲区与相应群组对象相交数量比重。在给定缓冲

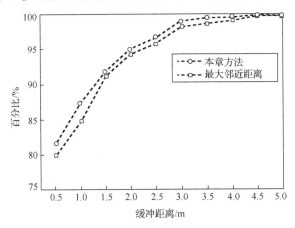

图 8.22　不同缓冲距离下其缓冲区与群组对象相交的点的比重

距离下(小于 2.3m)两种方法综合得到的多边形,其缓冲区与群组对象相交的节点比重都超过 90%。另外,从图中可以推断出,本章方法得到的多边形轮廓与群组轮廓更加接近,该推断与图 8.19 展示的结果完全一致,即本章方法获得的多边形具体更低的 RMSE 值。

8.4.3　建筑物多尺度表达分析

　　由于在建筑物群组识别过程中可以获取不同尺度的群组模式,并且从底层到顶层对每个群组都进行了综合操作,这样整个综合过程就提供了各种尺度的综合结果,这些综合结果构成了建筑物的连续表达。它们之所以被称为连续尺度表达是由于它们是通过连续的综合操作实现的(Li et al.,2017)。连续综合操作生成的邻近尺度综合结果之间不存在其他综合结果。对于连续尺度表达,尺度参数的量化是一个很重要步骤,采用每个群组最大邻近距离来量化尺度参数。这样,建筑物群组、合并结果与尺度参数之间的关联关系得到了显式存储,虽然在现有的多尺度表达中这样的关系经常被忽略(Li et al.,2017;Šuba et al.,2016)。从图 8.17 可知,大部分建筑物群组只有一层结构,即其表达在一定尺度范围内(如 1∶2000~1∶10000)只有两种表达,即要么合并成一个对象表达,要么单独表示。因此,这里仅以具有多个层次结构的群组进行多尺度分析。

　　图 8.23 和图 8.24 为上述关联关系的建立过程。它们仅是展示了不同尺度建筑物变化情况而没有像平常用户缩放地图得到的比例尺变化效果。为了清晰地展现群组之间的关系,将 0.5m 设置为平均距离为 0(群组对象相互邻接)的群组的尺度参数。从图 8.23 中可以发现该建筑群尺度集有六种尺度综合表达,最详细的表达有八个对

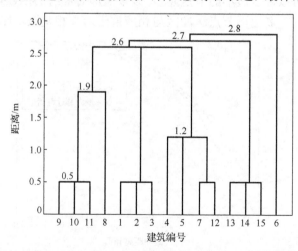

图 8.23　建筑物群组尺度集结构示例图(建筑物对应于图 8.24(a)中的建筑物。尺度参数采用综合结果面积与对应的群组对象面积之间的差值来表达,根据尺度参数可以直接获取对应的尺度群组模式,即群组尺度参数小于给定阈值的群组构成某一尺度群组模式)

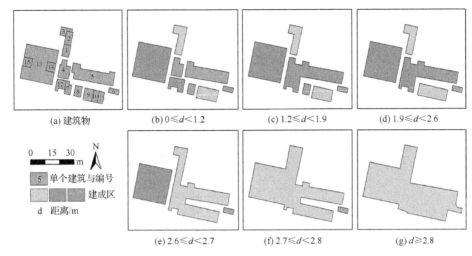

图 8.24　由本章方法导出的建筑物多尺度表达(所有建筑物使用相同的比例尺(1∶1600)
显示以清晰地展示多尺度表达变化过程效果)(见彩图)

象(图 8.24(b)),包含四个合并对象和四个单独建筑,其尺度参数只有 0.5m。最粗
的表达只有一个对象(图 8.24(g)),其尺度参数为 2.8 m。整个尺度集尺度参数变化
并不大(图 8.23)。每种表达存在于一定的尺度参数范围内(图 8.24),如最详细表达在
尺度参数为 0.5 时出现(实际上尺度参数大于 0 就出现),当尺度参数为 1.2 时消失。

图 8.25 和图 8.26 为街区 5 中某一具有多层次结构群组的多尺度表达及其群组纵向

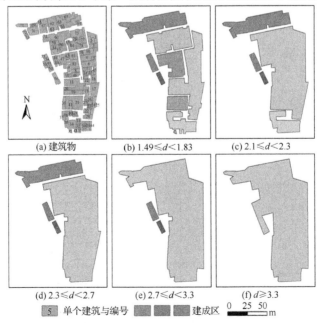

图 8.25　建筑物多尺度表达(见彩图)

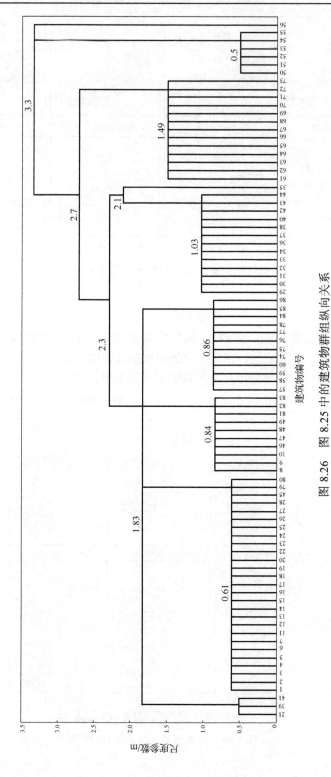

图 8.26　图 8.25 中的建筑物群组纵向关系

关系。根据尺度参数(0.5，0.61，0.84，0.86，1.03，1.49，1.83，2.1，2.3，2.7，3.3)，理论上该群组至少包含 11 种表达.但是由于有些同质性群组包含相邻和相接建筑物(如由 61～73 号建筑物组成的群组)，而另外一些同质性群组仅由相接建筑物组成(如由 50～55 号建筑物组成的群组)，出现这种情况不能先以后者作为一个尺度表达而前者是另一尺度表达。应该将其各自合并为一个对象进行表达(图 8.25(b))。另外，从图 8.25 中可以看出，有些综合结果并没有随尺度变换而变化(不同的化简程度)，如图中蓝色建成区。这是因为该对象只保存最小尺度时的状态，而在较大尺度表达该对象时并没有使用该尺度的化简参数对其进行化简。在实际应用中，在提取该对象进行相应尺度表达时需要使用该尺度化简参数对其进行再次化简。这是该方法需要改进的一个地方。

8.5　本　章　小　结

地理空间数据尺度变换模式作为模拟与认识地理现象的一种重要手段，是实现空间数据多尺度表达的关键技术，对于实现真正意义上的数字地球至关重要。本章以建筑物多尺度变换为例，介绍了建筑物群组模式定义、分类、空间关系计算方法、建筑物群组识别方法和基于地图综合的建筑物多尺度变换。首先介绍了建筑物群组定义、分类及其空间关系计算方法，包括邻近关系、平均距离、骨架线长度、可视域面积和邻近度等空间关系。然后在建筑物群组识别过程中，通过图的分割方法获取潜在群组，并引入机器学习方法，即采用随机森林分类器对潜在群组进行判断，有效地降低了人工参与。最后在建筑物群组多尺度变换过程中，介绍了渐进式地图综合方法，即从最底层往顶层群组进行渐进式综合，并在综合过程采用子群组的最大邻近距离作为综合参数.这样能够有效避免综合变换过程中发生的重大几何变形，使综合结果的细节得到更多保留。上述方法不但能够提供连续尺度表达，还能在群组、综合结果和尺度参数之间建立联系，在多尺度表达中具有良好的应用前景。

参 考 文 献

艾廷华, 郭仁忠. 2007. 基于格式塔识别原则挖掘空间分布模式. 测绘学报, 36(3): 302-308.

艾廷华, 郭仁忠, 陈晓东. 2001. Delaunay 三角网支持下的多边形化简与合并. 中国图象图形学报, 7: 93-99.

龄聘龄, 张必隐. 2004. 认知心理学. 杭州: 浙江教育出版社.

童小华, 熊国锋. 2007. 建筑物多边形的多尺度合并化简与平差处理. 同济大学学报(自然科学版), 6: 824-829.

许文帅, 龙毅, 周侗, 等. 2013. 基于邻近四点法的建筑物多边形化简. 测绘学报, 6: 929-936.

Ai T, Guo R. 2007. Polygon cluster pattern mining based on Gestalt principles. Acta Geodaetica et Cartographica Sinica, 36: 302-308.

Ai T, Zhang X. 2007. The aggregation of urban building clusters based on the skeleton partitioning of gap space//The European Information Society. Berlin: Springer.

Allouche M K, Moulin B. 2005. Amalgamation in cartographic generalization using Kohonen's feature nets. International Journal of Geographical Information Science, 19: 899-914.

Anders K H. 2006. Grid typification. Progress in Spatial Data Handling, 633-642.

Attneave F. 1954. Some informational aspects of visual perception. Psychological Review, 61: 183.

Baylis G C, Driver J. 1993. Visual attention and objects: evidence for hierarchical coding of location. Journal of Experimental Psychology: Human Perception and Performance, 19(3): 451.

Burghardt D, Cecconi A. 2007. Mesh simplification for building typification. International Journal of Geographical Information Science, 21(3): 283-298.

Burghardt D, Schmid S. 2009. Constraint-based evaluation of automated and manual generalised topographic maps//Cartography in Central and Eastern Europe. Berlin: Springer.

Cetinkaya S, Basaraner M, Burghardt D. 2015. Proximity-based grouping of buildings in urban blocks: a comparison of four algorithms. Geocarto International, 30: 618-632.

Cheng B, Liu Q, Li X, et al. 2013. Building simplification using backpropagation neural networks: a combination of cartographers' expertise and raster-based local perception. GIScience and Remote Sensing, 5: 527-542.

Cutler D R, Jr Edwards T C, Beard K H, et al. 2007. Random forests for classification in ecology. Ecology, 88(11): 2783-2792.

Delong A, Osokin A, Isack H N, et al. 2012. Fast approximate energy minimization with label costs. International Journal of Computer Vision, 96: 1-27.

Deng M, Liu Q, Cheng T, et al. 2011. An adaptive spatial clustering algorithm based on delaunay triangulation. Computers, Environment and Urban Systems, 35(4): 320-332.

Du S, Luo L, Cao K, et al. 2016a. Extracting building patterns with multilevel graph partition and building grouping. ISPRS Journal of Photogrammetry and Remote Sensing, 122: 81-96.

Du S, Shu M, Feng C C. 2016b. Representation and discovery of building patterns: a three-level relational approach. International Journal of Geographical Information Science, 30: 1161-1186.

Du S, Zhang F, Zhang X. 2015. Semantic classification of urban buildings combining VHR image and GIS data: an improved random forest approach. ISPRS Journal of Photogrammetry and Remote Sensing, 105: 107-119.

Estivill-Castro V, Lee I. 2002a. Argument free clustering for large spatial point-data sets via boundary extraction from Delaunay diagram. Computers, Environment and Urban Systems, 26(4): 315-334.

Estivill-Castro V, Lee I. 2002b. Multi-level clustering and its visualization for exploratory spatial analysis. GeoInformatica, 2: 132-152.

Guercke R, Götzelmann T, Brenner C, et al. 2011. Aggregation of LoD 1 building models as an optimization problem. ISPRS Journal of Photogrammetry and Remote Sensing, 66(2): 209-222.

Hochberg J, McAlister E. 1953. A quantitative approach, to figural "goodness". Journal of Experimental Psychology, 46(5): 361.

Kaufman L, Rousseeuw P J. 2009. Finding Groups in Data: An Introduction to Cluster Analysis. New York: John Wiley & Sons.

Li J, Ai T, Liu P, et al. 2017. Continuous scale transformations of linear features using simulated annealing-based morphing. ISPRS International Journal of Geo-Information, 6(8): 242.

Liu D, Nosovskiy G V, Sourina O. 2008. Effective clustering and boundary detection algorithm based on Delaunay triangulation. Pattern Recognition Letters, 29(9): 1261-1273.

Marr D. 1982. A Computational Investigation into the Human Representation and Processing of Visual Information. New York: Freeman and Company.

Nan L, Sharf A, Xie K, et al. 2011. Conjoining gestalt rules for abstraction of architectural drawings. ACM Transactions on Graphics (TOG), 30(6): 185.

Palmer S E. 1977. Hierarchical structure in perceptual representation. Cognitive Psychology, 9(4): 441-474.

Pomerantz J R, Sager L C, Stoever R J. 1977. Perception of wholes and of their component parts: some configural superiority effects. Journal of Experimental Psychology: Human Perception and Performance, 3(3): 422-435.

Qian H, Zhang M, Wu F. 2016. A new simplification approach based on the oblique-dividing-curve method for contour lines. ISPRS International Journal of Geo-Information, 5(9): 153.

Regnauld N. 2001. Contextual building typification in automated map generalization. Algorithmica, 30(2): 312-333.

Regnauld N, Revell P. 2007. Automatic amalgamation of buildings for producing ordnance survey 1 : 50000 scale maps. The Cartographic Journal, 44(3): 239-250.

SAC. 2006. Cartographic Symbols for National Fundamental Scale Maps-Part 2: Specifications for Cartographic Symbols 1 : 5000 & 1 : 10000 Topographic Maps. Beijing: Standards Press of China.

Sandro S, Massimo R, Matteo Z. 2011. Pattern recognition and typification of ditches. Advances in Cartography and GIScience, 1: 425-437.

Steiniger S, Taillandier P, Weibel R. 2010. Utilising urban context recognition and machine learning to improve the generalisation of buildings. International Journal of Geographical Information Science, 24: 253-282.

Šuba R, Meijers M, Oosterom P. 2016. Continuous road network generalization throughout all scales. ISPRS International Journal of Geo-Information, 5: 145.

Wang W, Du S, Guo Z, et al. 2015a. Polygonal clustering analysis using multilevel graph-partition. Transactions in GIS, 19(5): 716-736.

Wang Y, Zhang L, Mathiopoulos P T, et al. 2015b. A Gestalt rules and graph-cut-based simplification framework for urban building models. International Journal of Applied Earth Observation and Geoinformation, 35: 247-258.

Ware J M, Jones C B, Bundy G L. 1995. A triangulated spatial model for cartographic generalisation of areal objects//International Conference on Spatial Information Theory, 173-192.

Wertheimer M. 1923. Laws of organization in perceptual forms. Psycholo Gische Forschung, 4: 71-88.

Yan H, Weibel R, Yang B. 2008. A multi-parameter approach to automated building grouping and generalization. GeoInformatica, 12(1): 73-89.

Yang W. 2008. Identify building patterns. The International Archives of the Photogrammetry Remote Sensing and Spatial Information Sciences, Part B2: 391-398.

Zhang X. 2013. Automated evaluation of building alignments in generalized maps. International Journal of Geographical Information Science, 27(7-8): 1500-1571.

Zhang X, Ai T, Stoter J. 2012. Characterization and detection of building patterns in cartographic data: two algorithms//Advances in Spatial Data Handling and GIS, 93-107.

Zhang X, Ai T, Stoter J, et al. 2013. Building pattern recognition in topographic data: examples on collinear and curvilinear alignments. GeoInformatica, 17(1): 1-33.

第9章　多尺度城市居民地数据联动更新

多尺度城市居民地数据联动更新的目的是通过采集大尺度的城市居民地数据来级联更新小比例尺的数据，从而减少对同一区域数据的多次采集，提高更新效率。通常，多尺度空间数据库的更新策略主要包括三种，如图 9.1 所示。

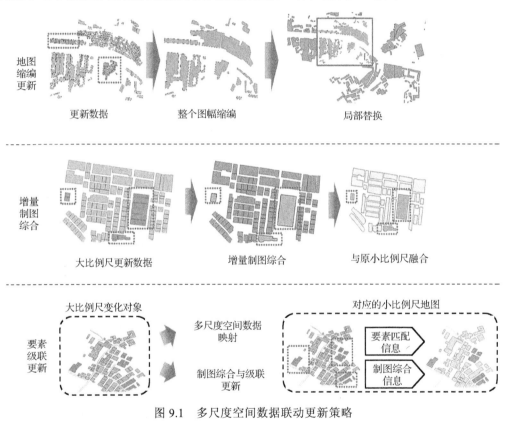

地图缩编更新

更新数据　　　　　整个图幅缩编　　　　　局部替换

增量制图综合

大比例尺更新数据　　　增量制图综合　　　与原小比例尺融合

要素级联更新

大比例尺变化对象　　　多尺度空间数据映射

制图综合与级联更新

对应的小比例尺地图

要素匹配信息

制图综合信息

图 9.1　多尺度空间数据联动更新策略

地图缩编更新一般是以图幅作为处理单元，对通过修补测量获得的图幅，按照目标比例尺的制图约束规范，进行整体的地图缩编处理，再使用缩编后的图幅对现势数据库进行替换与接边处理，从而实现增量的数据更新。该方法目的明确、步骤清晰。然而，由于地图缩编工作针对图幅内的所有要素，并没有区分未变化和发生变化的要素，所以缩编工作量非常大。

增量制图综合是指通过对大比例尺空间数据进行变化检测，获取变化信息，并对发生变化的要素以及其邻近的要素进行制图综合，最后将综合后的对象更新至小比例尺地图中。该方法针对局部对象进行制图综合处理，能有效提高联动更新的效率。然而，在更新传递过程中，该方法对不同比例尺要素之间的匹配关系考虑不够充分，有可能造成要素之间的不一致。

要素级联更新是指在较大比例尺空间数据中找到发生变化的要素，并寻找与之匹配的小比例尺对象，在综合考虑变化类型和制图综合规则情况下，对匹配的小比例尺对象进行修改，从而生成新的小比例对象。由于该方法涉及多类信息的整合，所以需要结合相关的寻优算法加以统筹。

本章将采用要素级联更新的方法，综合考虑大比例尺数据的变化信息、不同比例尺变化对象的匹配关系以及制图综合规则，提出面向对象群的更新信息传递方法。同时，结合禁忌表搜索(Tabu Search)的寻优策略，实现多要素变化信息的批量处理，以改进不同尺度对象 $m:1$、$m:n$ 等匹配关系的更新效果，最终能更好地支持多尺度空间数据的级联更新。

9.1　更新信息传递的基本思路

随着数字城市地理空间框架的不断完善，城市居民地数据往往通过多比例尺分图层的方式进行存储，以满足不同应用的需求。对于不同比例尺的空间数据，如果单独进行更新，重复的数据采集与数据处理将会耗费大量的时间与金钱(Wang et al.，2014)，因此需要建立有效的多尺度空间数据联动更新机制。多尺度空间数据库(Multi-Representation Database，MRDB)就是指同一地区不同比例尺的空间数据库(Kilpelainen，1997)。典型的多尺度空间数据库需要存储同一实体在不同尺度下的匹配关系。然而，在传统的空间数据库建库过程中，并没有构建这种匹配关系。因此，在进行多尺度空间数据库更新时，需要动态地(或预先地)生成多尺度对象之间的匹配关系。

为了提高更新效率，避免多尺度空间数据库的不一致性，研究人员提出对多尺度空间数据库增量更新的方法(Hampe et al.，2003)。利用大比例尺的更新数据对小比例尺数据进行增量更新是一种有效避免数据重复采集的方式。有文献总结了多尺度空间数据增量更新的主要思路(Bobzien et al.，2005)：一是对大比例尺的更新数据执行制图综合操作，然后将综合后的更新数据对小比例尺数据进行更新；二是利用新采集的大比例尺空间数据直接更新旧的小比例尺空间数据，然后再进行制图综合处理。第二种方法需要直接对大比例尺的新数据以及小比例尺的旧数据进行匹配，从而检测变化情况(Qi et al.，2010)，在本章中暂不考虑。第一种方法主要包括两个步骤：一是对大比例尺数据进行变化检测，找到发生变化的对象；二是把变化信息从大比例尺数据传递到小比例尺数据中(Harrie and Hellstrom，1999)。通过对比不同时期的数据，研究人员利用变化检测的方法识别出变化对象以及变化方式(新增、删除、修改)(Baltsavias and Zhang，2005；Fan et al.，2010b)。将变化信息从大比例尺数据传递到小比例尺数据需要考虑几个因素：关联的小比例尺对象、制图综合规则以及要素之间的拓扑关系(Sester and Brenner，2005)。在构建不同比例尺要素之间的匹配关系基础上，大比例尺数据的变化就会触发小比例尺数据的更新。在有关多尺度信息传递的研究中，构建多尺度要素之间的邻近关系是十分重要的，相关学者提出了链接树模型(许俊奎等，2013)、制图综合日志模型(Zhou et al.，2008)、区域分割模型(Dilo et al.，2009)等进行居民地数据的匹配处理。此外，相关研究文献(Anders and Bobrich，2004；Harrie and Hellstrom，1999)还从不同角度探讨变化方式(新增、删除、修改)对于多尺度对象的触发机制及空间冲突检测的方法。

综上所述，目前的更新方法主要以单个对象作为载体，进行更新信息的传递。换言之，这种方式是通过遍历大尺度空间数据中的变化要素，并分别找出每个变化要素所对应的小比例尺对象，然后，再将变化信息传递给这些对象。例如，如图 9.2 所示，某大比例尺数据的要素 A 被删除了，与之关联的小比例尺数据中的要素 B 和 A 具有重叠的区域，那么对大比例尺数据"删除要素 A"的更新操作将会触发对小比例尺数据"修改要素 B"的操作。具体的修改操作可能包括将要素 A 和 B 的重叠区域进行"挖空"，然后再根据制图综合规则(例如，边界化简、小面积要素合并或舍弃等)重新生成要素 B。考虑到不同比例尺对象之间可能存在 $1:n$ 的匹配关系，则小比例尺对象的更新可能会受到多个大比例尺要素的影响。以单个对象为载体的串行处理策略，容易忽略相邻的大比例尺要素之间的影响。同时，对同一个小比例尺对象进行多次的制图综合处理，难免会增加计算量。此外，要素之间不同的拓扑关系(如包含、相交、接触等)可能会触发不同的更新操作。例如，大比例尺要素 A 与小比例尺要素 B 之间的重叠度仅为 30%，那么对于 A 的删除操作，在小比例尺数据中就转化为对 B 的"挖空"处理(即剔除 A 与 B 的重叠区域)；然而，如果 A 与 B 的重叠度为 95%，且为 $1:1$ 的匹配关系，则对 A 进行删除操作，意味着对 B 也要进行相应的删除。

针对 $1:n$ 的多尺度要素匹配组合，为了取得理想的更新信息传递效果，本章将采用一种基于对象群的城市居民地更新信息传递方法，结合大尺度城市居民地数据的更新信息进行并行处理。主要解决思路是把更新后的大比例尺对象和待更新的小比例尺对象进行组合，利用约束 Delaunay 三角网(CDT)实现对组合对象的分解。这样，更新信息传递的问题就转换成了对分解后三角形的选取问题，且整个选取过程也同时考虑了对象组中的多个更新要素。本章将结合禁忌表搜索算法实现对 CDT 的整合与选取，并重建更新后的小比例尺对象。下面将介绍更新信息传递的输入数据及其特点，然后对面向居民地数据联动更新的实现过程进行说明，最后以相关案例来验证方法的有效性。

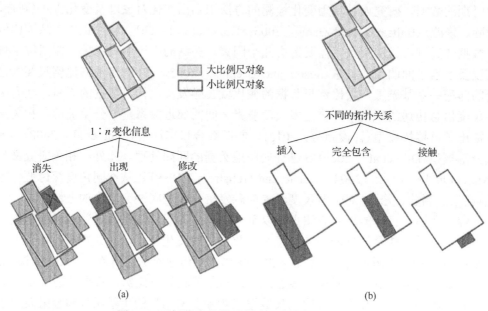

图 9.2　更新信息传递过程中对象之间的拓扑关系

9.2　更新信息传递的输入数据

为实现更新信息从大比例尺数据向小比例尺数据的传递，首先需要对更新信息的格式进行定义，这是实现更新信息传递的基础。在传递过程中，可以通过以下四元组的方式对更新信息进行表达

$$更新信息 = \{尺度标识，旧对象ID，新对象ID，更新方式\} \qquad (9\text{-}1)$$

更新信息传递的任务就是根据大比例尺的更新数据，在小比例数据中找到发生变化的旧对象，生成新对象，以及重定义变化类型。重定义变化类型的重要性在于它将影响到更新信息向待更新数据的传递。在更新信息传递过程中，有三类信息需要重点考虑：一是大比例尺数据的更新信息；二是不同比例尺对象之间的匹配关系；三是更新传递过程中所采用的制图综合规则。下面将分别介绍这三类信息。

9.2.1　大比例尺更新信息

1. 对象变化类型

在空间数据联动更新中，大比例尺变化信息主要通过新旧数据对比(变化检测)来获得，而小比例尺数据的变化信息则是通过更新传递获得。由于空间对象同时具有几何信息和属性信息，因此可以从这两个方面对变化信息进行分类。此外，几何类型以及新旧要素的匹配关系也是变化信息分类的重要因素。综合考虑上述影响因素，变化信息可以分为以下七种类别，如图 9.3 所示。

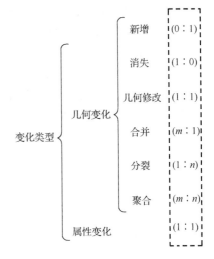

图 9.3　更新信息传递过程中的对象变化类型

（1）新增：如果一个对象在旧的同比例尺数据中找不到匹配对象，就认为该对象为新增对象。

（2）消失：如果一个对象在新的同比例尺数据中找不到匹配对象，则认为该对象是消失对象。

（3）几何修改：对象的形状发生改变，可以通过几何相似度的方法进行量测。

（4）合并：在旧数据中多个对象合并成一个新对象（只出现在线、面图层）。

（5）分裂：在旧数据中一个对象对应于新数据中的多个对象（只出现在线、面图层）。

（6）聚合：在旧数据中几个对象与新数据中的一个或多个对象匹配。

（7）属性变化：要素的几何形状没有发生变化，只有属性改变，如土地利用类型、道路名称、房屋权属等。

上述变化类型均可触发局部对象的增量更新。大比例尺变化信息可以通过二维表格进行记录，记录的内容不仅限于变化类型，还包括旧对象的 ID 号、新对象的 ID 号以及它们之间的匹配关系，例如，1∶1、$m∶1$、$1∶n$ 等。

2. 变化类型简化

在多尺度更新信息传递过程中（例如，1∶500—1∶2000—1∶10000），为了实现更高效的信息传递，还可以对变化类型做简化。比如，对于 1∶500 的更新数据，可通过变化检测获得七种变化类型。但对于 1∶2000 和 1∶10000 的更新数据，一般只有新增、删除与修改三种类型，因为几何修改、合并、分裂、属性变化等都可以转化成这三种类型。

9.2.2　对象匹配信息

对于多尺度空间数据，同一实体可以通过不同形状（符号）进行表达。例如，在较小比例尺地图中，一所医院可以用一个独立的多边形来表达，而在较大比例尺地图中则通过一系列分散的多边形进行表达。多尺度对象匹配信息就是表达同一实体在不同比例尺数据中的匹配关系。本章主要关注同一几何类型的对象匹配关系，而对于线–面匹配、线–点匹配、面–点匹配等情况暂不进行考虑。

　　通过对比新旧对象的拓扑关系、相似距离以及几何形状，对象匹配算法可以检测出 $0:1$、$1:0$、$m:1$、$1:n$、$m:n$ 等匹配关系，如图 9.4 所示。根据这些匹配关系，可以确定小比例尺数据中的待更新对象，从而实现更新信息的传递。构建对象之间的匹配关系，一般有两种方法：一是在创建多尺度空间数据库时，建立各对象之间的匹配关系，甚至把匹配关系存储到数据结构中（如区域分割模型）；二是在多尺度联动更新时，根据变化信息动态地创建。由于后者只针对变化对象来构建匹配关系，所以更新效率更高。

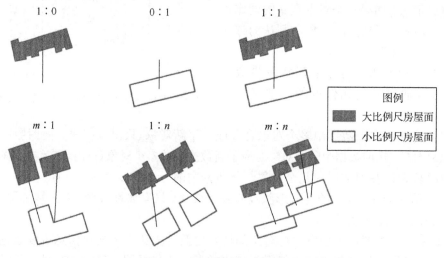

图 9.4　多尺度对象匹配类型

9.2.3　制图综合规则

　　为了满足小比例尺数据的制图要求，在更新信息传递过程中，需要对大比例尺对象执行制图综合处理。制图综合处理主要针对违反制图约束的对象。例如，在大比例尺数据中新增了一个居民地多边形，若其面积小于"最小面积"阈值，则需要对它执行制图综合处理（如删除、合并、夸张等）。此外，在更新信息传递过程中，制图综合处理同样只针对变化对象。图 9.5 为部分制图综合算子。

　　本章利用 SQLite 数据库实现制图综合知识库的存储。在属性表结构的设计中，按照描述指标对制图综合知识库进行分类。例如，按照最小距离指标进行分类，对数据库的规则表结构进行设计，如表 9.1 所示。

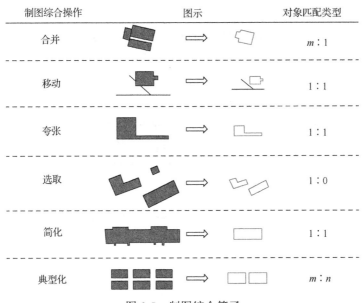

图 9.5　制图综合算子

表 9.1　制图综合规则表结构设计

序号	字段	描述	数据类型
1	ID	规则 ID	varchar
2	SRC_LAYERNAME	原数据图层名	varchar
3	SRC_SCALE	原始比例尺	varchar
4	SRC_TYPE	原始数据类型	varchar
5	TAR_LAYERNAME	目标数据图层名	varchar
6	TAR_SCALE	目标比例尺	varchar
7	TAR_TYPE	目标数据类型	varchar
8	TYPECODE	要素编码	varchar
9	TYPENAME	要素名称	varchar
10	INDICATOR	描述指标	varchar
11	VALUE	阈值	number
12	UNIT	单位	varchar
13	CONDITION	条件	varchar
14	OPERATION	处理方式	varchar

　　利用数据库中的读、写工具可以实现制图综合规则库的管理。除此之外，本章还研发了制图综合规则库的管理模块，利用相应的数据管理接口开发了增加、删除、修改、查询制图综合知识的功能，实现灵活的规则管理。

9.3　面向对象群的更新信息传递方法

9.3.1　总体设计

以单个对象为载体传递更新信息的方式主要有两种解决思路：一是历遍更新要素，根据链接表寻找匹配对象，并依照判断规则实现更新传递（Wang et al.，2014），如图 9.6 所示；二是基于树型结构的更新信息传递方法（许俊奎等，2013），如图 9.7 所示。

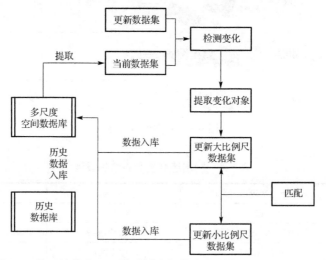

图 9.6　基于链接表匹配关系的更新信息传递（Wang et al.，2014）

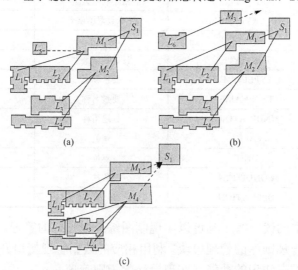

图 9.7　基于树型结构的更新信息传递（许俊奎等，2013）

　　基于链接表匹配关系的更新信息传递方法主要适用于具有 1∶1 匹配关系的对象，较少考虑 $m∶1$ 或者 $m∶n$ 的匹配情形。例如，对于具有 $m∶1$ 匹配关系的对象，如果在更新操作中直接删除对应的小比例尺对象，则会导致许多大比例尺对象丢失关联的小比例尺对象。此外，由于缺少对邻域对象的考虑，当遇到多个更新对象需要合并时将很难处理。

　　基于树型结构的更新信息传递方法则充分考虑了对象的几何特征以及与邻近对象的关系，逻辑性较强。然而，在处理 $m∶1$ 的匹配关系中，如果多个大比例尺对象发生了改变或者被删除，则需要对小比例尺对象进行多次修改与调整，因此更新效率较低。

　　基于此，本章提出面向对象群的更新信息传递方法，在更新处理过程中同时考虑了多个对象的变化信息。如图 9.8 所示，更新信息传递过程包括了四个步骤：①匹配对象的组合；②CDT 的构建；③CDT 的裁剪；④小比例尺对象的重建。下面将分别进行说明。

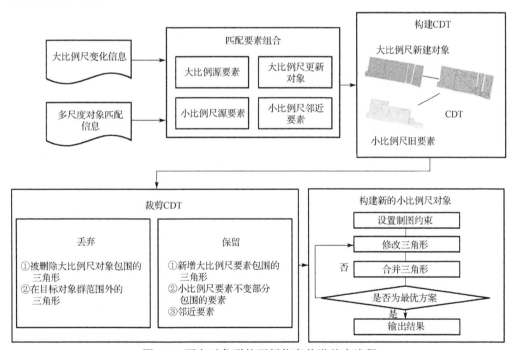

图 9.8　面向对象群的更新信息传递基本流程

9.3.2　匹配对象组合

　　为了实现基于对象群的更新信息传递，需要根据多尺度对象的匹配信息进行对象组合。由于是增量的信息传递，这里以变化对象为起始点进行邻近对象的搜索。

如前所述，更新变化类型可以分为新增、删除、修改三种，而不同变化类型的邻近对象搜索过程略有差异。

1. 新增

对于在空旷区域新建的居民地面对象，如果难以在小比例数据中检测出相应的对象，则根据制图综合的原则，对距离较近的多边形进行合并。因此，需要设置一定的缓冲距离，搜索大比例尺新增对象的邻近要素，并把它们归并为一个对象组合。

2. 删除

对于大比例尺数据中被删除的居民地面对象，可通过匹配算法确定对应的小比例尺对象。由于小比例尺对象可能对应着多个大比例尺对象，在匹配对象组合过程中，无论是发生变化的对象还是未变化的对象，都要添加至对象组合中。针对 $1:1$、$m:1$、$1:n$ 等多种匹配关系，形成对象组合。

3. 修改

对于"修改"类型，大比例尺旧数据、大比例尺新数据、小比例尺旧数据以及一定距离内的邻近对象都应进行组合。该过程由于考虑了邻近对象，对于制图综合中的"聚合"处理更容易实现。

9.3.3　创建约束 Delaunay 三角网

以对象群为单位创建 CDT，需要确定三角网的顶点。这里利用对象群中所有对象的顶点构建 CDT，使得每个三角形均满足最小内角最大化的原则(Tortosa et al., 2010)。除此之外，在创建 CDT 时，还要将多边形的边作为约束条件。这样，在进行三角形的"舍弃"和"保留"时，能更好地保持原对象的边界特征，以确保更新信息的有效传递。图 9.9 为 CDT 的创建过程。

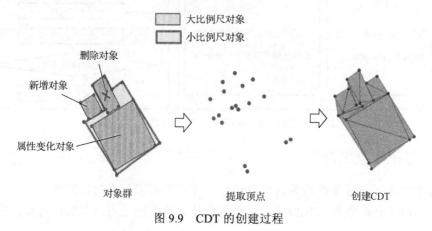

图 9.9　CDT 的创建过程

9.3.4　裁剪约束 Delaunay 三角网

更新信息传递的关键在于将大比例尺对象的更新信息转化成小比例尺对象的更新信息。所构建的 CDT 可以将新的大比例尺对象、旧的小比例尺对象以及邻近对象进行融合，因此，更新信息的传递就从面向单个对象的传递问题转化成了对小三角形集合的取舍问题。小三角形的取舍主要根据三角形与原来更新对象的空间关系来实现，主要分为以下两种情况，如图 9.10 所示。

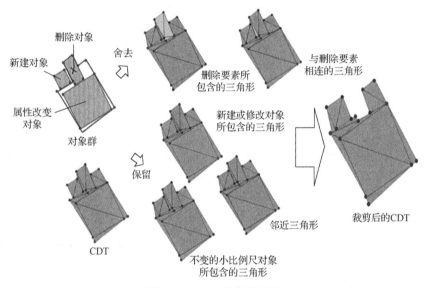

图 9.10　CDT 的裁剪过程

1. 舍弃

(1) 被删除的大比例尺对象所包含的三角形。

(2) 三角形不在对象群中任意对象的边界之内，并且不属于邻接三角形。

所谓邻接三角形是指不被对象群中任意对象包含的三角形，它形成的原因是对象之间的距离少于阈值。如前所述，小三角形的顶点是根据输入多边形生成的，如果小三角形的顶点隶属于两个或三个不同的对象(不包括被删除的对象)，就可以认为该三角形为邻接三角形并应保留在三角网中。

2. 保留

(1) 被新增的大比例尺对象所包含的三角形。

(2) 没有发生变化的小比例尺对象所包含的三角形。

(3) 邻接三角形。

9.3.5　重建小比例尺对象

在完成 CDT 的裁剪之后,需要重建小比例尺对象,其中最为直接的方法是将保留下来的三角形进行合并。然而,在重建新的小比例尺对象时,仍需考虑满足制图综合的约束。具体来说,除了对象之间的最小距离约束之外(新建 CDT 时已做考虑),还要重点关注对象最小面积的约束以及边界复杂度的约束。为此,可以通过对 CDT 中的三角形进行选取和修改来实现。由于不同的选取和修改方案都会直接影响对象的重建效果,为了达到整体效果最优,这里把对象的重建问题转化成一个组合优化的问题,并采用启发式算法来实现小比例尺对象的重建。

9.4　更新后小比例尺对象重建方法

重建小比例尺居民地对象实际上是根据制图综合规则对 CDT 中的三角形进行选取和修改。由于可能存在多种三角形组合方案,并且每种方案都会对重建结果产生影响,所以该问题属于组合优化问题。局部搜索算法是求解组合优化问题的传统算法,具有简便、灵活等特点(杜维等,2004)。禁忌表搜索算法就是其中一种通用的解决组合优化问题的方法(Zhang et al., 2008)。其主要思想是采用一个禁忌表来记录已到达过的局部最优点,在下一次搜索中避免重复搜索这些点,从而跳出局部最优点,继而获得全局最优解。因此,禁忌表算法在许多问题中得到应用,如汽车路径规划问题(Krichen et al., 2014)、车间作业优化问题(Palacios et al., 2015)、地下水补水系统问题(Yang et al., 2013)等。本章将采用禁忌表搜索算法来确定最优的三角形组合方案。

9.4.1　重建过程描述

1. 三角形组合优化过程

三角形组合优化的过程可以通过以下模型进行描述

$$T = {}' t_1, t_2, t_3, t_4, \cdots, t_n {}' \tag{9-2}$$

式中,t_n 表示组合优化列表 T 中的一个三角形,在同一个列表中不能重复。该过程的目标是实现三角形合并顺序的优化,并根据合并顺序,重建小比例尺对象。重建过程中还须满足一定的制图综合约束,具体表现为:保持多尺度匹配对象的几何相似性,并使居民地对象发生变化的面积以及节点平移量最小化。

2. 禁忌表搜索算法

基于禁忌表搜索算法的优化过程如图 9.11 所示。

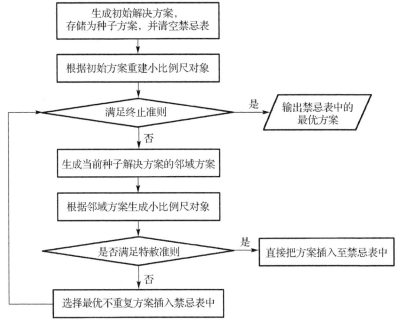

图 9.11　基于禁忌表搜索算法的三角形组合优化过程

(1) 初始化一个三角形组合方案，其长度为三角网内所有三角形的数量，并作为当前的种子方案。

(2) 依照种子方案中的三角形合并顺序，重建小比例尺对象。

(3) 如果重建结果满足算法终止准则，就直接输出重建后的小比例尺对象；如果不满足终止准则，则根据邻域方案生成机制，生成当前种子方案(Current Seed)的邻域候选方案。

(4) 根据邻域候选方案生成小比例尺对象，并把重建对象作为候选解。接着，从候选解中筛选出最优的结果，判断其是否满足"特赦原则"(Aspiration Criterion)。若满足，无需重复测试，直接将其插入至禁忌表当中，并作为当前的种子方案；若不满足，则从邻域候选方案中挑选最优的并且与原禁忌表不重复的方案，添加进禁忌表当中，作为种子方案。

(5) 重复步骤(3)，直至满足算法终止准则。

(6) 当算法满足终止准则后，遍历禁忌表，从中筛选最优的方案，并输出重建后的小比例尺对象。

9.4.2　初始化解决方案

如前所述，解决重建问题的关键在于得到最终的三角形组合优化列表 T，该问题属于"NP-hard"问题。通常需要先得到一个初始化的解决方案，然后通过不断地邻域替换来优化该方案。由于最终是通过三角形合并的方式来重建小比例尺对象，所以，在决定三角形 t_i 的下一个处理三角形 t_{i+1} 时，与 t_i 相邻的三角形将有更高的概率被选中。为了提高计算效率，这里首先建立 CDT 的邻近三角形矩阵，即

$$\begin{bmatrix} A_{t_1t_1} & A_{t_1t_2} & \cdots & A_{t_1t_n} \\ A_{t_2t_1} & A_{t_2t_2} & \cdots & A_{t_2t_n} \\ \vdots & \vdots & A_{t_it_j} & \vdots \\ A_{t_nt_1} & A_{t_2t_n} & \cdots & A_{t_nt_n} \end{bmatrix}, \begin{cases} A_{t_it_j} = 1, & t_i, t_j \text{是邻近三角形} \\ A_{t_it_j} = 0, & t_i, t_j \text{不是邻近三角形} \end{cases} \quad (9\text{-}3)$$

式中，邻近关系可以通过三角形之间的拓扑关系来确定，如果两个三角形具有共同的边，则认为是它们是邻近的。在得到邻近三角形矩阵之后，接着生成初始化的解决方案，具体步骤如下。

(1)在裁剪后的 CDT 中随机选取一个三角形作为初始解决方案的起始三角形，并把该三角形作为当前的种子元素(Current Seed Element)。

(2)遍历 CDT 中的邻近三角形矩阵，获得当前种子元素的邻近三角形。如果存在多个邻近三角形，则从中任意挑选一个放置在解决方案的组合优化列表中；如果当前种子元素不存在邻近三角形，则从 CDT 的候选三角形中随机挑选一个，放置在解决方案的列表当中。

(3)将新添加的三角形作为种子元素，并重复步骤(2)，直至 CDT 中所有三角形都添加进列表。

在得到初始化解决方案之后，根据方案中的三角形合并顺序，重建小比例尺的居民地对象。

9.4.3　重建小比例尺对象

1. 重建小比例尺对象过程

在重建小比例尺对象过程中，还需要顾及制图综合规则的约束。因此在合并三角形时，有必要对三角形做相应的选取或修改。重建小比例尺对象的过程主要包括三个步骤，如图 9.12 所示。

(1)从初始化解决方案中选择起始三角形，作为对象重建的起点。

(2)依照列表 T 的顺序遍历三角形，检查当前处理的三角形是否违反制图约束。例如，该三角形内角太小，则需要对它进行调整；但如果调整幅度过大，则会影响重建对象的形态，这时就需要把它丢弃。

(3)将调整后的三角形合并到临时重建对象中，若两者因距离太远而无法实现合并，则通过新建小比例尺对象，作为合并的新起点；当完成所有三角形的处理之后，重建过程结束。

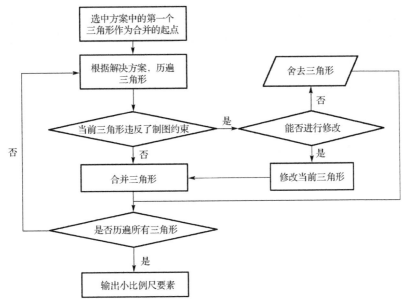

图 9.12　小比例尺居民地对象的重建过程

2. 制图综合约束规则设定

在重建小比例尺对象过程中，本章将重点考虑以下制图综合约束规则。

(1) 删除"狭长三角形"：在创建和裁剪 CDT 过程中，由于需要保留原对象的边，并根据三角形和原对象的包含关系进行选取，所以有可能产生一些狭长的三角形(某个内角小于阈值或者与其他三角形不存在公共边)。如果对狭长三角形的修改所产生的节点平移量和面积变化量在阈值范围内，则可将该三角形与临时重建对象进行合并；否则，直接删除该三角形。

(2) 直角化处理：考虑到居民地对象的几何特征，重建对象的内角应尽可能接近直角。直角化处理过程如图 9.13 所示。为了保持重建对象的几何形状，这里只对内角比较接近直角的三角形进行直角化处理。

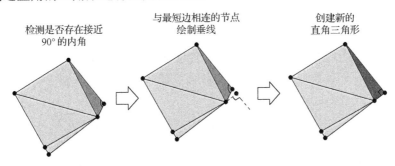

图 9.13　直角化处理

(3)最小面积约束：面积过小的重建对象在小比例尺数据中可能无法显示，若对象的面积小于阈值，则对该对象执行删除或者夸张处理。具体执行何种处理，需要根据该对象的重要性来决定。

9.4.4 邻域方案的获取机制

基于当前种子方案，利用多元化的策略对组合优化列表 T 中的三角形进行置换，以获得新的邻域候选方案。在本章中，将根据 CDT 的空间关系生成邻域候选方案，具体步骤如下。

(1)搜索种子方案中第一个对象的邻近三角形。

(2)如果存在邻近三角形，则将它们作为邻域列表的种子元素，按照 9.4.2 节的步骤，生成邻域候选方案；如果不存在邻近三角形，则从 CDT 中随机挑选一个作为种子元素，生成邻域候选方案。

(3)根据邻域候选方案重建小比例尺对象，并通过评估模型对所有重建对象进行比较，选择重建效果最佳的邻域方案添加至禁忌表当中。

9.4.5 邻域方案的评价

每个邻域候选方案都会根据"特赦原则"进行评价。如果该方案满足"特赦原则"，就把该方案直接插入到禁忌表当中；如果不满足，则把它作为候选解。当次循环中，最优的且不重复的候选解将会添加到禁忌表当中。最优的候选方案应在制图综合约束以及保持几何特征方面取得平衡。由于重建过程中已考虑了制图综合约束，所以评价过程就侧重于重建对象与原对象的几何特征相似性方面，具体如下

$$f(S) = w_1 C_{\text{area}} + w_2 C_{\text{displace}} + w_3 C_{\text{shape}} \tag{9-4}$$

式中，S 为邻域候选方案；C_{area} 用于衡量新旧对象的面积变化程度；C_{displace} 反映节点的偏移情况；C_{shape} 表示几何形状的变化情况；w_1、w_2、w_3 为指标权重值，取值为 $0\sim1$。C_{area}、C_{displace}、C_{shape} 的具体计算方法如下

$$C_{\text{area}} = \left| \sum_{i=0}^{i=m} A_{t_i} - \sum_{j=0}^{j=n} A_{o_j} \right| \tag{9-5}$$

式中，A_{t_i} 是裁剪后 CDT 的面积；A_{o_j} 是重建对象的面积。由于重建小比例尺对象过程中可能产生多个对象，所以在进行变化面积比较时，应对各个更新对象的面积进行求和。

$$C_{\text{displace}} = \sum_{i=0,j=0}^{i=n,j=n} \sqrt{(x_i - x_j)^2 + (y_i - y_j)^2} \tag{9-6}$$

式中，节点偏移量通过统计各个旧节点 (x_i, y_j) 与新节点 (x_j, y_j) 的距离之和获得。

$$C_{\text{shape}} = \frac{2\sqrt{\pi A_{t_i}}}{P_{t_i}} - \frac{2\sqrt{\pi A_{o_j}}}{P_{o_j}} \tag{9-7}$$

式中，A_{t_i} 是 CDT 的面积总和；P_{t_i} 是该三角网外围边界的长度总和；A_{o_j} 和 P_{o_j} 分别表示重建对象的面积和周长，如果产生多个小比例尺对象，则 P_{o_j} 为凸包边界的总长度。

9.4.6　禁忌表与终止准则的确定

禁忌表是一种用于存储候选邻域中最优解决方案的数据结构，它的长度需要预先设置。在迭代过程中，如果插入禁忌表的对象个数大于禁忌表的长度，则按照"先进先出"的策略淘汰最先插入禁忌表的对象。此外，由于邻域解决方案的评价以及小比例尺对象的重建需要花费较多时间，所以如果候选方案与禁忌表中的任意方案重复，且该方案并不满足"特赦原则"，则可以直接忽略该候选方案，避免重复执行重建及评估操作，提高算法的执行效率。

当迭代次数达到预定的最大值或者某方案满足终止原则时，算法就会结束。所谓终止原则，就是指在重建小比例尺对象过程中，生成的新对象满足所有的制图约束（包括最小面积约束、直角化原则等），并且其形态变化参数（C_{area}，C_{displace}，C_{shape}）小于设定的阈值。

9.5　更新案例及传递误差分析

9.5.1　联动更新算法的实现

为了验证所提出的多尺度更新信息传递算法，以 Visual Studio 作为编程环境，结合 ArcEngine 工具集开发了多尺度城市居民地联动更新原型系统。实验采用了同一区域三种比例尺（1∶500、1∶2000、1∶10000）的居民地数据作为样例数据。其中，1∶500 的数据已完成更新，而对于 1∶2000 和 1∶10000 的数据则通过本章所提出的算法实现联动更新。图 9.14 为不同比例尺数据在更新前后的对比情况。

1∶500居民地

不变的对象

变化对象

(a) 更新前1∶500居民地数据　　　　　　　　　　(b) 更新后1∶500居民地数据

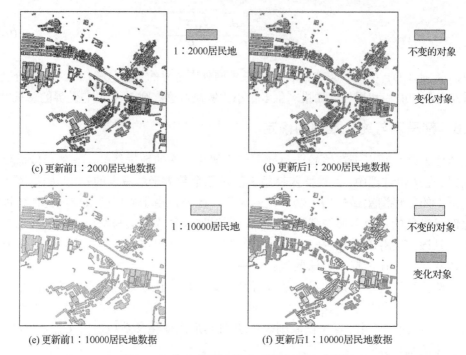

图 9.14　多尺度数据联动更新结果（见彩图）

参照《国家基本比例尺地图图式 1∶500 1∶1000 1∶2000 地形图图式（GB/T20257.1-2007)》与《国家基本比例尺地图图式1∶5000 1∶10000 地形图图式（GB/T20257.2-2006)》，实验采用的阈值参数如表 9.2 所示。值得注意的是，阈值参数的设置是与更新对象的类型（如棚房、一般建筑、高层建筑等）有关的。在本章中，为了提高更新效率，并没有对更新对象进行细致的划分。

表 9.2　更新算法采用的阈值参数

参数类型	阈值/m
合并要素的距离（1∶500～1∶2000）	1
合并要素的距离（1∶2000～1∶10000）	2
居民地数据容差（1∶2000）	1
居民地数据容差（1∶10000）	1.5
居民地最小面积（1∶2000）	24
居民地最小面积　（1∶10000）	48

9.5.2　更新信息传递的误差分析

对于更新信息传递的误差分析，主要集中在更新前大比例尺对象与更新后小比例尺对象之间的相似性评价。具体来说，分别从位置相似性、面积相似性以及形状

相似性三个角度执行分析。位置相似性 I_{ps} 为

$$I_{ps} = 1 - \frac{\sqrt{(X_s - X_l)^2 + (Y_s - Y_l)^2}}{\sqrt{[(X_s + X_l)/2]^2 + [(Y_s + Y_l)/2]^2}} \tag{9-8}$$

式中，(X_s, Y_s) 表示小比例尺对象群的中心点坐标；(X_l, Y_l) 则表示大比例尺对象群的中心点坐标；如果重建过程产生多个小比例尺对象，则取所有对象中心点坐标的数学平均值；I_{ps} 取值范围为 0～1，反映了新旧对象的位置偏移情况。

面积相似性 I_{as} 为

$$I_{as} = 1 - \frac{|A_s - A_l|}{\max(A_s, A_l)} \tag{9-9}$$

式中，A_s 和 A_l 分别表示小比例尺对象群和大比例尺对象群的面积总和；I_{as} 取值范围为 0～1，其值越大，说明多尺度匹配对象的面积相似性越高。

形状相似性 I_{ss} 为

$$I_{ss} = \frac{A_i}{\max(A_s, A_l)} \tag{9-10}$$

式中，A_i 表示小比例尺对象群与大比例尺对象群的重叠区域，用于反映对象之间的形状相似程度；A_s 和 A_l 分别表示小比例尺对象群和大比例尺对象群的面积总和。

如前所述，多尺度对象通常存在 1：1、m：1、1：n、m：n 等多种匹配关系。其中，1：n（即一个大比例尺对象对应多个小比例尺对象）的匹配情形在本案例中没有出现。表 9.3 按照多尺度对象的匹配关系，列出了 1：500～1：10000 的更新信息传递误差。

表 9.3　更新信息传递的误差分析

更新数据的比例尺	匹配关系	平均位置相似度	平均面积相似度	平均形状相似度
1：500～1：2000	1：1	0.999	0.998	0.998
	m：1	0.999	0.871	0.879
	m：n	0.999	0.900	0.898
1：2000～1：10000	1：1	0.999	0.859	0.859
	m：1	0.998	0.685	0.805
	m：n	0.998	0.867	0.842

从表 9.3 可以看出，多尺度对象在更新前后的平均位置相似度、形状相似度和面积相似度等都几乎大于 0.8，说明对象之间的整体几何特征保持良好。平均位置相似度接近于 1，说明不管是何种匹配关系，对象之间的中心偏移量都较小。平均

面积相似度和形状相似度主要受制图综合的影响，具体包括聚合、化简以及选取等操作。聚合操作体现在匹配对象组合时，将距离在阈值内的对象组合成对象群，并以此构建 CDT；化简操作体现在删除狭长三角形以及直角化处理；选取操作体现在对无相邻对象且面积小于阈值的小比例尺对象进行舍弃。由于 $1:2000\sim1:10000$ 的尺度跨度较大，所以它的面积和形状相似度相对较低。从匹配类型来看，$1:1$ 和 $m:n$ 匹配类型的相似度要高于 $m:1$ 匹配类型，其原因在于大比例尺更新对象在聚合过程中对空白区域进行了填充，这在 $m:1$ 匹配情形下表现尤为明显，因此 $m:1$ 匹配类型的误差相对较高。

　　图 9.15 为不同更新对象数目以及更新类型对传递误差的影响，这里主要以形状相似度进行分析。整体来看，$1:500\sim1:2000$ 的形状相似度比 $1:2000\sim1:10000$ 的要高。形状相似度随着对象群中更新对象数量的上升而下降，这说明多尺度对象的几何差异性主要受更新对象的影响。尽管如此，本案例中平均形状相似度仍旧保持在 0.7 以上。从更新类型来看，在 $1:500\sim1:2000$ 的更新过程中，只含"删除"操作的对象群比只含"新增"操作的对象群形状相似度相对更高。其原因是某些在 $1:500$ 数据中新增的居民地对象，在 $1:2000$ 数据中违反了"最小面积阈值"的约束，若这些对象没有邻近对象可以合并，则它们在 $1:2000$ 数据中将被舍弃。对于"删除"操作，在更新过程中主要以"挖空"处理来体现。由于该操作对重叠区域的影响较少，所以只含"删除"操作的对象群具有较高的形状相似度。此外，如果对象群既包含"新增"对象也包含"删除"对象，其处理步骤将更为复杂，并导致更多的误差产生。在 $1:2000\sim1:10000$ 的更新过程中，由于前一步的"新增"对象大多进行了合并，所以较少出现违反"最小面积阈值"的情况。所以如此，对于只包含"新增"操作的对象群而言，其形状相似度要高于其他更新类型的对象群。

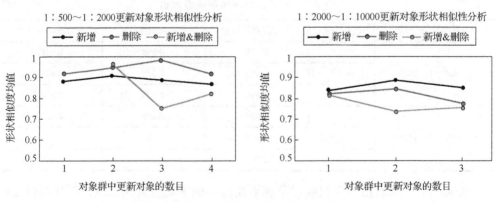

图 9.15　更新对象数目和更新类型对传递误差的影响

9.5.3　基于对象群的更新信息传递方法的优势

如前所述,基于单个对象的更新方法在处理 1∶1 匹配关系时具有较高的计算效率。其原因是它只需对同一小比例尺对象执行一次制图综合操作。然而，它在处理 $m∶1$ 匹配关系时，有可能对同一小比例尺对象执行多次制图约束，这难免会增加计算量。本章提出的基于对象群的更新方法，通过对一个或者多个匹配对象以及邻接对象进行组合，利用 CDT 的裁剪实现小比例尺对象的重建。在这一过程中，只需对相应的对象群执行一次制图综合操作，因此具有更高的计算效率。图 9.16 为两种更新方法的区别。

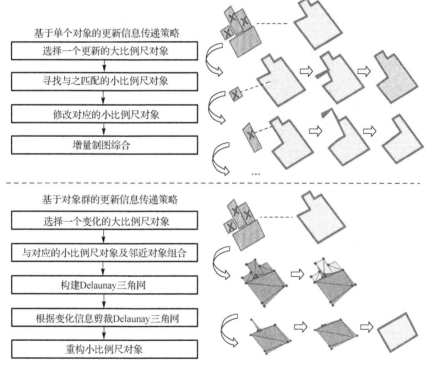

图 9.16　两种更新方法的比较

为了比较两种更新方法的计算效率，选择在具有不同建筑密度的场景中进行更新实验。建筑密度可以表示为

$$I_{\mathrm{bd1}} = \frac{\sum_{i=0}^{i=n} A_i}{A_{\mathrm{ch}}} \tag{9-11}$$

式中，A_i 表示单个居民地对象的面积；A_{ch} 表示包含整个场景内所有对象的凸包面

积。具体地,分别在低建筑密度(0.272)、中建筑密度(0.415)以及高建筑密度(0.515)三个场景中执行联动更新实验。两种更新方法的计算效率如图 9.17 所示,其中计算效率以"每秒更新的对象数目"进行量度。

低建筑密度更新场景　　　　中建筑密度更新场景　　　　高建筑密度更新场景

 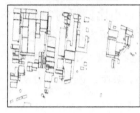 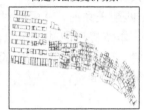

建筑密度指数 = 0.272　　　　建筑密度指数 = 0.415　　　　建筑密度指数 = 0.515

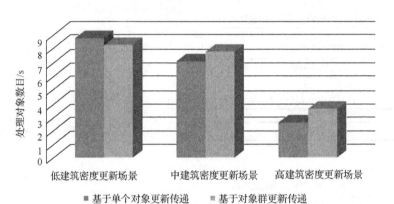

图 9.17　两种更新方法的计算效率比较

　　实验结果表明,在低建筑密度(0.272)场景中,基于单个要素的更新方法比基于对象群的更新方法具有更高的计算效率。这是因为在低建筑密度场景中,多尺度居民地对象出现 1∶1 匹配关系的现象较为普遍。所以,对同一个小比例尺对象执行多次制图综合操作的情况也相对较少;另外,基于对象群的更新方法在构建 CDT 时要花费更多的时间。而在中建筑密度(0.415)和高建筑密度(0.515)场景中,$m∶1$ 的匹配情形较为普遍。基于对象群的更新方法可以更有效地避免对同一对象执行多次制图综合操作,其计算效率相比于基于单个对象的更新方法要高,特别是在高建筑密度场景中,计算效率能够提高 27.8%。

9.6　本章小结

　　本章采用了要素级联更新的方法,综合考虑了大比例尺数据的变化信息、不同比例尺变化对象的匹配关系以及制图综合规则,提出了面向对象群的更新信息传递方法。为了提高多尺度更新信息传递的效率及有效性，特别是针对 $m:1$ 匹配关系的对象，提出了一种结合 CDT 以及禁忌表搜索算法进行小比例尺对象重建的方案。最后基于同一区域三种比例尺的居民地数据开展联动更新实验，验证了本章方法的有效性。相比于基于单个对象的更新方法，本章所提出的基于对象群的更新方法能更有效地避免对同一对象执行多次制图综合操作，因而能在中、高建筑密度的更新场景中获得较好的计算效率。

参 考 文 献

杜维, 艾廷华, 徐峥. 2004. 一种组合优化的多边形化简方法. 武汉大学学报(信息科学版), 29(6): 548-550.

许俊奎, 武芳, 钱海忠. 2013. 多比例尺地图中居民地要素之间的关联关系及其在空间数据更新中的应用. 测绘学报, 42(6): 898.

Anders K H, Bobrich J. 2004. MRDB approach for automatic incremental update//ICA Workshop on Generalisation and Multiple Representation, Leicester.

Baltsavias E, Zhang C. 2005. Automated updating of road databases from aerial images. International Journal of Applied Earth Observation and Geoinformation, 6(3-4): 199-213.

Bobzien M, Burghardt D, Petzold I. 2005. Re-generalisation and construction: two alternative approaches to automated incremental updating in MRDB//Proceedings of the 22nd International Cartographic Conference, A Coruña.

Dilo A, van Oosterom P, Hofman A. 2009. Constrained tGAP for generalization between scales: the case of Dutch topographic data. Computers, Environment and Urban Systems, 33(5): 388-402.

Fan Y T, Yang J Y, Zhang C, et al. 2010. A event-based change detection method of cadastral database incremental updating. Mathematical and Computer Modelling, 51(11-12): 1343-1350.

Hampe M, Anders K H, Sester M. 2003. MRDB applications for data revision and real-time generalisation//Proceedings of the 21st International Cartographic Conference, Durban.

Harrie L, Hellstrom A K. 1999. A case study of propagating updates between cartographic data sets//Proceedings of the 19th International Cartographic Conference of ICA, Ottawa.

Kilpelainen T. 1997. Multiple Representation and Generalization of Geo-databases for Topographic Maps. Washington D C: NASA.

Krichen S, Faiz S, Tlili T, et al. 2014. Tabu-based GIS for solving the vehicle routing problem. Expert Systems with Applications, 41(14): 6483-6493.

Palacios J J, González M A, Vela C R, et al. 2015. Genetic tabu search for the fuzzy flexible job shop problem. Computers and Operations Research, 54: 74-89.

Qi H B, Li Z L, Chen J. 2010. Automated change detection for updating settlements at smaller-scale maps from updated larger-scale maps. Journal of Spatial Science, 55(1): 133-146.

Sester M, Brenner C. 2005. Continuous generalization for visualization on small mobile devices//Developments in Spatial Data Handling. Berlin: Springer.

Tortosa L, Vicent J F, Zamora A. 2010. A model to simplify 2D triangle meshes with irregular shapes. Applied Mathematics and Computation, 216(10): 2937-2946.

Wang Y, Du Q, Ren F, et al. 2014. A propagating update method of multi-represented vector map data based on spatial objective similarity and unified geographic entity code//Cartography from Pole to Pole. Berlin: Springer.

Yang Y, Wu J, Sun X, et al. 2013. A niched Pareto tabu search for multi-objective optimal design of groundwater remediation systems. Journal of Hydrology, 490: 56-73.

Zhang K, Xu J, Geng X, et al. 2008. Improved taboo search algorithm for designing DNA sequences. Progress in Natural Science, 18(5): 623-627.

Zhou S, Regnauld N, Roensdorf C. 2008. Towards a data model for update propagation in MR-DLM//The 11th ICA Workshop on Generalisation and Multiple Representation, Montpellier.

彩　　图

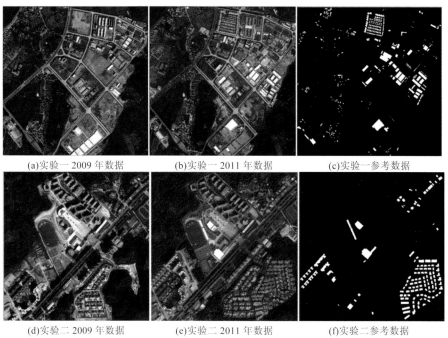

M_4

M_5

M_1

M_2

M_3

未发生变化的大比例尺目标
发生变化的大比例尺目标
未发生变化的小比例尺目标
发生变化的小比例尺目标
与人工识别不一致的部分

(a) 城乡接合部 　　　　　　　　　　　　　　　　　(b) 城区

图 3.24　决策树模型变化识别结果示例

(a)实验一 2009 年数据　　　　(b)实验一 2011 年数据　　　　(c)实验一参考数据

(d)实验二 2009 年数据　　　　(e)实验二 2011 年数据　　　　(f)实验二参考数据

图 3.26　实验区 QuickBird 真彩色合成影像和变化建筑物参考图

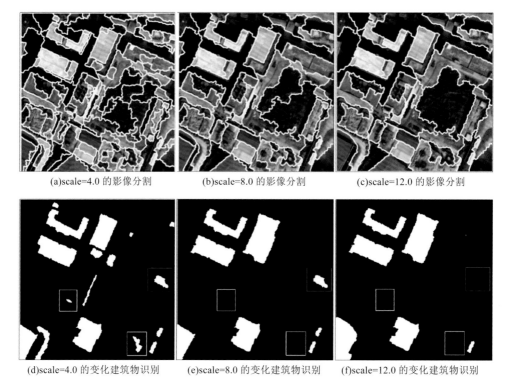

(a)scale=4.0 的影像分割　　　　(b)scale=8.0 的影像分割　　　　(c)scale=12.0 的影像分割

(d)scale=4.0 的变化建筑物识别　(e)scale=8.0 的变化建筑物识别　(f)scale=12.0 的变化建筑物识别

图 3.30　不同分割尺度下的分割结果与变化建筑物识别结果对比

(a) 1：5000居民地　　　　　　(c) 1：25000居民地

图 5.38　实验数据

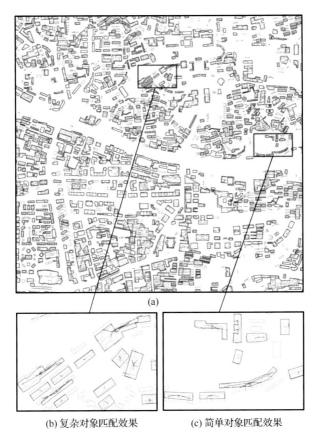

(b) 复杂对象匹配效果   (c) 简单对象匹配效果

图 5.46 匹配效果展示

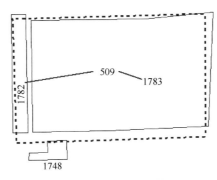

图 5.47 多重匹配图例

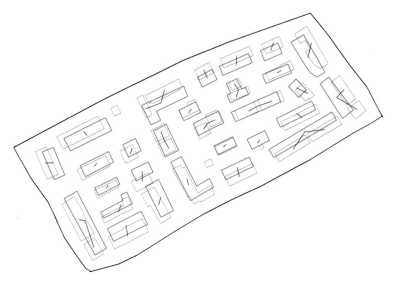

图 6.14　一对一及一对多匹配效果

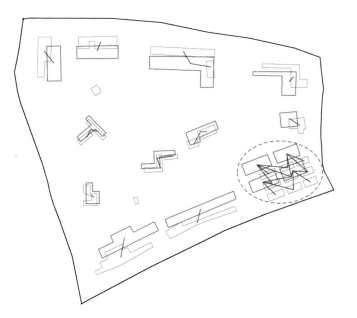

图 6.15　多对多的匹配效果

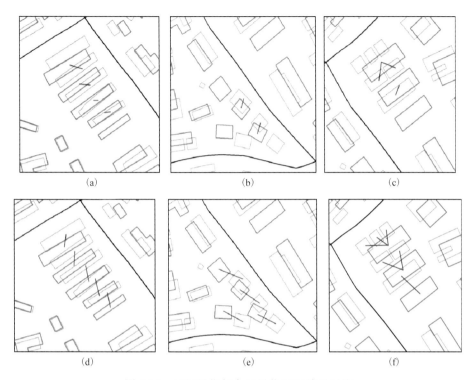

(a) (b) (c)

(d) (e) (f)

图 6.16 局部最优与全局最优匹配结果对比

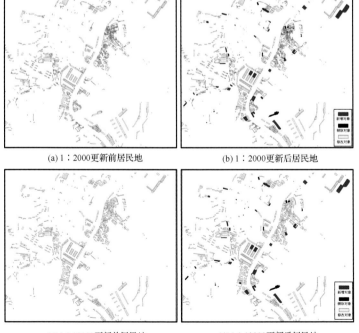

(a) 1：2000更新前居民地   (b) 1：2000更新后居民地

(c) 1：10000更新前居民地   (d) 1：10000更新后居民地

(e) 1：25000更新前居民地　　　　　　　　(f) 1：25000更新后居民地

图 7.16　多尺度居民地级联更新示例

(a) 1：2000更新前道路　　　　　　　　(b) 1：2000更新后道路

(c) 1：10000更新前道路　　　　　　　　(d) 1：10000更新后道路

(e) 1：25000更新前道路　　　　　　　　(f) 1：25000更新后道路

图 7.17　多尺度居民地级联更新示例

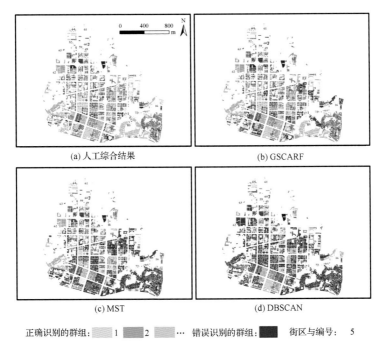

(a) 人工综合结果　　　　　　　　(b) GSCARF

(c) MST　　　　　　　　　　(d) DBSCAN

正确识别的群组: ▨ 1 ▩ 2 ⋯ 错误识别的群组: ■ 街区与编号: 5

图 8.5　实验区 HZ 的建筑物群组模式识别结果

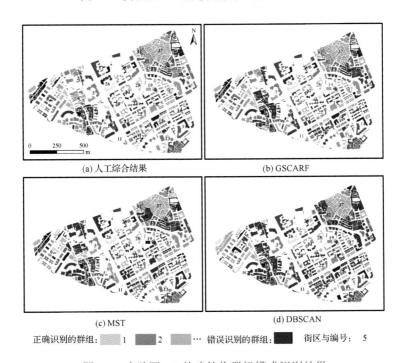

(a) 人工综合结果　　　　　　　　(b) GSCARF

(c) MST　　　　　　　　　　(d) DBSCAN

正确识别的群组: ▨ 1 ▩ 2 ⋯ 错误识别的群组: ■ 街区与编号: 5

图 8.6　实验区 ZC 的建筑物群组模式识别结果

(a) 人工综合结果

(b) GSCARF

(c) MST

(d) DBSCAN

正确识别的群组： 1 2 ··· 错误识别的群组： 街区与编号： 5

图 8.7 实验区 ZS 的建筑物群组模式识别结果

(a) 街区-2

(b) 街区-37

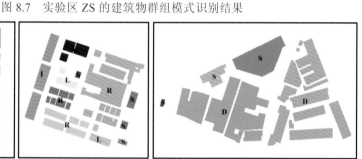
(c) 街区-29

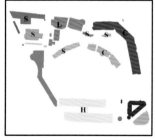
(d) 街区-22

(e) 街区-72

C：曲线模式
D：高密度模式
H：H-型模式
I：直线模式
L：L-型模式
R：规则形状模式
S：单独建筑物

0　　35　　70
m

N

图 8.8　GSCARF 方法提取的建筑物群组模式类型(街区-2 和街区-37 来自 ZC 实验区，
街区-29 来自 GZ 实验区，街区-22 和街区-72 来自 ZS 实验区)

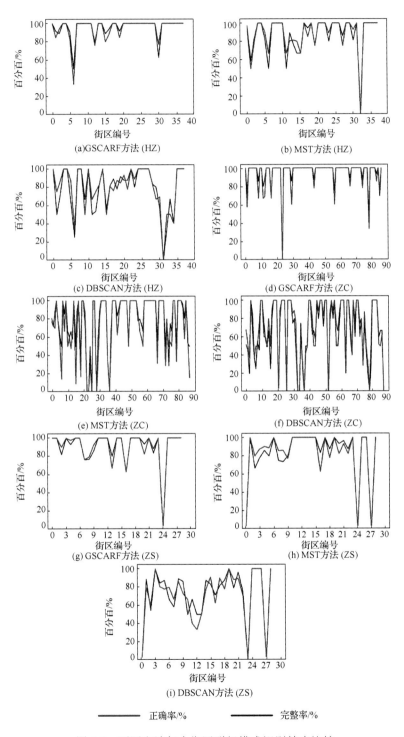

图 8.9 不同方法每个街区群组模式识别精度比较

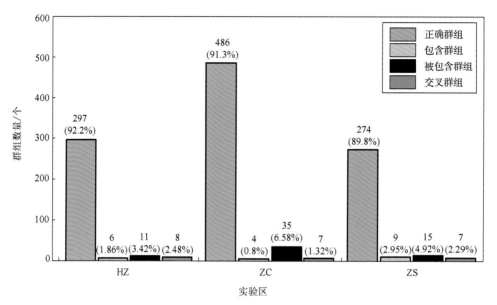

图 8.10 GSCARF 方法识别的四种群组模式类型统计分布

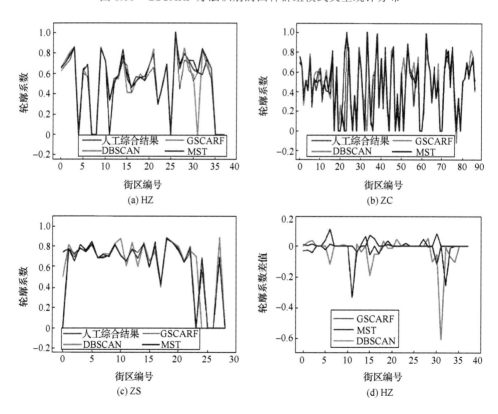

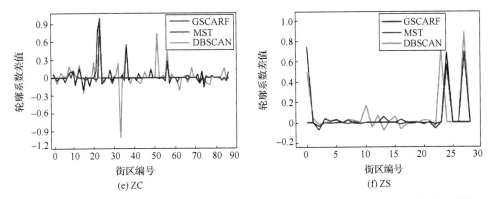

图 8.11 不同街区建筑物群组平均轮廓系数(前一排为三个实验区每个街区平均轮廓系数,后一排为三个实验区每个街区平均轮廓系数与人工识别群组轮廓系数的差值)

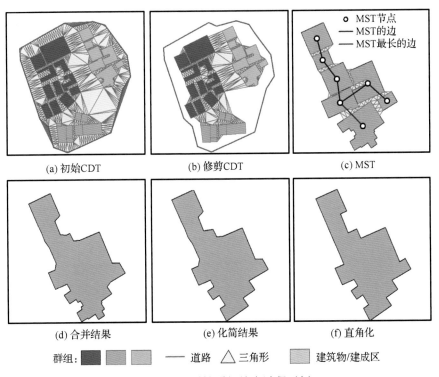

图 8.15 同质性群组综合过程示例

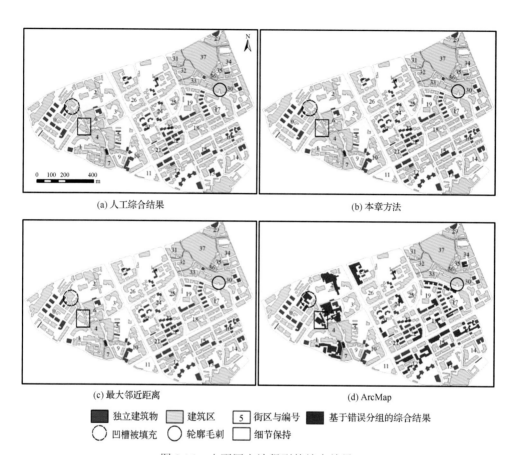

(a) 人工综合结果　　　　　　　　　　　　　(b) 本章方法

(c) 最大邻近距离　　　　　　　　　　　　　(d) ArcMap

■ 独立建筑物　　▨ 建筑区　　⬚5 街区与编号　　■ 基于错误分组的综合结果

◯ 凹槽被填充　　◯ 轮廓毛刺　　⬚ 细节保持

图 8.16　由不同方法得到的综合结果

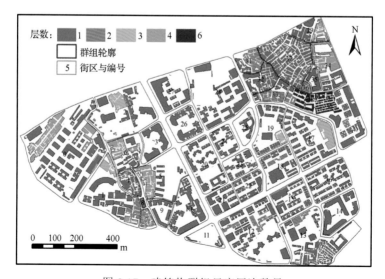

图 8.17　建筑物群组尺度层次数量

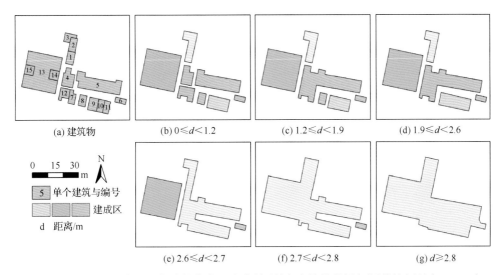

(a) 建筑物   (b) 0≤d<1.2   (c) 1.2≤d<1.9   (d) 1.9≤d<2.6

0 15 30 m   N

5 单个建筑与编号

建成区

d 距离/m

(e) 2.6≤d<2.7   (f) 2.7≤d<2.8   (g) d≥2.8

图 8.24　由本章方法导出的建筑物多尺度表达(所有建筑物使用相同的比例尺(1∶1600)
显示以清晰地展示多尺度表达变化过程效果)

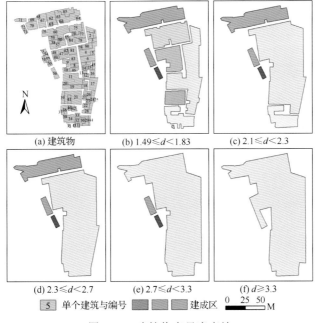

(a) 建筑物   (b) 1.49≤d<1.83   (c) 2.1≤d<2.3

(d) 2.3≤d<2.7   (e) 2.7≤d<3.3   (f) d≥3.3

5 单个建筑与编号　　建成区　　0 25 50 M

图 8.25　建筑物多尺度表达

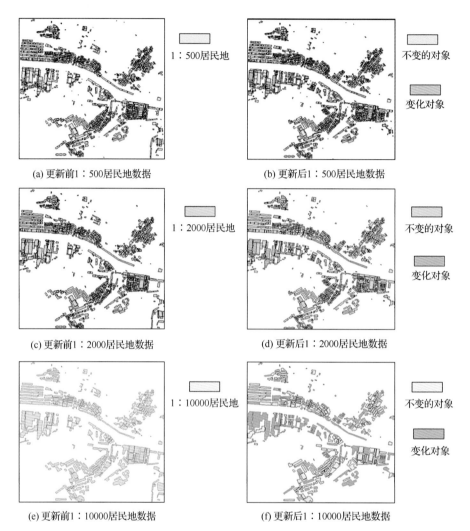

(a) 更新前1:500居民地数据　　　　　　(b) 更新后1:500居民地数据

1:500居民地　不变的对象　　变化对象

(c) 更新前1:2000居民地数据　　　　　(d) 更新后1:2000居民地数据

1:2000居民地　不变的对象　　变化对象

(e) 更新前1:10000居民地数据　　　　　(f) 更新后1:10000居民地数据

1:10000居民地　不变的对象　　变化对象

图 9.14　多尺度数据联动更新结果